数据挖掘与应用

以SAS和R为工具

（第二版）

张俊妮◎著

北京大学出版社
PEKING UNIVERSITY PRESS

图书在版编目(CIP)数据

数据挖掘与应用：以 SAS 和 R 为工具/张俊妮著. —2 版. —北京：北京大学出版社，2018. 10

(光华思想力书系 · 教材领航)

ISBN 978-7-301-29909-8

Ⅰ.①数… Ⅱ.①张… Ⅲ. ①数据采集-高等学校-教材 Ⅳ. ①TP274

中国版本图书馆 CIP 数据核字（2018）第 214457 号

书　　名 数据挖掘与应用：以 SAS 和 R 为工具（第二版）
SHUJU WAJUE YU YINGYONG (DI-ER BAN)

著作责任者 张俊妮　著

责任编辑 裴　蕾

标准书号 ISBN 978-7-301-29909-8

出版发行 北京大学出版社

地　　址 北京市海淀区成府路 205 号　100871

网　　址 http://www.pup.cn

电子邮箱 编辑部 em@pup.cn　总编室 zpup@pup.cn

新浪微博 @北京大学出版社　@北京大学出版社经管图书

电　　话 邮购部 010-62752015　发行部 010-62750672　编辑部 010-62750667

印 刷 者 北京虎彩文化传播有限公司

经 销 者 新华书店

720 毫米×1020 毫米　16 开本　22.25 印张　528 千字

2009 年第 1 版

2018 年 10 月第 2 版　2025 年 1 月第 2 次印刷

定　　价 58.00 元

丛书编委会

丛书序言一

很高兴看到“光华思想力书系”的出版问世，这将成为外界更加全面了解北京大学光华管理学院的一个重要窗口。北京大学光华管理学院从 1985 年北京大学经济管理系成立，以“创造管理知识，培养商界领袖，推动社会进步”为使命，到现在已经有三十余年了。这三十余年来，光华文化、光华精神一直体现在学院的方方面面，而这套“光华思想力书系”则是学院各方面工作的集中展示，同时也是北京大学光华管理学院的智库平台，旨在立足新时代，贡献中国方案。

作为经济管理学科的研究机构，北京大学光华管理学院的科研实力一直在国内处于领先位置。光华管理学院有一支优秀的教师队伍，这支队伍的学术影响在国内首屈一指，在国际上也发挥着越来越重要的作用，它推动着中国经济管理学科在国际前沿的研究和探索。与此同时，学院一直都在积极努力地将科研力量转变为推动社会进步的动力。从当年股份制的探索、证券市场的设计、《证券法》的起草，到现在贵州毕节实验区的扶贫开发和生态建设、教育经费在国民收入中的合理比例、自然资源定价体系、国家高新技术开发区的规划，等等，都体现着光华管理学院的教师团队对中国经济改革与发展的贡献。

多年来，北京大学光华管理学院始终处于中国经济改革研究与企业管理研究的前沿，致力于促进中国乃至全球管理研究的发展，培养与国际接轨的优秀学生和研究人员，帮助国有企业实现管理国际化，帮助民营企业实现管理现代化，同时，为跨国公司管理本地化提供咨询服务，从而做到“创造管理知识，培养商界领袖，推动社会进步”。北京大学光华管理学院的几届领导人都把这看作自己的使命。

作为人才培养的重地，多年来，北京大学光华管理学院培养了相当多的优秀学生，他们在各自的岗位上作出贡献，是光华管理学院最宝贵的财富。光华管理学院这个平台的最大优势，也正是能够吸引一届又一届优秀的人才的到来。世界一流商学院的发展很重要的一点就是靠它们强大的校友资源，这一点，也与北京大学光华管理学院的努力目标完全一致。

今天，“光华思想力书系”的出版正是北京大学光华管理学院全体师生和全体校友共同努力的成果。希望这套丛书能够向社会展示光华文化和精神的全貌，并为中国管理学教育的发展提供宝贵的经验。

北京大学光华管理学院名誉院长

丛书序言二

“因思想而光华。”正如改革开放走过的40年，得益于思想解放所释放出的动人心魄的力量，我们经历了波澜壮阔的伟大变迁。中国经济的崛起深刻地影响着世界经济重心与产业格局的改变；作为重要的新兴经济体之一，中国也越来越多地承担起国际责任，在重塑开放型世界经济、推动全球治理改革等方面发挥着重要作用。作为北京大学商学教育的主体，光华管理学院过去三十余年的发展几乎与中国改革开放同步，积极为国家政策制定与社会经济研究源源不断地贡献着思想与智慧，并以此反哺商学教育，培养出一大批在各自领域取得卓越成就的杰出人才，引领时代不断向上前行。

以打造中国的世界级商学院为目标，光华管理学院历来倡导以科学的理性精神治学，锐意创新，去解构时代赋予我们的新问题；我们胸怀使命，顽强地去拓展知识的边界，探索推动人类进化的源动力。2017年，学院推出“光华思想力”研究平台，旨在立足新时代的中国，遵循规范的学术标准与前沿的科学方法，做世界水平的中国学问。“光华思想力”扎根中国大地，紧紧围绕中国经济和商业实践开展研究；凭借学科与人才优势，提供具有指导性、战略性、针对性和可操作性的战略思路、政策建议，服务经济社会发展；研究市场规律和趋势，服务企业前沿实践；讲好中国故事，提升商学教育，支撑中国实践，贡献中国方案。

为了有效传播这些高质量的学术成果，使更多人因阅读而受益，2018年年初，在和北京大学出版社的同志讨论后，我们决定推出“光华思想力书系”。通过整合原有“光华书系”所涵盖的理论研究、教学实践、学术交流等内容，融合光华未来的研究与教学成果，以类别多样的出版物形式，打造更具品质与更为多元的学术传播平台。我们希望通过此平台将“光华学派”所创造的一系列具有国际水准的立足中国、辐射世界的学术成果分享到更广的范围，以理性、科学的研究去开启智慧，启迪读者对事物本质更为深刻的理解，从而构建对世界的认知。正如光华管理学院所倡导的“因学术而思想，因思想而光华”，在中国经济迈向高质量发展的新阶段，在中华民族实现伟大复兴的道路上，“光华思想力”将充分发挥其智库作用，利用独创的思想与知识产品在人才培养、学术传播与政策建言等方面作出贡献，并以此致敬这个不凡的时代与时代中的每一份变革力量。

刘俏

北京大学光华管理学院院长

前　言

本书的第一版于 2009 年 4 月出版。当时，“大数据” 这一词尚未流行，数据挖掘仅在一些行业崭露头角。近十年过去了，大数据已经成为时代特征，数据分析也成为几乎所有组织都积极获求的能力。本书的改版希望有助于回应这样的需求。

在第一版的基础上，本书增加了缺失数据、回归模型中的规则化和变量选择、卷积神经网络、支持向量机、协同过滤这五章内容。在已有各章内，本书亦增加了新的内容和示例。近些年来，R 因为其自由、免费、开源，已经发展为数据分析领域最强大的软件之一。因此，本书除了继续展示 SAS 程序，还增加了 R 程序。

我要特别感谢首都师范大学的田旭平同学，她为本书新增的 SAS 程序和大部分 R 程序写了初稿，并录制了所有程序操作教程的视频。她充满责任心，有很强的动手能力。她美妙的声音也让视频令人愉悦。我也要感谢本书的编辑，北京大学出版社的裴蕾女士，她认真负责的工作提升了本书的质量。

我还要感谢北京大学光华管理学院的同学王菲菲（现已就职）、杨兵（现已就职）、万雅婷、任图南、林颖倩、张轩瑜，他们重新整理了本书第一版使用的数据，并为本书新增的小部分 R 程序写了初稿。我也要感谢所有在本书第一版出版之后修过北京大学光华管理学院“数据挖掘与应用”课程的同学们，他们的反馈为本书新增内容的选题提供了基础。

张俊妮

2018 年 7 月

于北大燕园

目 录
CONTENTS

第1章

数据挖掘概述

1.1 什么是数据挖掘

任何一个组织（政府部门、企业、学校等）在决策与运营活动中都会积累丰富的经验，同时也面临着在不断变化的环境下做出快速而正确决策的挑战。数据挖掘方法首先根据组织所积累的经验收集可度量的数据（包括内部数据和外部数据），对这些数据进行分析后，提炼出对运营管理有指导意义的新知识，进一步改进决策、改善运营活动（见图 1.1）。这是一个持续改进的过程，决策运营活动不断积累新的经验，新的数据不断被收集，使用数据挖掘方法分析新的数据后不断产生新的知识，不断地促进决策与运营活动的改进和完善。

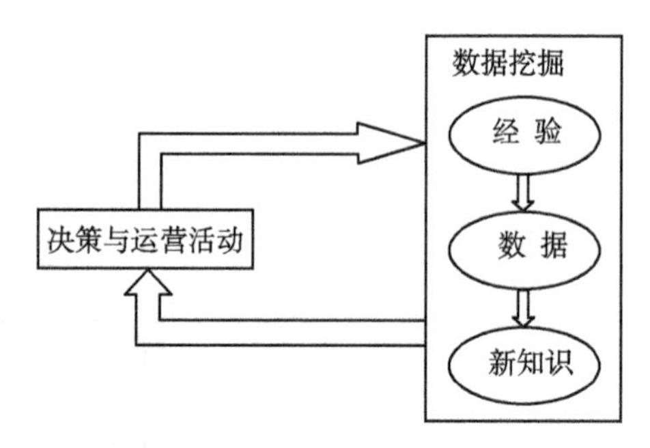

图 1.1　数据挖掘与决策和运营活动

Berry and Linoff（2000）将数据挖掘定义为：对大量数据进行探索和分析，以便发现有意义的模式和规则的过程。数据挖掘活动主要分为无监督和有监督两大类。在无监督数据挖掘中，我们对各个变量不区别对待，而是考察它们之间的关系。这类方法包括：描述和可视化、关联规则分析、主成分分析、聚类分析等。在有监督数据挖掘中，我们希望建立根据一些变量来预测另一些变量的模型，前者被称为自变量，后者被称为因变量。这类方法包括：线性及广义线性回归、神经网络、决策树、随机森林、支持向量机等。有监督数据挖掘能从数据中获取深度细致的信息，应用非常广泛。

在大数据时代，大量数据的收集和存储成为常态，对数据进行探索和分析也成为常态。应该收集什么数据、如何从数据中发现有意义的模式和规则才是真正的挑战，这里的“有意义”指的是根据具体需要用数据分析来回答和解决问题。

1.2 统计思想在数据挖掘中的重要性

在数据挖掘项目中，即使数据量很大、算法非常先进，也需要统计思想的指引。我们通过一些案例来说明这一点。

案例：谷歌流感趋势

2009 年 2 月，谷歌的一个研究小组在《自然》杂志上发表论文（Ginsberg et al., 2009），介绍了“谷歌流感趋势”。研究小组以“咳嗽”“发烧”等与流感相关的关键词的搜索频率为自变量，以疾病预防控制中心的数据为因变量，根据历史数据建立了统计模型。他们发现，可以通过监测相关关键词的变化趋势，追踪美国境内流感的传播趋势，而这一结果不依赖于任何医疗检查。谷歌的追踪结果很及时，而疾病控制中心则需要汇总大量医师的诊断结果才能得到一张流感传播趋势图，延时为一至两周。这一结果令人激动，谷歌流感趋势也成为引爆“大数据”这个名词的著作《大数据时代：生活、工作与思维的大变革》（维克托　迈尔　舍恩伯格，2012）的开篇案例。

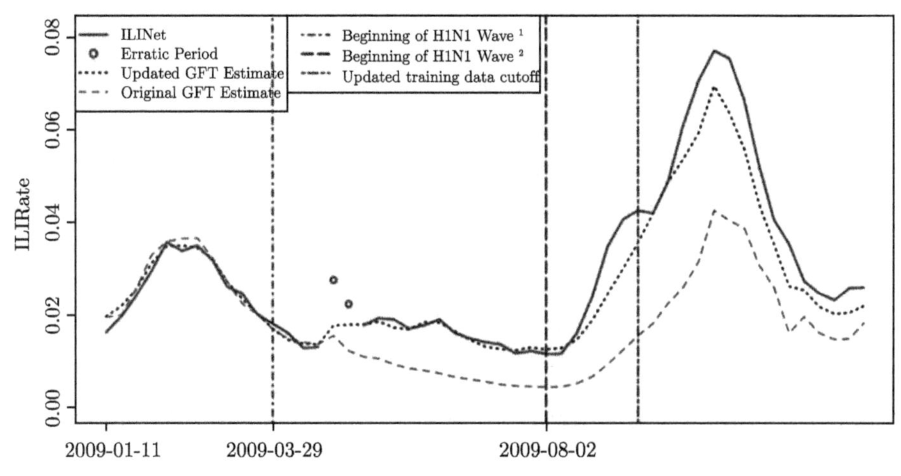

图 1.2　2009 年谷歌流感趋势拟合

然而，在 2009 年甲型 H1N1 流感流行的时候，谷歌流感趋势模型严重低估了流感的数量（见图 1.2[1]）。谷歌工程师们认为，出现这种现象的原因是之前谷歌流感趋势模型使用的数据都是关于季节性流感的，而 2009 年的 H1N1 流感是病毒性流感，人们搜索的关键词发生了很大变化，所以模型不再适用 (Cook et al., 2011)。他们对模型使用的关键词包进行了大幅度修改。原始模型含大约 40 个关键词，修改后的模型含大约 160 个关键词，两个模型只有 11 个共同的关键词。不仅如此，关键词的类别也发生了很大的变化。图 1.3[2] 展现了修改前和修改后关键词在各个

1. 资料来源：Cook et al. (2011)，https://doi.org/10.1371/journal.pone.0023610.g001。这里只取了原图的第一部分。

2. 资料来源：Cook et al. (2011)，https://doi.org/10.1371/journal.pone.0023610.t001。

类别的分布状况。在原始模型中,“肺炎”(pneumonia)等与流感复杂性相关的关键词占全部关键词的 42%, 而在修改后的模型中, 这一比例仅为 6%。修改后的模型对 2009 年疾病控制中心的数据达到了高度拟合(见图 1.2)。

Query Category	Sample Query	Original Model Relative Category Volume	Updated Model Relative Category Volume
Symptoms of an influenza complication	[symptoms of bronchitis]	6%	11%
Influenza complication	[pnumonia]*	42%	6%
Specific influenza symptom	[fever]	6%	39%
General influenza symptoms	[early signs of the flu]	2%	30%
Cold/flu remedy	[robitussin]	12%	4%
Term for influenza	[influenza a]	<1%	3%
Antibiotic medication	[amoxicillin]	12%	0%
Related disease	[strep throat]	16%	<1%

*Search users often misspell the word *pneumonia*.

图 1.3　谷歌流感趋势模型中关键词包的修改

好景不长。2013 年 1 月, 美国流感发生率达到峰值, 谷歌流感趋势的估计比实际数据高两倍。这一不精确的估计再次引起了媒体的关注。

英国《金融时报》专栏作家蒂姆　哈福德发表了《大数据, 还是大错误》一文(Hartford, 2014), 指出在大数据时代, 数据的规模很大, 相对容易采集, 而且可以实时地更新。大数据的鼓吹者们提出了四个令人兴奋的论断, 每一个都能从谷歌流感趋势的“成功”中得到“印证”:

(1)数据分析可以生成准确率惊人的结果;

(2)因为每一个数据点都可以被捕捉到, 所以可以彻底淘汰过去抽样统计的方法;

(3)不用再寻找现象背后的原因, 我们只需要知道两者之间有统计相关性就行了;

(4)不再需要科学的或者统计的模型, 理论被终结了, 数据已经大到可以自己说出结论。

谷歌流感趋势的教训之一是抽样偏差。我们感兴趣的是推断整个人群中的流感患病率, 但在谷歌上进行搜索的群体可能代表不了整个人群。例如, 在谷歌上进行搜索的群体中年龄比较大的人和儿童所占的比例可能低于其在整个人群中的比例。

这一教训不是新近才有的。关于抽样偏差的一个著名案例是 1936 年的美国总统选举。参加竞选的候选人是民主党的罗斯福和共和党的兰登。《文学摘要》杂志给有电话或汽车, 或者阅读该杂志的人发出 1 000 万份调查问卷, 回收的问卷中有 1 293 669 份支持兰登, 972 897 份支持罗斯福。所以该杂志预测兰登会胜出。而当时并不出名的盖洛普公司使用统计抽样的方式进行民意调查, 调查了几千人, 得到罗斯福会胜出的结论。最终结果是罗斯福获胜。1936 年, 整个人群中只有少量富人拥有电话或汽车,《文学摘要》杂志的读者也是富裕人群,所以杂志社抽取的样本尽管很大,但并不能代表整个人群。样本的代表性是决定估计精确度的重要因素。

谷歌流感趋势的教训之二是关于相关性和因果性的关系:不需要任何理论的纯粹的相关性分析方法,其结果往往是脆弱的。谷歌的流感趋势在 2013 年出错的一种解释是: 2012 年 12 月份的媒体上充斥着各种关于流感的骇人故事,看到这些报道之后,即使是健康的人也会到互联网上搜索相关的词汇;还有另外一种解释,就是谷歌对自己的搜索算法进行了修改,在人们输入病征的时候会自动推荐一些诊断结果,进而影响了用户的搜索和浏览行为。

一般而言,尽管统计模型通常发现的是相关性,不能确保得出因果结论,但是在建立统计模型时,我们依然希望考虑变量之间可能的因果关系。举例而言,我们可能建立一个统计模型,根据气温估计冰淇淋的销售数量,因为气温高低是冰淇淋销售数量的原因之一。但我们不会建立一个统计模型来根据冰淇淋的销售数量估计气温。冰淇淋销售数量增加,可能不是因为气温升高,而是因为冰淇淋厂商的促销活动。出于同样的道理,与流感相关的关键词搜索频率增加可能不是因为流感患病率增加,而是出于别的原因。所以单纯用关键词搜索频率来估计流感患病率无法建立好的统计模型。

要在流感患病率估计模型中采用关键词搜索频率,需要更好的统计模型。例如,Yang et al. (2015) 提出了一个隐马尔可夫链模型。考虑到流感可能持续一段时间,但不会一直持续,他们假设第 t 周的流感患病率依赖于其滞后项: 第 $t-n$ 至第 $t-1$ 周的流感患病率。考虑到流感发生会导致人们在线搜索相关信息(注:这里的因果方向是正确的),他们假设第 t 周的相关关键词搜索频率依赖于第 t 周的流感患病率。基于该模型,他们推导出需要建立如下回归模型:根据第 $t-n$ 至第 $t-1$ 周的流感患病率和第 t 周的相关关键词搜索频率,估计第 t 周的流感患病率。他们使用两年的移动窗口数据拟合这一回归模型,并使用 L1 惩罚项选择合适的流感患病率滞后项以及相关关键词(在第 8 章中会讲到 L1 惩罚项)。Yang et al. (2015) 指出,这一模型比谷歌流感趋势的模型估计更加精确并且稳健,也不会高估 2013 年的流感趋势。

在传统的统计框架中,数据只是从总体中抽取的一个样本,然后根据样本特征推断总体特征。在当今很方便地就能收集到大量数据的时代,人们很容易忽略样本与总体的关系,进而忽略抽样偏差的问题。即使数据量很大,也要把数据看作只是一个样本,并仔细思考所关注的总体是什么,样本和总体的关系是什么。这一基本的统计思想对理解数据挖掘的结果具有重要意义。

当一个组织使用数据挖掘方法应用自身的历史数据总结统计规律，然后将规律应用于自身的未来数据时，样本是历史数据，所关注的总体是所有可能的未来数据。如果未来和历史比较相似，抽样偏差的问题可以忽略不计。但如果不是这种情形，需要仔细考虑抽样偏差的问题，下面举几个案例来说明这一点。

案例：人工智能选美比赛

Beauty.AI 在 2016 年举办了第一届由机器评选的国际选美比赛。它希望通过深度学习人脸照片的方法来选出“美人”，考察的指标包括面部特征是否对称、皱纹的多少等。来自 100 多个国家的 6 000 多人提交了她们的照片。

44 名获奖者绝大多数都是白人，有几位是亚裔，而只有 1 位为有色人种。难道机器人不喜欢有色人种？出现这一结果的主要原因是，机器使用了有大量照片的数据集来训练选美算法，但是所使用的数据没有包含足够多的少数族裔。因此训练样本不能代表整个人群，存在抽样偏差。尽管设计算法的团队没有将浅色皮肤当作美丽的标志，但是输入的数据让机器得出了这样的结论。

案例：用人工智能识别性取向

Kosinski and Wang（2017）的研究表明，深度神经网络能够比人类更精确地从人脸图像中检测出性取向。他们利用深度神经网络对公开约会网站上的大量照片进行了检测。给定单张人脸图像，机器判断其为异性恋还是同性恋的准确率对男性是 81%，对女性是 71%，而人进行判断的准确率分别只有 61% 和 54%。若给出每人的五张脸部图像，机器对男女判断的准确率分别为 91% 和 83%。Kosinski and Wang（2017）指出，与性取向的产前荷尔蒙理论一致，同性恋的男性和女性倾向于有非典型性别的面部特征。他们认为，有关人脸图像的公开数据存在未经个人同意而直接被用于检测人们的性取向的可能，这将影响到人们的隐私。

但是等等！他们使用了什么样的数据，这些数据能支持研究结论吗？Kosinski and Wang（2017）获取了约会网站上自称身处美国、年龄在 18—40 岁之间的 36 630 位男性和 38 593 位女性的照片，其中异性恋和同性恋的比例各占 50%。假设总体是美国年龄在 18—40 岁之间的人群，该人群中的同性恋比例肯定远低于 50%。此外，在约会网站上登记的人很可能不同于没有在约会网站上登记的人。例如，在约会网站上登记的已婚人士比例可能偏低。因此这里存在严重的抽样偏差，进而得出的结论也存在严重偏差。

案例：沃森肿瘤医疗系统

沃森是 IBM 的一个通过自然语言处理和机器学习，从非结构化数据中进行洞察的技术平台。2011 年，沃森在美国最受欢迎的智力问答电视节目《危险边缘》中亮相，并一举击败了人类智力竞赛冠军。

IBM 在医疗领域推广应用沃森平台，构建了沃森肿瘤医疗系统。它学习了美国顶级癌症中心纪念斯隆–凯特琳肿瘤中心（MSKCC）的大量肿瘤病例、300 种以上的医学专业期刊、250 本以上的医学书籍、超过 1 500 万页的资料和临床指南，而且每月还学习最新的研究成果。该系统根据医生输入的病人指标信息推荐个性化的治疗方案。

然而，这里也存在抽样偏差问题。实际用于统计建模的样本是 MSKCC 的肿瘤病例，而将沃森肿瘤医疗系统推广至中国、韩国、印度等地使用时，总体是这些地方的肿瘤病例。因此，沃森肿瘤医疗系统推荐的个性化治疗方案也会存在偏差。

在本书之后的章节中，我们还会讨论其他统计思想，它们对于运用数据挖掘方法、理解数据挖掘结果具有非常重要的作用。

1.3　数据挖掘的应用案例

数据挖掘在很多领域都得到了广泛应用。例如以客户为导向的应用有：市场篮分析、获取客户、客户细分、客户保持、交叉销售、向上销售、客户终身价值分析等；以运营为导向的应用有：盈利分析、定价、欺诈发现、风险评估、雇员流失分析、生产效率分析等。下面我们从几个具体的案例来看数据挖掘的应用。

案例：银行业

应用 1　企业贷款信用风险

在给企业贷款时，银行不可避免地面临着信用风险，这种风险可以通过两类指标来刻画：一是企业贷款违约的概率；二是一旦企业违约所带来的损失。如果能够很好地预测信用风险，银行就能够根据信用风险的大小，基于自身的风险偏好选择客户群体，为不同的客户提供不同的贷款产品或不同的贷款利率。

对违约事件进行预测可能存在两类错误：第一类错误将实际会违约的企业判断为不违约者，这会产生大量的信用损失（贷款的本金、利息等）；第二类错误将实际不会违约的企业判断为违约者，这会导致银行失去潜在的业务和盈利机会。最大限度地减少这两类错误，将会为银行带来可观的收益。

在20世纪90年代早期美国经历经济衰退之前，大多数美国银行及穆迪、标准普尔等风险分析仲裁机构的决策依赖于信贷人员、信用调查分析人员等专家的意见，很少使用基于统计方法的风险分析。在这次危机之后，美国银行开始重视如何更加一致地诠释并管理风险的问题。他们的解决办法是使用数据仓库和数据挖掘技术，对大量数据进行收集、存储和维护，应用高级建模方法对信用风险进行建模，并对所使用的模型进行经常性的监测和修正。《巴塞尔协议》特别强调银行内部的信用风险管理，因此，很多银行都使用内部的历史数据和现代统计技术，建立了内部评级模型。

以花旗银行为例。它收集了反映企业财务状况的年度财务报表、企业所处行业的总体情况、企业在所处行业中所占的位置、企业的市场地位、企业管理质量、企业管理层的风险偏好、审计报告的质量、企业开业时间、企业作为花旗银行客户的时间等信息。在收集这些信息时，重点关注违约行为的确认，以及有违约行为的企业在违约之前的各种信息。

数据中存在的自相矛盾和错误会导致任何建模努力都付诸东流，所以花旗银行对所收集的数据进行了大量的清理工作。因为数据发生的频率比较低，例如财务报表多为年度数据，所以每一个数据点都是有价值的，需要尽一切努力保证数据的准确性，并尽可能减少丢弃数据。数据清理需要自动过程与手动过程的有机结合，需要详细验看资产负债表是否平衡、违约日期能否确定等。根据这些数据，花旗银行建立了分地区、分行业的一系列模型来预测风险类别，每一个风险类别都与一定范围的违约概率相联系。

模型建立后，还需要验证模型的预测是否准确。对信用风险模型最重要的验证是通过收集企业实际违约情况的数据来实现的。需要查验模型是否将实际信用水平低的企业归入风险比较高的类别，模型预测为高风险的企业是否实际违约率更高。随着时间的推移，由于行业环境变化等因素，模型验证时会发现现有信用风险模型的性能逐步下降，所以还需要及时对模型进行更新。这时，可以将新的企业数据加入建模数据集，同时将时间过长的数据从建模数据集中去除，根据新的数据集更新模型。

应用 2　信用卡

信用卡行业中有大量的数据。持有信用卡的客户每次消费都会留下消费时间、金额、商店的类型、地点等信息。除此之外，银行有关于客户其他银行账户活动的各种信息，银行还有可能获取来自外部的另外一些信息，如客户的人口信息、生活方式等。数据仓库和数据挖掘对信用卡行业而言至关重要，数据分析和营销活动不间断地在各个方面相互影响。

- **客户拓展**。目标群体既可以是目前还未拥有该银行信用卡的潜在客户，也可以是现有客户（提供第二或第三张信用卡）。统计模型能够预测出目标群体中哪些个体接受概率比较高，从而能够帮助策划成功的客户拓展活动。
- **客户保留**。保留现有客户是最廉价的拓展方式，当市场趋于饱和时，这种方式尤其重要。数据挖掘方法能够分析曾经注销过信用卡的客户的特征，在下一次客户拓展活动中，可以事先确认具有类似特征的客户，针对他们设计特定的项目来留住他们。
- **交叉销售**。将产品出售给现有客户要比出售给新客户更有可能盈利，因为银行关于现有客户已经收集到高质量的信息，而且现有客户已经展现了一定的忠诚度。交叉销售可能涉及银行的各类金融产品，银行也有可能销售其他金融机构（如保险公司）或非金融机构（如旅行社）的产品。数据挖掘方法能够帮助分析，银行应该通过哪些销售方式联系哪些现有客户，从而产生丰厚的交叉销售的利润。交叉销售活动及其结果又能给银行的消费者数据库增添更多的信息，为下一次营销活动提供更有价值的帮助。
- **增加长期价值**。可以将关于一个客户的所有账户（存储账户、投资账户、信用卡账户等）的数据整合起来，建立统计模型来测算客户的长期价值。
- **违约管理**。管理信用卡客户群体的风险就像管理企业贷款的风险一样重要。通过收集和全面分析信用卡账户违约情况的数据，建立统计模型，能够比较准确地预测违约行为的发生。
- **发现欺诈行为**。信用卡被盗用的威胁越来越大。银行可以使用各种统计方法及时发现不正常的购买模式，立即采取行动。

[摘自 Kudyba(2004)]

案例：中国海关

2004 年我国进出口贸易额已经突破了 1 万亿元人民币，成为世界第三对外贸易国；2005 年我国进出口贸易总额已突破 1.4 万亿元人民币。海关作为对外贸易的直接窗口，是连接国内外市场的桥梁，其重要作用也日益凸现。同时，进出口环节的违规和走私活动更加频繁，海关面临的形势更加复杂，所承担的打击走私、征收关税、货物监管的任务也更加艰巨。海关执法评估系统（Enforcement Assessment System，简称 EAS）利用统计数据增强了海关管理和分析信息的能力。

海关统计是全口径统计，所有进出口货物都需按《海关法》规定如实申报。海关数据有几大来源：

- 原始凭证，包括《中华人民共和国海关进（出）口货物报关单》以及经海关核发的其他申报单证。
- 外贸企业基本情况，包括企业名称、企业资产、行业信息等外部数据。
- 来自银行、国税部门、港口等其他部委和行业部门的信息。外贸企业可能在某一个方面提供虚假信息，但是在整体上伪造信息的可能性非常小。通过掌握全面的数据，海关极大提高了对进出口贸易管理和监督工作的效率。例如，真实的商品信息能够帮助查证外贸企业是否在通关过程中伪报、瞒报商品的数量或品名；来自银行的企业资金流变化的信息真实反映该企业真正的运营情况，能够帮助查证该企业是否伪报、瞒报商品的价格。
- 国际来源，主要是韩国、日本等周边贸易大国或地区的海关数据。

海关总署使用 EAS 系统，在宏观、中观、微观等多个层面加强了管理监督能力，下面试举几例进行说明。

应用 1　宏观：总体税收的预测

海关税收约占中央财政收入的 1/3 左右，海关税收的稳定性对国民经济健康稳定的发展起着至关重要的作用。及时准确地预测和把握海关的总体税收情况，对海关整体计划、组织、管理、控制等方面的工作起着关键的指导作用。

海关对税收的预测公式为：

海关总体税收预测值 = 应征税商品进口值预测值 × 应征税商品综合税率预测值

以 2005 年第一季度过后预测 2005 年全年税收为例，海关根据历史数据采用时间序列方法预测 2005 年 4—12 月应征税商品进口值，与前三个月的数值相加得到 2005 年全年应征税商品进口值的预测值；同时海关采用简单回归方法预测应征税商品综合税率。若国际市场和国内经济稳定、相关外贸政策变动不大，2005 年税收的预测值为 5 261 亿元人民币。2005 年海关实际税收额为 5 278 亿元人民币，可见预测值非常准确。

应用 2　中观：直属海关层面的分析

海关总署共有 41 个直属海关。由于区域经济、地理环境、港口特性等因素的影响，进出不同直属海关的商品和数量不尽相同。例如，广州海关、深圳海关进口的商品主要集中于电子类产品和仪器仪表，进出口商品总量不大，但税收却可能相对很高；而青岛海关、宁波海关进口的商品则主要集中于大宗散货类的产品，总量很大，但税收可能相对较少。如果强调单一的评价标准，并不能反映各海关真实的业绩。

以税率为横坐标、不同税率区间的商品进口金额百分比为纵坐标作图（见图 1.4），可以清晰地看出不同直属海关的税率结构之间存在差异。根据税率结构对直属海关进行聚类分析，可将直属海关分为 10 个不同的组，然后对比同组中不同直属海关绩效的优劣。例如，可使用应征综合税率和实际征收税率的差异作为考核指标，如果同一组中大部分直属海关实际征收税率都与应征综合税率相差不大，但有一个直属海关实际征收税率显著高于应征综合税率，那么说明这个直属海关的管理绩效比较高。再如，在同一组中比较各直属海关的通关时间，如果出现差别很大的情况，可以结合通关流程分析，及时发现不同直属海关在管理上的差距，整体提升海关的管理水平。

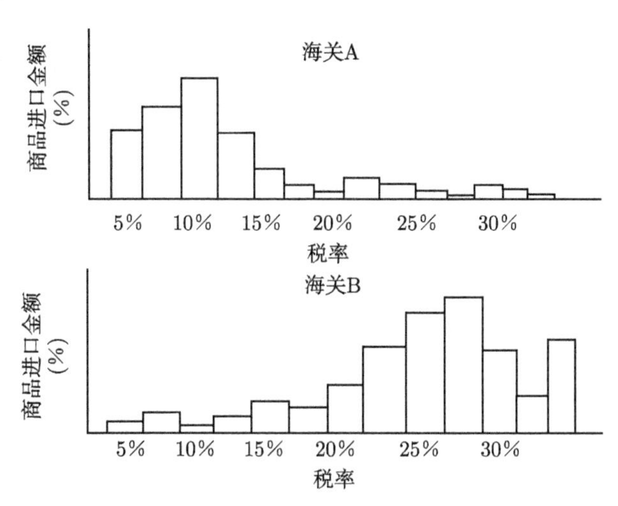

图 1.4　不同直属海关的税率结构

应用 3　微观：进出口货物的异常波动

进出口商品的价格分布看似无规则，但如果按照来源地、尺寸、材料、交易时间等因素分类，可以看出同类商品的价格基本符合正态分布。因此，可以把商品细分到各类，然后把该类中价格处于最低 2.5% 和最高 2.5% 的商品作为重点查验的对象。这种有的放矢的查验比随机查验的准确率更高。

[摘自易万达（2006）]

案例：意大利信息系统联盟

在意大利，信息系统联盟（CSI）在信息技术和远程通信领域代表了公共管理机构。CSI 为公众健康服务设计了决策支持系统，该系统回答了下列一些问题：

- 与去年相比，医疗开销增长了多少？哪类病人主要导致了这一增长？
- 在不同地区，各类疾病的医疗开销是怎样分布的？
- 不同年龄段患者的平均开销是怎样变化的？
- 哪类疾病需要患者支付的医疗开销最大？

在意大利，公众健康服务是由本地公众健康服务权威机构来管理的。在皮德蒙特高原就有 22 家独立的本地权威机构。CSI 开发了商业智能系统，将 22 家权威机构的信息集中在一个数据仓库中。该系统能够检查数据并为医生提供图形化的报告，这些报告向医生显示了针对不同性别、不同年龄段等患者的治疗方案的分布，医生可以据此比较自己的治疗方案和其他医生的治疗方案。该系统的另一个优势是让医生知道他们的信息正在被监视。药品公司经常主动向医生推广自己的新药，但药品价格并不总是合适的，医生知道自己的信息被监视，就会更加谨慎地开药。

CSI 还能帮助回答诸如世界卫生组织（WHO）建议的高血压治疗方案是否被遵循的问题。CSI 分析了所有患者近 6 个月的高血压特效药的使用情况。结果表明高血压的治疗占总开销的 30% 以上，这一比例是相当高的。通过对 4 000 名医生的聚类分析，CSI 发现了一组没有遵守 WHO 指导方针的医生。皮德蒙特高原地区决定安排相关的培训活动，向这些医生解释 WHO 的指导方针，找出他们没有遵守这些指导方针的原因。

[摘自 http://www.sas.com 所列的成功案例]

案例：零售业

Staples 是美国一家经营办公用品的连锁零售商店，拥有 1 100 多家分店，年销售额近 110 亿美元。它采用数据挖掘方法成功地实现了对各家分店的管理。Staples 采用的数据包括历史销售数据、客户（包括商户和家庭）的统计数据、分店所处的地段特征及该地段的竞争水平等。

Staples 每周收集并分析 800 多万个交易数据，为 1 100 多家分店进行每周和每日的销售预测。这些数据还被用于公司的其他事务，如季度销售预测、用人计划、存货管理、年度预算等。Staples 还使用数据挖掘为新的分店选址，通过预测近 500

家预选店址未来三年的销售额，选择最优的店址。因为关闭一家分店的成本大约在 50 万到 100 万美金之间，通过数据挖掘避免错误的选址决策已经为公司节省了数百万美元。

[摘自 http://www.sas.com 所列的成功案例]

案例：麻省理工的十亿级价格项目

麻省理工的十亿级价格项目（MIT Billion Prices Project, 简称 BPP）是一个学术项目，每天从全世界几百家在线零售商那里收集价格数据，用于经济研究。以消费者价格指数（CPI）的计算为例，传统的方法需要统计部门的工作人员从线下收集各类商品的价格数据，不仅费时费力，而且所得结果相对滞后。而线上数据的收集具有费用低、速度快、考察范围广以及商品信息更为全面的优势，是传统计算方法的有力补充。

以阿根廷 2007—2015 年的 CPI 数据为例，见图 1.5。一个很明显的事实是，官方公布的 CPI 数据并没有真实反映出该国的物价变化。而利用从线上收集的价格数据计算出的 CPI 更贴近人们对物价的真实感受。

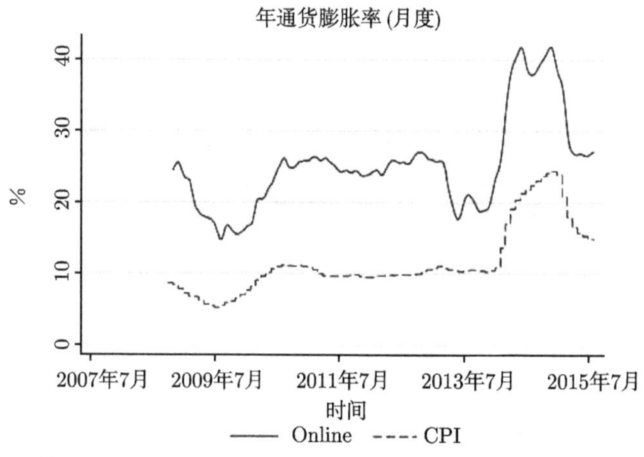

图 1.5　阿根廷 2007—2015 年年通货膨胀率 (月度)

注：虚线使用官方公布的 CPI，实线使用根据 BPP 从线上收集的价格数据计算出的 CPI。
资料来源：VoxEU，https://voxeu.org/article/billion-prices-project。

总结：数据挖掘带来的收益

随着信息技术的发展，数据收集渠道越来越多，数据量越来越大，数据分析能力往往成为一个组织的核心竞争力。数据挖掘能够帮助组织满足客户需求、降低风险、最大化收益、简化管理流程、优化资源配置等。机构使用数据挖掘技术获取超过 10 倍的直接投资回报的案例司空见惯。数据挖掘还往往会带来很多无法直接度量的效益，如信息流动的通畅、管理监督能力的提升等。

1.4 CRISP-DM 数据挖掘方法论

CRISP-DM（CRoss-Industry Standard Process for Data Mining，数据挖掘的跨行业标准过程）是由汽车企业 Daimler Chrysler、统计软件企业 SPSS 和市场调查企业 NCR 三家机构共同发展起来的数据挖掘方法论，它为数据挖掘项目提供了设计和实施的大框架。[1]

CRISP-DM 参考模型如图 1.6 所示，它将数据挖掘分为以下六个阶段：

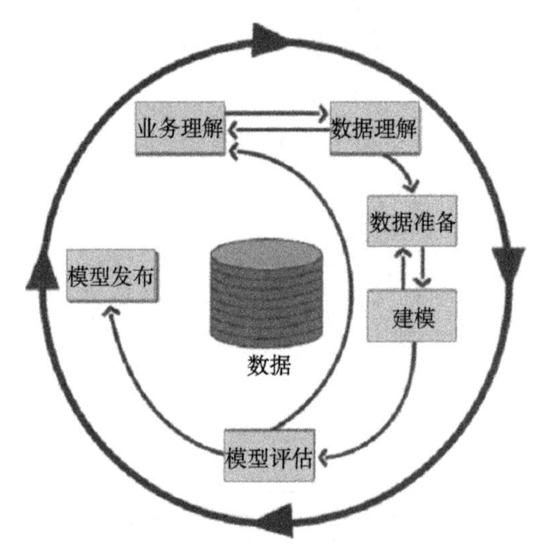

图 1.6 CRISP-DM 参考模型

1. 业务理解

从业务的角度，即从需要用数据分析来回答和解决的问题的角度，理解项目实施的目的和要求。将这种理解转化为一个数据挖掘问题，即需要收集哪些变量的数据，这些数据能从什么渠道获得。设计能达成目标的初步方案。这是数据挖掘项目

1. http://www.crisp-dm.org

实施的关键步骤。

2. 数据理解

收集原始数据，熟悉它们，考察数据的质量问题，包括可能存在的抽样偏差、测量误差、缺失情况等。对数据形成初步的洞见。

3. 数据准备

从原始数据中构造用于建模的最终数据集，构造过程中包含观测选择和变量选择、数据转换和清理等多种活动。

4. 建模

选择并应用多种建模方法，优化各种模型。

5. 模型评估

全面评估模型，回顾建立模型的各个步骤，确保模型与业务目标一致，并决定如何使用模型的结果。

6. 模型发布

在模型评估阶段确认模型可以投入使用的前提下，以用户友好的方式组织并呈现从数据挖掘中所获取的知识。这一阶段通常会将模型整合入组织的业务运营和决策过程。例如，在建立了预测贷款企业违约率的模型后，模型可以如下形式发布：信贷员在前台输入一个贷款企业的各种信息，后台使用模型预测违约概率后直接反馈给前台，帮助信贷员决定是否给该企业发放贷款。

从图 1.6 中可以看出，前五个阶段都不是线性或一蹴而就的。在业务理解和数据理解阶段，可能发现数据能够支持的业务目标不同于业务理解阶段所设定的目标，所以需要重新回到业务理解阶段；数据准备阶段和建模阶段互为反馈，需要反复改进建模数据集的构造方法和建模的方法；模型评估阶段可能发现模型的结果与预先设定的业务目标不符，需要重新进行业务理解。图 1.6 中带箭头的外圈表示所有这些阶段都是循环往复、持续改进的过程。

1.5　SEMMA 数据挖掘方法论

针对数据挖掘过程中与数据准备、建模、模型评估相关的部分，SAS 公司提出了 SEMMA 方法论，将这些部分的过程分为抽样（Sample）、探索（Explore）、修整（Modify）、建模（Model）、评估（Assess）几个阶段。

1. 抽样

从数据集中抽取具有代表性的样本，样本应该大到不丢失重要的信息，小到能够便于操作。创建三个数据子集：

（1）训练数据，用于拟合各模型；

（2）验证数据，用于评估各模型并进行模型选择，避免过度拟合；

（3）测试数据，用于对模型的普适性形成真实的评价。

我们不能根据对训练数据集的拟合效果来进行模型选择。举例来说，如果有 100 个训练数据点用于拟合因变量 y 和自变量 x 之间的关系，使用 x 的 99 次多项式能够完美拟合这 100 个点，但是这个多项式模型不仅拟合了 y 与 x 之间系统的关系，也拟合了训练数据集的噪音，我们称这种现象为过度拟合。因为不同数据的噪音是不同的，所以这样的模型无法推广到新的数据。因此，我们需要使用验证数据集来比较各模型并进行选择。类似地，因为在这种选择过程中，我们不仅使用了验证数据集中因变量和自变量之间系统的关系，也使用了其中的噪声，所以使用验证数据集无法对被选择模型的效果进行客观评价。因此，我们需要使用第三个数据集 —— 测试数据集来评价模型。

2. 探索

使用可视化方法或主成分分析、因子分析、聚类等统计方法对数据进行探索性分析，发现未曾预料的趋势和异常情况，对数据形成初步理解，寻求进一步分析的思路。

3. 修整

包括生成和转换变量、发现异常值、变量选择等。

4. 建模

搜寻能够可靠地预测因变量的数据组合，具体而言是指采用哪些观测、使用哪些自变量能够可靠地预测因变量。

5. 评估

评估模型的实用性、可靠性和效果。

第2章

数据理解和数据准备

在实际数据挖掘项目中，占用时间最多的不是建模阶段，而是数据理解和数据准备阶段，它们常常要占用整个项目 70% 以上的时间。经过数据理解和数据准备之后，我们希望得到如图 2.1 所示的建模数据集。大量的时间用于从异构和杂乱无章的各种数据中构造建模数据集；在极端情况下，大部分的时间都用于从各个数据源收集必要的数据。

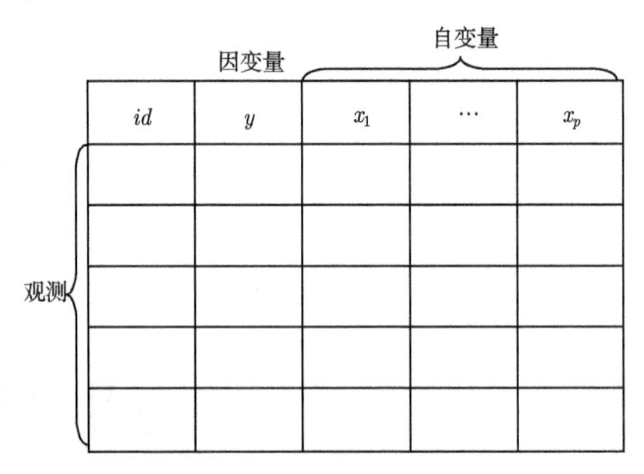

图 2.1　建模数据集的形式

案例：冰川波动的研究

冰川波动的研究能帮助人们理解全球水循环、气候和气候变化。国际上普遍认为山岳冰川和副极地冰川对于水循环非常重要，但是冰川数据却没有广泛用于水文和气候监测。主要的障碍是关于冰川的原始观测数据有许多不同的来源，没有组织成便于科学界建模和分析的形式。

通过以下努力，研究者们终于构建了一个全面的数据集。

- 从出版物、存档数据、个人交流等来源收集所有可获取的信息，包含约 280 个冰川的时间序列；
- 对这些信息进行数字化和质量检查，并排除发现的所有错误；
- 用相容的维度和方式组织数据。

这个全面的数据集包括除格陵兰岛冰盖和南极冰盖之外的山岳冰川和副极地冰川的年质量平衡及其他相关变量，可供气候、水文等科学领域使用。

[摘自 Dyurgerov et al.(2002)]

2.1　数据理解

因为数据通常分散在不同的部门，以不同的格式或者不同的载体存储，所属的数据库架构不一致，所以收集数据和转换数据格式需要花费大量的时间。收集到数据之后，我们需要刻画各个数据集的特征，理解它们之间的关系。

一、抽样偏差

如同 1.2 节所述，抽样偏差是指收集到的数据无法代表我们所关心的总体。例如，在网上收集人们对某种产品或某件事情的看法就会产生抽样偏差，因为这只能触及那些使用网络并且愿意在网络上发表意见的人群。不使用网络的人群的看法可能会不同于使用网络的人群的看法，那些愿意在网络上表达意见的人群的看法可能会不同于那些不愿意在网络上表达意见的人群的看法。再如，在车联网尚未广泛推广时，根据使用车联网的车主的驾驶行为推断所有车主的驾驶行为会产生抽样偏差。举例而言，使用车联网的车主可能比不使用车联网的车主驾驶更加小心，因而出险比例更低。

当数据存在抽样偏差时，需要更加细致地对数据进行统计建模（例如，1.2 节谷歌流感趋势案例中的示例），也需要考察数据分析结果对模型假设的敏感性。对这个问题的详细讨论超出了本书的范围。

二、数据粒度

数据粒度指的是数据的详细程度，如数据是精确到分钟、小时、日、周、月、季度还是年。例如，对于信用卡的数据，每张卡每次消费都会有一次记录；但是对于财务报表而言，每年只有一次记录。

三、数据的精确含义

我们需要理解每一个数据集及每一个变量最初被收集的目的及其精确含义。例如，在业务系统中“客户”可能被定义为和企业有过各种联系的人，而在财务系统中“客户”可能被定义为与企业进行过实际交易的人。

四、变量类型

变量按其测量尺度可分为四类：

1. 名义变量

只对观测进行分类并给各类别标以名称，类别之间没有顺序，如性别、职业、邮编等。

2. 定序变量

对观测进行分类但类别之间存在有意义的排序。例如，人们对某种产品的满意程度可分为：很满意、比较满意、一般、不满意、很不满意。

3. 定距变量

不仅变量取值存在有意义的排序，而且变量取值之间的差也有意义。例如，对于温度而言，可以说 20 摄氏度比 10 摄氏度高 10 摄氏度，也可以说 30 摄氏度和 20 摄氏度之间的差与 20 摄氏度和 10 摄氏度之间的差相同。但是，定距变量取值之间的商没有意义，例如，不能说 20 摄氏度是 10 摄氏度的两倍，也不能说 40 摄氏度相对于 20 摄氏度的倍数与 20 摄氏度相对于 10 摄氏度的倍数相同。这是因为温度没有一个绝对的零点，华氏零度和摄氏零度就不是同一个温度。

4. 定比变量

不仅变量取值之间的差有意义，而且存在一个有实际意义的零点，所以变量取值之间的商也有意义。例如，既可以说 10 000 元收入比 5 000 元收入高出 5 000 元，也可以说前者是后者的两倍，或者说 20 000 元收入相对于 10 000 元收入的倍数与 10 000 元收入相对于 5 000 元收入的倍数相同。

名义变量和定序变量合起来称作分类变量或离散变量，定距变量和定比变量合起来称作数值变量或连续变量。

五、 冗余变量

有些变量对于所有观测而言取值都相同，显然是冗余变量；还有些变量合起来含有重复信息，也形成冗余。例如，“出生日期”和“年龄”，或者“单价”“购买数量”和“总价”形成冗余变量，因为用填写日期减去出生日期就可以得到年龄，用单价乘以购买数量就得到总价。这些冗余变量会给建模过程带来不稳定性，例如，多重共线性就会给线性回归建模带来困难。

六、 完整性

我们需要检查数据值是否都正确，这是一项很复杂的工作。

1. 取值范围

每个变量都有允许的取值范围，取值范围之外的值为错误取值。例如，信用卡每次消费的金额应该不为零，如果数据中发现某条消费记录的金额为零，那么这条记录取值错误。再如，由于串行等原因导致某些记录的人名一栏中出现数值，或者应该出现数值的变量中出现了字符，这都是取值错误。有时，一个变量的取值范围是由另一个变量的取值决定的。例如，只有顾客使用过某种产品，才能对该产品的满意度进行评价，否则该满意度应为缺失。再如，抵押物是房地产时，才可能有建筑面积；当抵押物是机器设备时，建筑面积应为缺失。通常，通过简单的描述统计就可以发现错误取值。

2. 取值的一致性

例如，“北京大学”和“北大”指的都是北京大学，但在数据中却表现为两种取值。

3. 异常值

有些异常值是超出常规边界的值，需要查验是否错误。例如，在填写个人月收入时，要求填写单位为万元，如果有人把填写单位看成元，就可能出现月收入为几亿元的异常情形。但有些异常值却是正确的。例如，保险数据中的异常值可能代表巨额索赔要求，而该高额索赔是由于某地区发生飓风造成的，是正确值。

4. 整体完整性

有些观测变量的取值单个看起来可能都是正确的，但整体看起来却不正确，因此需要从整体上考察数据。例如，如果一个企业的财务报表中大部分资产或负债项都是几十万元，但某一负债项却达到几十亿元，就需要仔细考察是否填写错误。

七、缺省值

我们需要关注各变量的缺省取值。例如，在顾客满意度调查中，满意度得分为 1、2、3、4、5，对于缺失的情况缺省地用 9 来表示。如果我们不知道 9 代表缺省值，而直接对满意度进行建模，会出现很大的谬误，因为模型把 9 当作比 5 更满意，但实际上具有缺省值 9 的顾客可能并不关心被调查的产品。

八、数据链接

有时，各数据集之间的观测可以通过一些关键字链接起来，从而实现多个数据集的合并，构造建模数据集。例如，一个超市有很多拥有会员卡的顾客，超市的数据库中可能有三个数据集：数据集 1 描述在每次购物中顾客购买商品的情况，关键字为购物票号、商品号，也记录会员卡号（因为不是所有顾客都拥有会员卡，所以有些购物记录中没有会员卡号）；数据集 2 描述商品的情况，关键字为商品号；数据集 3 描述会员的情况，关键字为会员卡号。使用会员卡号和商品号可以把三个数据集链接起来，帮助我们获取具有各种特征的会员顾客在某时段内所购买商品的详细信息。

当数据不是来自同一个组织时，常常无法找到能直接将各个数据集链接起来的关键字。例如，阿里集团投资新浪微博，双方在用户账户互通等领域进行深入合作，但是有些用户可能没有在淘宝和微博上使用相同的账号，在两个平台上的相同账号有时可能对应于不同的用户，需要使用年龄、性别、文本等其他信息将双方的数据链接起来。不同的数据链接方法有不同的准确性，在很大程度上会影响数据挖掘的效果。对这个问题的详细讨论超出了本书的范围。

2.2 数据准备

一、 示例：数据整合

我们需要将来自各个数据集的数据整合起来，并且生成合适的变量放入整合的数据集。

例如，表 2.1 和表 2.2 分别是 2006 年 1、2 月份某企业部门 A 和部门 B 产品的交易记录，表 2.3 是客户的一些背景信息（性别一栏中 F 代表女，M 代表男）。这三张表可以通过“客户号”联系在一起。根据表 2.1 和表 2.2 可以计算每位客户在各月份消费各部门产品的次数及总金额，再与表 2.3 中客户的背景信息合并，所产生的表格见表 2.4。

表 2.1 部门 A 产品的交易记录

日期	客户号	金额
2006-1-2	001	120
2006-1-17	002	50
2006-1-20	001	153
2006-2-1	001	30
2006-2-5	002	202
2006-2-12	001	252
2006-2-20	002	231
2006-2-28	001	89

表 2.2 部门 B 产品的交易记录

日期	客户号	金额
2006-1-5	002	65
2006-1-8	002	120
2006-1-12	001	325
2006-1-27	002	209
2006-2-4	002	95
2006-2-10	001	153
2006-2-11	001	72
2006-2-19	002	175

表 2.3 客户的背景信息

客户号	年龄	性别
001	25	F
002	32	M

表 2.4　客户背景信息与消费信息合并

客户号	年龄	性别	2006-1 A 部门 次数	2006-1 A 部门 总金额	2006-2 A 部门 次数	2006-2 A 部门 总金额	2006-1 B 部门 次数	2006-1 B 部门 总金额	2006-2 B 部门 次数	2006-2 B 部门 总金额
001	25	F	2	273	3	371	1	325	2	225
002	32	M	1	50	2	433	3	394	2	270

实现这一数据整合过程的 SAS 程序和 R 程序如下：

SAS 程序：数据整合

假设 E:\dma\data 目录下的 ch2_ProductAPurchase.csv 文件和 ch2_ProductBPurchase.csv 文件分别记录了表 2.1 和表 2.2 中的信息（变量名为 Date、AccountNo、Amount），ch2_Demographics.csv 文件记录了表 2.3 中的信息（变量名为 AccountNo、Age、Gender）。这三个文件中的第一行都是变量名，第二行开始是数据，数据项之间以逗号分隔。我们需要对这些数据进行整合，构建如表 2.4 所示的数据。相关的 SAS 程序及其注释（用“/*”和“*/”标出）如下。

```
/** 读入数据，生成SAS数据集work.ProductAPurchase
   （work为SAS默认的工作逻辑库，引用其中的数据集时可省略“work.”）**/
data ProductAPurchase;
  infile 'E:\dma\data\ch2_ProductAPurchase.csv' delimiter = ',' firstobs=2;
  /*delimiter = ','指明由逗号分隔，firstobs=2指明从第二行开始读数据*/
  informat Date yymmdd10.;
  /*第一个变量名为Date，输入格式为SAS中的日期格式yymmdd10.，
    即4位数年+2位数月+2位数日，年与月之间、月与日之间以“-”分隔*/
  informat AccountNo $3.;
  /*第二个变量名为AccountNo，输入格式是长度为3的字符串*/
  informat Amount best32.;
  /*第三个变量名为Amount，输入格式为SAS中的数值格式best32.*/
  format Date yymmdd10.;
  /*第一个变量Date在SAS中输出格式为yymmdd10.*/
  format AccountNo $3.;
  /*第二个变量AccountNo在SAS中输出格式是长度为3的字符串*/
  format Amount best32.;
  /*第三个变量Amount在SAS中输出格式为best32.*/
  input Date AccountNo Amount;
  /*从文件中读取三个变量的具体数据*/
run;
```

```
/** 读入数据，生成SAS数据集work.ProductBPurchase **/
data ProductBPurchase;
  infile 'E:\dma\data\ch2_ProductBPurchase.csv' delimiter = ',' firstobs=2;
  informat Date yymmdd10.;
  informat AccountNo $3.;
  informat Amount best32.;
  format Date yymmdd10.;
  format AccountNo $3.;
  format Amount best32.;
  input Date AccountNo Amount;
run;

/** 读入数据，生成SAS数据集work.Demographics**/
data Demographics;
  infile 'E:\dma\data\ch2_Demographics.csv' delimiter =',' firstobs=2;
  informat AccountNo $3.;
  informat Age best32.;
  informat Gender $1.;
  format AccountNo $3.;
  format Age best32.;
  format Gender $1.;
  input AccountNo Age Gender;
run;

/**将SAS数据集work.ProductAPurchase按客户号AccountNo的升序排列**/
proc sort data=ProductAPurchase;
  by AccountNo;
run;

/**计算各客户在2006年1月份消费部门A产品的次数和总金额**/
proc sql;
  /*SAS中可使用SQL语句处理数据和进行数据检索*/
  create table tempA_06_01 as
  /*产生数据集work.tempA_06_01*/
```

```
  select AccountNo, count(*) as count_transA_06_01,
         sum(Amount) as amount_transA_06_01
    from ProductAPurchase
    where Date<'01Feb06'd
    group by AccountNo
    order by AccountNo;
  /*从ProductAPurchase数据集中选出日期在2006年2月1日之前的数据,
    按照客户号分组分别计算出三个变量放入work.tempA_06_01,
    并按照客户号的升序排列:
       AccountNo直接来自ProductAPurchase,
       count_transA_06_01为观测的数目,
       amount_transA_06_01为Amount变量的和。
    注意: SQL语句中的"group by AccountNo"要求数据集ProductAPurchase
    按照AccountNo的升序排列, 所以前面使用了SORT过程*/
quit;

/**计算各客户在2006年2月份消费部门A产品的次数和总金额**/
proc sql;
  create table tempA_06_02 as
  select AccountNo, count(*) as count_transA_06_02,
         sum(Amount) as amount_transA_06_02
    from ProductAPurchase
    where Date>='01Feb06'd
    group by AccountNo
    order by AccountNo;
quit;

/**将SAS数据集work.ProductBPurchase按客户号AccountNo的升序排列**/
proc sort data=ProductBPurchase;
  by AccountNo;
run;

/**计算各客户在2006年1月份消费部门B产品的次数和总金额**/
proc sql;
  create table tempB_06_01 as
  select AccountNo, count(*) as count_transB_06_01,
         sum(Amount) as amount_transB_06_01
```

```
    from ProductBPurchase
    where Date<'01Feb06'd
    group by AccountNo
    order by AccountNo;
quit;

/**计算各客户在2006年2月份消费部门B产品的次数和总金额**/
proc sql;
  create table tempB_06_02 as
  select AccountNo, count(*) as count_transB_06_02,
         sum(Amount) as amount_transB_06_02
    from ProductBPurchase
    where Date>='01Feb06'd
    group by AccountNo
    order by AccountNo;
quit;

/**将SAS数据集work.Demographics按客户号AccountNo的升序排列**/
proc sort data=Demographics;
  by AccountNo;
run;

/**将客户背景信息和前面计算出的消费信息合并成一个数据集**/
data DemoProducts;
  /*合并后的数据集是work.demoproducts*/
  merge Demographics tempA_06_01 tempA_06_02 tempB_06_01 tempB_06_02;
  by AccountNo;
  /*将五个数据集按照客户号AccountNo合并在一起。
    注意：合并时“by AccountNo”要求各数据集按照AccountNo的升序排列，
          所以前面使用了SORT过程排列work.Demographics数据集*/
run;
```

相关 SAS 操作教程视频请扫描以下二维码观看：

(推荐在 WIFI 环境下观看)

R 程序：数据整合

相关的 R 程序及其注释（用 # 标出）如下。

```
##加载程序包。
library(dplyr)
#dplyr是数据处理的程序包，我们将调用其中的管道函数和merge函数。
#如果没有安装该程序包需要用install.packages("dplyr")进行安装。
library(purrr)
#purrr是函数编程的程序包，我们将调用其中的reduce函数。

##读入数据，生成R数据框。
setwd("E:/dma/data")
#设置基本路径。
ProductAPurchase <- read.csv("ch2_ProductAPurchase.csv",
                             colClasses=c("character","character","numeric"))
#读入数据，生成R数据框ProductAPurchase。
#   “colClasses”指明三个变量的类型分别为字符型、字符型和数值型。
#  如果不指定变量类型，AccountNo（取值“001”或“002”）本应为字符型变量，
# 读入数据时会把其变为取值为1或2的整数型变量。
ProductAPurchase$Date <- as.Date(ProductAPurchase$Date)
#将ProductAPurchase中的Date变量从字符型转成日期型。
ProductBPurchase <- read.csv("ch2_ProductBPurchase.csv",
                             colClasses=c("character","character","numeric"))
ProductBPurchase$Date <- as.Date(ProductBPurchase$Date)
Demographics <- read.csv("ch2_Demographics.csv",
                         colClasses=c("character","numeric","character"))

##查看R数据框ProductAPurchase中的各个变量。
str(ProductAPurchase)
#输出结果为:
#  'data.frame':    8 obs. of  3 variables:
#  $ Date      : Date, format: "2006-01-02" ...
#  $ AccountNo: chr  "001" "002" "001" "001"  ...
#  $ Amount    : num  120 50 153 30 202 252 231 89
#其解释如下:
#  ''data.frame''表示ProductAPurchase是一个数据框，有8条观测和3个变量。
#  第一个变量名为Date，Date表示它是日期型变量，
```

```
#    格式为yyyy-mm-dd，即年月日之间用‘‘-’’分隔;
#  第二个变量名为AccountNo，chr表示它是字符型变量;
#  第三个变量名为Amount，num表示它是数值型变量。
#  针对每一个变量，列出了前面一些观测的取值。
str(ProductBPurchase)
str(Demographics)

##将ProductAPurchase按客户号AccountNo的升序排列。
ProductAPurchase <- ProductAPurchase[order(ProductAPurchase$AccountNo),]
#order给出排序后观测的序号。

##将ProductAPurchase中AccountNo的变量类型转化为因子型（即分类变量），
##为后面根据AccountNo进行汇总计算做准备。
ProductAPurchase$AccountNo <- factor(ProductAPurchase$AccountNo)

##计算各客户在2006年1月份消费部门A产品的次数和总金额。
ProductAPurchase_06_01 <- ProductAPurchase[ProductAPurchase$Date < "2006/2/1",]
#从ProductAPurchase数据集中选出日期在2006年2月1日之前的数据。
tempA_06_01 <- summarise(group_by(ProductAPurchase_06_01,AccountNo),
                         count_transA_06_01=n(),
                         amount_transA_06_01=sum(Amount))
              #summarise对各个组分别汇总计算，其中:
              #  group_by指明按照客户号分组;
              #  count_transA_06_01为观测的数目;
              #  amount_transA_06_01为Amount变量的和。

##计算各客户在2006年2月份消费部门A产品的次数和总金额。
ProductAPurchase_06_02 <- ProductAPurchase[ProductAPurchase$Date >= "2006/2/1",]
tempA_06_02 <- summarise(group_by(ProductAPurchase_06_02,AccountNo),
                         count_transA_06_02=n(),
                         amount_transA_06_02=sum(Amount))

##将ProductBPurchase按客户号AccountNo的升序排列。
ProductBPurchase <- ProductBPurchase[order(ProductBPurchase$AccountNo),]

##将ProductBPurchase中AccountNo的变量类型转化为分类变量，
```

```
##为后面根据AccountNo进行汇总计算做准备。
ProductBPurchase$AccountNo <- factor(ProductBPurchase$AccountNo)

##计算各客户在2006年1月份消费部门B产品的次数和总金额。
ProductBPurchase_06_01 <- ProductBPurchase[ProductBPurchase$Date < "2006/2/1",]
tempB_06_01 <- summarise(group_by(ProductBPurchase_06_01,AccountNo),
                         count_transB_06_01=n(),
                         amount_transB_06_01=sum(Amount))

##计算各客户在2006年2月份消费部门B产品的次数和总金额。
ProductBPurchase_06_02 <- ProductBPurchase[ProductBPurchase$Date >= "2006/2/1",]
tempB_06_02 <- summarise(group_by(ProductBPurchase_06_02,AccountNo),
                         count_transB_06_02=n(),
                         amount_transB_06_02=sum(Amount))

##将客户背景信息和前面计算出的消费信息合并成一个数据集。
DemoProducts <- list(Demographics,tempA_06_01,tempA_06_02,
                     tempB_06_01,tempB_06_02) %>%
                reduce(merge,by="AccountNo")
#使用list函数得到一个列表，列表中每个元素都是一个数据集。
#%>%为管道函数，将上一个函数的输出作为下一个函数的输入。
#merge函数将两个数据集按照客户号AccountNo合并。
#reduce函数对列表中的多个数据集重复应用merge函数，相当于：
#  merge(merge(merge(merge(Demographics,tempA_06_01,by="AccountNo"),
#        tempA_06_02,by="AccountNo"),tempB_06_01,by="AccountNo"),
#        tempB_06_02,by="AccountNo")
```

相关 R 操作教程视频请扫描以下二维码观看：

(推荐在 WIFI 环境下观看)

二、 清除变量

对所有观测而言取值都相同的冗余变量应该删除，因为它们对因变量没有任何预测能力。例如，在顾客调查中，如果是否有车这一栏的取值都是“有”，这个变量就应该删除。同样，如果某个变量的取值都为缺失，也应该删除。

数据挖掘一般使用的都是历史数据，需要保证在建模中使用到的自变量都是在预测因变量时能够获得的信息，不满足这一条件的自变量都应该删除。例如，在对信用卡持有者三个月后违约率建立预测模型时，就不能使用在因变量观测时点之后的信息和在因变量观测时点之前三个月内的信息。

三、 处理分类自变量

某些数据挖掘方法能够直接处理分类自变量，譬如第 11 章将介绍的决策树；但很多数据挖掘方法只能处理数值自变量，如线性回归、神经网络等，使用这些方法时就需要把分类自变量转换为数值自变量。

对于定序自变量，最常用的一种转换是按各类别的序号直接将该变量转换为数值自变量。对于名义自变量，最常用的转换是将该变量转换为哑变量。例如，对于性别而言，可以生成一个二元哑变量，取值 1 表示“女”，0 表示“男”。对于有多个取值的名义自变量，可以生成一系列二元哑变量。例如，中国（不含港澳台地区）有 31 个省、自治区和直辖市，可以据此生成 30 个哑变量。但是，如果一个名义自变量取值过多，生成过多的哑变量就容易造成过度拟合。一个简单而有效的方法是只针对包含观测比较多的类别生成哑变量，而将剩余的类别都归于“其他”这个大类别。还有一种方法是利用领域知识，将各类别归为几个大类之后再生成哑变量，例如，将 31 个省、自治区和直辖市归为华北、华中、华东、华南、西北、东北、西南等地区，再生成地区的哑变量。

四、 处理时间变量

时间变量无法直接进入建模数据集，因为时间是无限增加的，在历史数据中出现的时间肯定不同于将来模型所需应用的数据集中出现的时间，所以直接使用历史数据的时间建立的模型就无法应用于将来的数据集。如果要在建模过程中考虑时间变量，就必须对其进行转换。常用的转换有如下几种：

（1）转换为距离可重复出现的某个基准时间的时间长度，例如，“距离 xx 月 xx 日的天数”“距离下一次春节的周数”等。

（2）转换为季节性信息，例如，一年中第几季度或第几个月，每个季度或月对应于一个二元哑变量。

很多情形下可以考虑对时间进行多种转换，把所有可能影响因变量的时间信息都放入建模过程中。例如，对于某些食品的购买量而言，不仅存在节日效应，也存在季节性效应，这时就需要同时使用上述两种转换。

五、异常值

自变量的异常值对一些模型会产生很大影响。在图 2.2 的示例中，大部分数据点的 x 值都分布在 -2.2 和 2.4 之间，但有一个数据点的 x 值为 8，它对拟合的回归线会有很大的影响；如果它落在点 a 或点 b，拟合出的回归线分别为线 a 和线 b，它们的差别颇大。

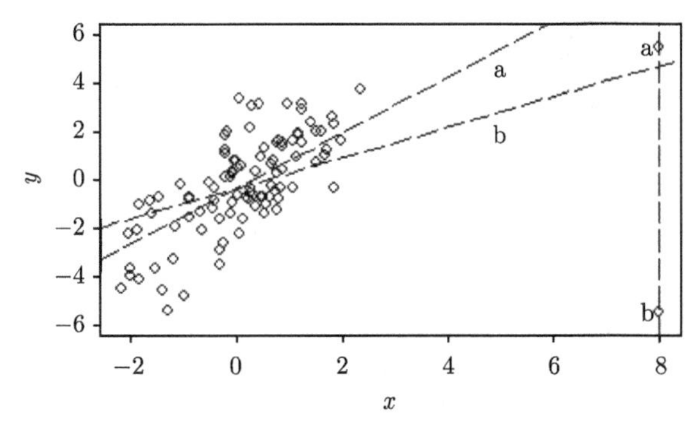

图 2.2　异常值的影响示例

因变量的异常值同样可能对模型有很大影响，这里不再赘述。

第 6 章将介绍的聚类算法可以用来发现异常值，如果少数几个观测自成一类，它们很有可能是异常值。发现异常值后需要查看它们为什么异常，如果是数据记录错误，可以进行更正，否则可以考虑下面两种方法：(1) 删除这些异常值，以免对建模造成大的影响，同时明确模型的应用范围；(2) 不删除异常值，但使用不太容易受异常值影响的稳健模型。

六、极值

实际数据中有些自变量或因变量的分布会呈现出偏斜有极值的现象（例如，收入、销售额等变量），其分布可能如图 2.3 所示。这些极值也会对一些模型产生很大影响。

对有极值的变量 u 常常可以使用 Box-Cox 转换：

$$z = \begin{cases} \dfrac{(u+r)^{\lambda}-1}{\lambda} & \lambda \neq 0 \\ \log(u+r) & \lambda = 0 \end{cases}$$

其中 r 是一个常数，对 u 的所有可能取值都满足 $u+r>0$。对数转换是 Box-Cox 转换的一种特殊情形。

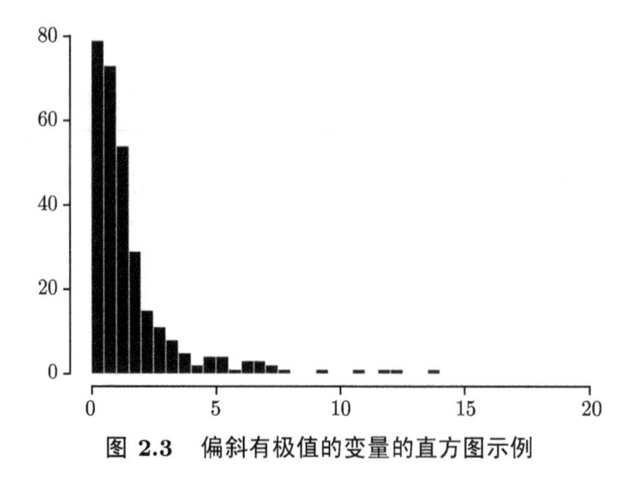

图 2.3 偏斜有极值的变量的直方图示例

对有极值的自变量 x，还可以将它转换为秩，也可以在秩转换后再分组。例如，按照 x 取值的百分位数可将观测分为 100 个组，各组内的 x 取值分别转换为 0—99 的整数。秩转换后的变量倾向于均匀分布。

七、 数据分箱

（一） 数据分箱的适用情形

数据分箱是下列情形下常用的方法：

（1）某些数值自变量在测量时存在随机误差，需要对数值进行平滑以消除噪声。

（2）有些数值自变量有大量不重复的取值，对于使用 $<$、$>$、$=$ 等基本操作符的算法（如决策树）而言，如果能减少这些不重复取值的个数，就能加快算法的速度。

（3）有些算法只能使用分类自变量，需要把数值变量离散化。

数据被归入几个分箱之后，可以用每个分箱内数值的均值、中位数或边界值来替代该分箱内各观测的数值，也可以把每个分箱作为离散化后的一个类别。例如，某个自变量的观测值为：

$$1, 2.1, 2.5, 3.3, 4, 5.6, 7, 7.4, 8.2.$$

假设将它们分为三个分箱：$(1, 2.1, 2.5)$，$(3.3, 4, 5.6)$，$(7, 7.4, 8.2)$，那么使用分箱均值替代后所得值为：$(1.87, 1.87, 1.87)$，$(4.3, 4.3, 4.3)$，$(7.53, 7.53, 7.53)$；使用分箱中位数替代后所得值为：$(2.1, 2.1, 2.1)$，$(4, 4, 4)$，$(7.4, 7.4, 7.4)$；使用边界值替代后所得值为：$(1, 2.5, 2.5)$，$(3.3, 3.3, 5.6)$，$(7, 7, 8.2)$（每个观测值由其所属分箱的两个边界值中较近的值替代）。

(二) 数据分箱的常用方法

假设要将某个自变量的观测值分为 k 个分箱，一些常用的分箱方法如下：

1. 无监督分箱

（1）等频分箱：把观测值按照从小到大的顺序排列，根据观测的个数等分为 k 部分，每部分当作一个分箱。例如，上面示例中使用的就是等频分箱。

（2）等宽分箱：将变量的取值范围分为 k 个等宽的区间，每个区间当作一个分箱。例如，上面的示例中，如果使用等宽分箱，每个分箱的宽度为 $(8.2-1)/3=2.4$，第一个分箱包含 $[1, 3.4)$ 区间中的值，第二个分箱包含 $[3.4, 5.8)$ 区间中的值，第三个分箱包含 $[5.8, 8.2]$ 区间中的值，所得三个分箱为：$(1, 2.1, 2.5, 3.3)$, $(4, 5.6)$, $(7, 7.4, 8.2)$。

（3）基于 k 均值聚类的分箱：使用第 6 章将介绍的 k 均值聚类算法将观测值聚为 k 类，但在聚类过程中需要保证分箱的有序性：第一个分箱中的所有观测值都要小于第二个分箱中的观测值，第二个分箱中的所有观测值都要小于第三个分箱中的观测值，等等。

2. 有监督分箱

在分箱时考虑因变量的取值，使得分箱后达到最小熵（minimum entropy）或最小描述长度（minimum description length）。这里仅介绍最小熵。

（1）假设因变量为分类变量，可取值 $1, \cdots, J$。令 $p_l(j)$ 表示第 l 个分箱内因变量取值为 j 的观测的比例，$l=1, \cdots, k$, $j=1, \cdots, J$；那么第 l 个分箱的熵值为 $\sum_{j=1}^{J}[-p_l(j) \times \log(p_l(j))]$。如果第 l 个分箱内因变量各类别的比例相等，即 $p_l(1)=\cdots=p_l(J)=1/J$，那么第 l 个分箱的熵值达到最大值；如果第 l 个分箱内因变量只有一种取值，即某个 $p_l(j)$ 等于 1 而其他类别的比例等于 0，那么第 l 个分箱的熵值达到最小值。

（2）令 r_l 表示第 l 个分箱的观测数占所有观测数的比例；那么总熵值为 $\sum_{l=1}^{k}\{r_l \times \sum_{j=1}^{J}[-p_l(j) \times \log(p_l(j))]\}$。

需要使总熵值达到最小，也就是使分箱能够最大限度地区分因变量的各类别。

八、缺失数据

在实际应用中经常出现缺失数据，常见的做法是忽略缺失数据或简单地给缺失数据赋值，这些方法在很多时候会造成数据分析结果的偏差。如何处理缺失数据事实上是一个很复杂的课题，我们将在第 3 章中进行详尽的介绍。

九、降维

自变量维度过多会给所有数据挖掘方法带来麻烦：（1）自变量过多会导致建模算法的运行速度变慢。（2）自变量的维度增加时，过度拟合的可能性也会随之增大。(3) 自变量维度越多，数据在整个输入空间的分布越稀疏，越难以获得对整个输入空间有代表的样本。例如，如果只有一个均匀分布的二分自变量，那么 1 000 个观测意味着平均每种取值对应于 500 个观测；但如果有 10 个均匀分布的二分自变量，总共有 $2^{10} = 1\ 024$ 种取值，同样 1 000 个观测却意味着平均而言每种取值对应于不到 1 个观测。

变量选择是降维的一类方法，它们从自变量中选出一部分放入建模数据集。

(一) 一些简单的变量选择方法

1. 因变量为二分变量

(1) 对于数值自变量而言，可以使用两样本 t 检验考察因变量取一种值时自变量的均值与因变量取另一种值时自变量的均值是否相等，然后选择那些检验结果显著（不相等）的自变量；

(2) 对于分类自变量而言，可以使用卡方检验考察自变量的取值是否独立于因变量的取值，然后选择那些检验结果显著（不独立）的自变量。

2. 因变量为分类变量

可以将因变量取值两两配对，针对每对取值进行上述 t 检验或者卡方检验，然后选择那些对因变量的任何一对取值检验结果显著的自变量。

3. 因变量为数值变量

可以将因变量离散化后（例如，使用因变量的中位数将数据分为两组）再使用上面的方法，或者使用如下方法：

(1) 计算各数值自变量与因变量的相关系数，剔除相关系数小或不显著的变量。

(2) 对每个分类自变量，将其取值两两配对，针对每对取值使用 t 检验考察因变量的均值是否相等，只要对任何一对取值检验结果显著，就选择该自变量。

(二) 逐步选择

逐步选择也是一类常用的变量选择方法，逐步回归就是它的一个特例。首先，使用以下三种方法之一逐步建立一系列的模型，在这一过程中使用的数据集都是训练数据集。

1. 向前选择（forward selection）

从不含有任何自变量的零模型开始，逐个从模型外选择最能帮助预测因变量的自变量加入模型，直至模型外的任何一个自变量对于预测因变量的贡献值都低于某个临界值，或者模型中已经包含所有的自变量。

2. 向后剔除（backward elimination）

从含有所有自变量的全模型开始，逐个从模型中剔除对预测因变量贡献最小的自变量，直至模型内的任何一个自变量对于预测因变量的贡献值都高于某个临界值，或者模型中不含有任何自变量。

3. 向前选择与向后剔除的结合

从零模型开始，每次给模型添加一个新的自变量后，就对模型中所有自变量进行一次向后剔除的检查，直至所有已经在模型中的自变量都不能被剔除，并且所有在模型外的自变量都不能被添加。

每次添加或剔除一个自变量都得到一个新的模型，这样可获得一系列模型。根据训练数据集计算 AIC（Akaike Information Criteria）、BIC（Bayesian Information Criteria）等统计准则的值（这些准则的定义见 7.4 部分），或者根据验证数据集评估预测效果，可从这一系列模型中选择最优的模型。

第 8 章将介绍的 Lasso 和 Elastic Net 以及第 11 章将介绍的决策树都可用于变量选择。此外，降维还可以通过从自变量中构造一组维度更低的新变量来实现，这类方法有主成分分析、探索性因子分析、多维标度法等，将在第 5 章介绍。

十、过抽样与欠抽样

某些情况下我们想要预测的事件发生的比例非常低，例如直邮营销中潜在客户的响应率、企业贷款违约率、电信客户流失率等。如果模型训练时尽量优化总的预测准确率，直接使用原始数据训练出的模型可能没有什么用处。例如，某次直邮营销的响应率为 2%，只需简单地将所有潜在客户都判断为不响应就能达到 98% 的准确率，但这样的“模型”没有任何实际用途。

解决这个问题的常用方法是过抽样与欠抽样。我们仍在直邮营销的情境中来说明。随机过抽样方法随机地复制一些响应者的数据加入建模数据集，使得建模数据集中响应者达到一定比例（例如 1/3、1/4 等）。随机欠抽样将所有响应者的数据放入建模数据集，而对于非响应者的数据只随机抽取一部分放入建模数据集，使得建模数据集中响应者达到一定比例。此外，还有一些过抽样方法，例如，SMOTE（Chawla et al., 2002），根据现有数据进行随机扰动，生成新数据加入建模数据集。

2.3 数据理解和数据准备示例：FNBA 信用卡数据

FNBA 是一个信用卡机构，它的很多数据来自从信用局购买的个人信用历史（数据来源于 Pyle（1999））。在客户获取活动中，FNBA 通过邮件和电话联系目标客户，他们可能响应邀请而申请 FNBA 的信用卡，也可能不响应。在客户获取活动的历史数据中，buyer_p_ 变量指示潜在客户是否响应，如果把它当作因变量建立模型，那么未来的营销活动就可以针对那些经模型预测最有可能成为 FNBA 客户的人。在建模之前，需要进行数据理解和数据准备工作。

假设 E:\dma\data 目录下的 ch2_credit.csv 数据集记录了 FNBA 的历史数据。下面将介绍一些相关的 SAS 程序和 R 程序。

SAS 程序：数据准备

```
/**定义SAS逻辑库mydata，对应于E:\dma\out\file目录**/
libname mydata "E:\dma\out\file";

/** 读入数据，生成SAS数据集mydata.Credit **/
proc import datafile="E:\dma\data\ch2_credit.csv"
  out=mydata.Credit dbms=DLM;
  /*将数据从Credit.csv文件读入，存储在SAS逻辑库mydata下的数据集Credit中；
    dbms指定读入数据的种类，DLM说明数据是带分隔符的*/
  delimiter=',';
  /*说明分隔符是逗号（缺省分隔符为空格）*/
  getnames=yes;
  /*需要从第一行读入变量名*/
run;

/**为数据集中的某些变量添加标签，说明变量的具体含义**/
data mydata.Credit;
  set mydata.Credit;
  label age_inferr="inferred age"
        /*推断出的年龄*/
        dob_month="Date of Birth (Month)"
        /*出生月份*/
        dob_year="Date of Birth (Year)"
        /*出生年*/
        buyer_p_="Target: response indicator"
        /*是否响应（因变量）*/
        sex="Gender of the applicant"
        /*性别*/
        married="Marriage status of the applicant"
        /*婚姻状况*/
        children="the indicator for whether having children"
```

```
        /*是否有孩子*/
        own_home="the indicator for owning home (vs renting)";
        /*是否拥有（而不是租赁）住房*/
run;

/**对数据集进行基本描述**/
proc contents data=mydata.Credit out=a0 noprint;
  /*被描述的数据集为mydata.Credit，描述结果存入SAS数据集work.a0，
    noprint选项说明不在屏幕上打印描述结果*/
run;
```

数据集 work.a0 摘选部分见表 2.5。表头是数据集 work.a0 中的变量名，括号中标明相应的变量标签。可以看出，work.a0 记录了数据集 mydata.Credit 中各变量的基本情况。变量类型说明变量属于数值型（TYPE 取值为 1，输出格式为 BEST）还是字符型（TYPE 取值为 2，输出格式为 $）；变量号指的是该变量在数据集中是第几个变量。

表 2.5　CONTENTS 过程输出的数据集内容摘选

NAME （变量名称）	TYPE （变量类型）	VARNUM （变量号）	LABEL （变量标签）	FORMAT （变量输出格式）	…
AGE_INFERR	1	37	inferred age	BEST	…
BCBAL	1	18	bcbal	BEST	…
BCLIMIT	1	17	bclimit	BEST	…
BCOPEN	2	25	bcopen	$	…
…	…	…	…	…	…

下面我们将计算 mydata.Credit 数据集中各数值变量的一些描述统计量：缺失观测数、均值、标准偏差、最小值、下四分位数、中位数、上四分位数、最大值，并将所有描述统计量存储于一个数据集。这中间需要用到 SAS 中的宏变量和宏函数，在引用宏变量和宏函数的参数的取值时都要使用宏引用符“&”。

```
/**定义计算各数值变量描述统计量的宏函数**/
%macro nvardescrip(data=,out=);
/*"%macro"是SAS中的宏语句，说明下面要定义一个宏函数；
  宏函数名称为nvardescrip，参数data指定用于描述的输入数据集，
  参数out指定存储统计描述结果的输出数据集*/

  /**得到输入数据集&data（引用参数data的值）的基本描述**/
```

```
proc contents data=&data out=a0 noprint;
run;

/**创建宏变量记录输入数据集中所有数值变量的名称**/
proc sql;
  select NAME into :nvars separated by ‘ ’ from a0
  where TYPE=1;
  /*nvars是创建的宏变量的名称，它的取值是一个字符串，由所有数值变量
    （work.a0中TYPE取值为1）的名称（work.a0中的NAME）以空格分隔连接而成*/
quit;

%let i=1;
/*"%let"是SAS中的宏语句，此处定义宏变量i并赋予其初始值1*/
%do %until (%scan(&nvars,&i,‘ ’)=);
/*"%do %until (条件)"是SAS中的宏语句，说明持续进行循环直到后面的条件为真。
  "scan"是SAS自带的宏函数，SAS中调用宏函数都需要加上‘‘%’’。
    该宏函数的第一个参数指定需要扫描的字符串，第二个参数指定
    从被扫描的字符串中提取第几段，第三个参数指定被扫描的字符串中
    各段之间的分隔符。
  总而言之，这条语句的意思是循环执行下面的操作，直到宏变量nvars所指
    的字符串中以空格分隔的第i段（也就是第i个数值变量的名称）为空；
    宏变量i的值在每次循环结束后将递增1，因此这条语句就是说对输入数据集
    的每个数值变量执行下面的操作*/

  %let varname=%scan(&nvars,&i,‘ ’);
  /*定义宏变量varname存储宏变量nvars所指的字符串中以空格分隔的第i段，
    即第i个数值变量的名称*/

  proc univariate data=&data noprint;
    var &varname;
    /*使用univariate过程对输入数据集&data的当前数值变量（其名称存储于
      宏变量varname）进行描述，noprint选项说明描述结果不在屏幕上打印*/
    output out=a1 nmiss=nmiss mean=mean std=std min=min Q1=Q1
           median=median Q3=Q3 max=max;
    /*输出数据集为work.a1，其中只有一行，记录了变量的缺失观测数、
      均值、标准偏差、最小值、下四分位数、中位数、上四分位数、最大值；
```

```
    例如，mean=mean中，前一个mean是univariate过程的关键字，说明要
    计算变量的均值，后一个mean是work.a1中记录该均值的变量名*/
run;

data a1;
  retain name nmiss mean std min Q1 median Q3 max;
  /*指定work.a1中各变量的顺序*/
  set a1;
  length name $15.;
  /*在数据集work.a1中产生新变量name，格式是长度为15的字符串*/
  name="&varname";
  /*变量name的取值是当前数值变量的名称（即宏变量varname所存储的值）*/
  label name="变量名"
        nmiss="缺失观测数" mean="均值"
        std="标准偏差" min="最小值"
        Q1="下四分位数" median="中位数"
        Q3="上四分位数" max="最大值" ;
  /*给work.a1中各变量添加标签*/
run;

%if &i=1 %then %do;
/*‘‘%if (条件) %then %do’’是SAS中的宏语句，说明如果条件为真，
  执行如下操作。此处条件是宏变量i的值为1，即当前数值变量是
  输入数据集中第一个数值变量*/
  data &out;
    set a1;
    /*将work.a1拷贝给用于记录所有数值变量的描述统计量的输出数据集&out*/
  run;
%end;
/*‘‘%end’’与前面‘‘%if &i=1 %then %do’’中的‘‘%do’’配对，结束这一段操作*/

%else %do;
/*‘‘%else %do’’是SAS中的宏语句，与‘‘%if (条件) %then %do’’语句配合，
  说明如果条件不为真，执行如下操作*/
  proc append base=&out data=a1;
```

```
    /*将work.a1的数据添加在输出数据集&out的现有数据之后*/
    run;
  %end;
  /*‘‘%end’’与前面‘‘%else %do’’中的‘‘%do’’配对，结束这一段操作*/

  %let i=%eval(&i+1);
  /*在每次循环结束处，让i值递增1，以便对下一个数值变量进行描述。
    注意：i是宏变量，使用‘‘&i’’只会直接引用i的值，而不会进行计算。
    所以如果i存储的值是1，那么使用‘‘%let i=&i+1’’语句只会让i的值
    变成字符串‘‘1+1’’，而不会变成2；因此需要使用SAS自带的宏函数eval
    来进行计算。*/
 %end;
 /*与前面的‘‘%do %until’’对应，结束整个循环*/

%mend;
/*结束宏函数nvardescrip的定义*/

/**调用宏函数nvardescrip计算mydata.Credit中各数值变量的描述统计量**/
%nvardescrip(data=mydata.Credit,out=mydata.Credit_nvars_description);
```

我们还可以针对各数值变量画直方图，并将所有直方图输出到 pdf 文件中。

```
/**定义画各数值变量直方图的宏函数**/
%macro histogram(data=,pdfout="histogram.pdf");
/*定义宏函数histogram，参数data指定用于画直方图的输入数据集，
 参数pdfout指定输出的pdf文件的名称，缺省文件名为histogram.pdf*/

 proc contents data=&data out=a0 noprint;
 run;

 proc sql;
   select NAME into :nvars separated by ‘ ’ from a0
   where TYPE=1;
 quit;

 ods listing exclude all;
 /*ods（Output Delivery System）是SAS的输出传递系统，
```

```
  listing是缺省的输出窗口，‘‘exclude all’’表明所有输出都不导向listing*/
 ods pdf file=&pdfout;
/*将输出导向到pdf文件，文件名由宏变量pdfout指定*/

%let i=1;
%do %until (%scan(&nvars,&i,‘ ’)=);

  %let varname=%scan(&nvars,&i,‘ ’);

  title1 &varname;
  /*使用当前数值变量的名称作为直方图的标题*/
  proc univariate data=&data noprint;
    histogram &varname / cbarline=grey cfill=ligr;
    /*histogram语句说明要对当前数值变量画直方图;
      ‘‘cbarline=grey’’指定直方图中各柱用灰色勾勒边线，
      ‘‘cfill=ligr’’指定直方图中各柱用浅灰色填充*/
      inset n nmiss mean std min Q1 median Q3 max /
        header=‘Descriptive Statistics’ pos=ne noframe;
      /*在图的右上方（即pos关键字指定的ne，代表northeast即东北方）
        插入统计量表，表头为‘‘Descriptive Statistics’’，含有观测数（n）、
        缺失观测数（nmiss）、均值（mean）、标准偏差（std）、最小值（min）、
        下四分位数（Q1）、中位数（median）、上四分位数（Q3）、最大值（max）
        等统计量，noframe指明该表没有边框 */
  run;

  %let i=%eval(&i+1);
%end;

ods pdf close;
/*关闭pdf输出环境*/
ods listing exclude none;
/*将所有输出重新导向到listing*/

%mend;
/*结束宏函数histogram的定义*/
```

```
/**调用宏函数histogram画mydata.Credit中各数值变量的直方图**/
%histogram(data=mydata.Credit,pdfout="E:\dma\out\fig\ch2_case2-2_histogram.
         pdf");
/*输出的pdf文件为E:\dma\out\fig目录下的ch2_case2-2_histogram.pdf*/
```

图 2.4 展示了直方图的示例。

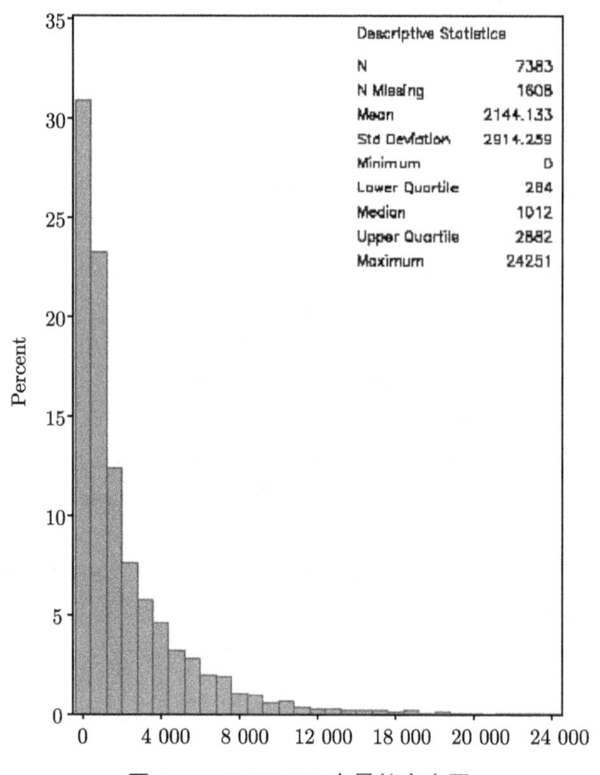

图 2.4　BCBAL 变量的直方图

通过描述统计量或直方图，可看出数据集中的两个变量 CRITERIA 和 OWN_HOME 是常数，因而是冗余变量，需要删除。

```
data mydata.CreditNew;
  /*生成新数据集mydata.CreditNew, 在其上进行数据的修改*/
  set mydata.Credit;
  drop criteria own_home;
run;
```

有些变量的分布斜度比较大，出现了一些极值，如图 2.4 中的变量 BCBAL。可以对这个变量进行对数转换或秩转换，转换后该变量的分布分别如图 2.5 和图 2.6

所示。

```
data mydata.CreditNew;
  set mydata.CreditNew;
  bcbal1=log(bcbal+1);
  /*对数转换*/
run;

proc rank data=mydata.CreditNew out=mydata.CreditNew groups=100;
/*秩转换，‘‘group=100’’指定以百分位数将数据分隔为组，
  转换后变量的取值为0至99*/
  var bcbal;
  ranks bcbal2;
  /*对原始变量bcbal进行秩转换，记录转换后数值的变量的名称为bcbal2*/
run;
```

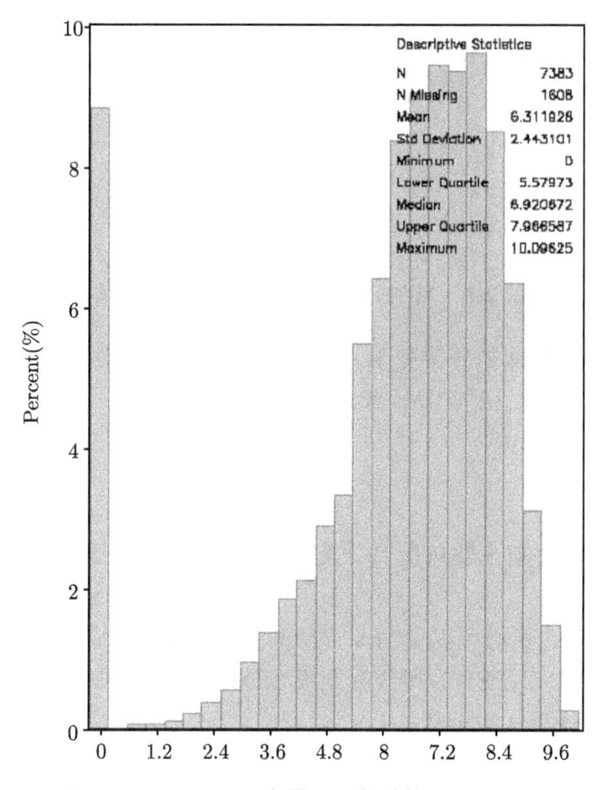

图 2.5　BCBAL 变量经对数转换后的直方图

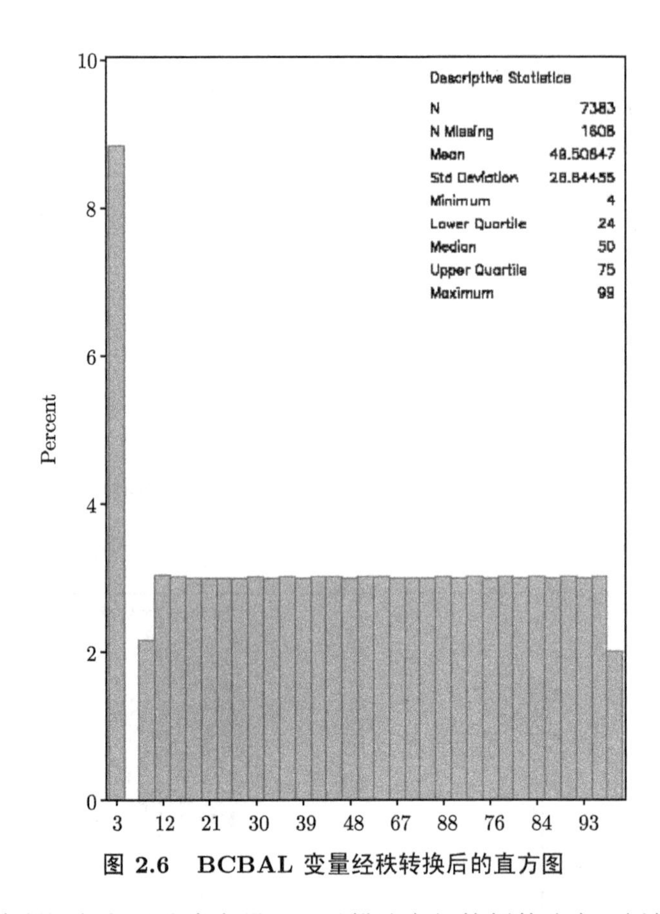

图 2.6　BCBAL 变量经秩转换后的直方图

字符型变量一般都是分类变量，可以描述它们的频数分布。例如，对于性别（SEX）这个变量而言，相关 SAS 程序如下：

```
proc freq data=mydata.Credit;
  table sex;
run;
```

我们也可以编写宏函数对所有分类变量进行描述，并将结果输出到 pdf 文件，在此不赘述。

如 2.2 节所述，我们可以使用 t 检验和卡方检验进行简单的变量选择。例如，对于数值变量 AGE_INFERR 和分类变量 SEX 而言，相关 SAS 程序如下：

```
proc ttest data=mydata.Credit;
  class buyer_p_;
  var age_inferr;
```

```
run;

proc freq data=mydata.Credit;
  tables buyer_p_*sex / chisq;
run;
```

数据中响应者（即变量 buyer_p_ 取值为 1）的比例为 21.41%，已经比较高了，所以不需要进行过抽样或欠抽样。但纯粹是为了说明欠抽样的 SAS 程序，我们假设要进行欠抽样使得响应者的比例达到 1/3，也就是使非响应者数目达到响应者数目的两倍，相关的 SAS 程序如下：

```
/**将所有响应者的数据放入work.credit1数据集中**/
data credit1;
  set mydata.CreditNew;
  where BUYER_P_=1;
run;

/**将所有非响应者的数据放入work.credit0数据集中**/
data credit0;
  set mydata.CreditNew;
  where BUYER_P_=0;
run;

/**创建宏变量n1记录响应者的观测数**/
proc sql noprint;
  select count(*) into :n1 from credit1;
quit;

/**创建宏变量n0记录非响应者的观测数，它的值是响应者观测数n1的两倍**/
%let n0=%eval(2*&n1);

/**从非响应者的数据中随机抽取n0个观测，仍然放入work.credit0数据集中**/
proc surveyselect data=credit0 method=srs
  /*‘‘method=srs’’说明抽样方法是简单随机抽样（simple random sampling）*/
  n=&n0 out=credit0;
run;

/**将响应者和非响应者的数据都放入mydata.CreditNew1数据集中**/
```

```
data mydata.CreditNew1;
  set credit1 credit0;
run;
```

相关 SAS 操作教程视频请扫描以下二维码观看：

(推荐在 WIFI 环境下观看)

R 程序：数据准备

```
##加载程序包。
library(dplyr)
#dplyr是数据处理的程序包，我们将调用其中的管道函数。

##读入数据，生成R数据框。
setwd("E:/dma")
Credit <- read.csv("data/ch2_credit.csv")
#数据为E:/dma/data下的ch2_credit.csv

##查看R数据框Credit。
str(Credit)

##计算Credit数据集中各数值变量的描述统计量。
Credit.nvars <- Credit[,lapply(Credit,class)=="integer"
                      | lapply(Credit,class)=="numeric"]
#取出Credit中所有数值型变量，得到新数据集Credit.nvars。
#  class函数判断一个变量的类型，取值“interger”代表整数型，“numeric”代表数值型，
#    都属于需要计算描述统计量的范围。
#  lapply函数将class函数应用于Credit数据集中的每个变量，得到所有变量的类型。
#    lapply(Credit,class)=="integer" | lapply(Credit,class)=="numeric"指的是:
#    取出所有类型为整数型或数值型的变量。

##在屏幕上查看数据集Credit.nvars的基本描述。
```

```
summary(Credit.nvars)
#这里仅展示一个变量的输出结果作为示例:
#       BCBAL
#  Min.   :    0
#  1st Qu.:  255
#  Median :  985
#  Mean   : 2081
#  3rd Qu.: 2800
#  Max.   :24251
#  NA's   :2515
#其解释如下:
#  "BCBAL"为变量名称。
#  Min.表示最小值，1st Qu.表示下四分位数，Median表示中位数，
#  Mean表示均值，3rd Qu.表示上四分位数，Max.表示最大值，
#  NA's表示BCBAL变量的缺失观测数。

##将对各数值变量的描述统计量存为R数据框Credit_nvars_description。
descrip <- function(nvar)
#定义descrip函数计算一个数值变量nvar的描述统计量。
{
  nmiss <- length(which(is.na(nvar)))
  #计算缺失数目。
  #  R中用NA表示缺失值，is.na函数指出每个观测的nvar变量是否缺失。
  #  which(is.na(nvar))取出nvar向量中缺失的观测的序号。
  #  length函数计算这一子向量的长度，即为nvar中缺失观测的数目。
  mean <- mean(nvar,na.rm=TRUE)
  #计算均值。
  #  na.rm=TRUE表示在计算中去掉缺失值，以免有缺失值时计算结果为NA。
  std <- sd(nvar,na.rm=TRUE)
  #计算标准差。
  min <- min(nvar,na.rm=TRUE)
  #计算最小值。
  Q1 <- quantile(nvar,0.25,na.rm=TRUE)
  #计算下四分位数。
  #  quantile为计算分位数函数，0.25分位数即为下四分位数。
  median <- median(nvar,na.rm=TRUE)
```

```
  #计算中位数。
  Q3 <- quantile(nvar,0.75,na.rm=TRUE)
  #计算上四分位数。
  max <- max(nvar,na.rm=TRUE)
  #计算最大值。

  c(nmiss,mean,std,min,Q1,median,Q3,max)
  #descrip函数返回一个向量，包含变量nvar的所有描述统计量。
}
Credit_nvars_description <- lapply(Credit.nvars,descrip) %>%
    as.data.frame() %>% t()
#得到Credit.nvars数据集中所有变量的描述统计量，存为R数据框
#    Credit_nvars_description。
#  用lapply函数将descrip函数应用于Credit.nvars数据集中的每个变量，
#    产生一个关于描述统计量的列表。
#  用as.data.frame函数将该列表转换为R数据框。
#  用t函数将该数据框转置，数据框的行代表各个变量，列代表各个统计量。
colnames(Credit_nvars_description) <- c("nmiss","mean","std","min","Q1",
                                        "median","Q3","max")
#将Credit_nvars_description的各列重新命名。

##各数值变量的直方图，输出到pdf文件中。
pdf("out/fig/ch2_case2-2_histogram.pdf")
#设置pdf文件为E:\dma\out\fig目录下的ch2_case2-2_histogram.pdf
for (i in 1:length(Credit.nvars)){
  hist(Credit.nvars[,i],
       xlab=names(Credit.nvars)[i],
       main=paste("Histogram of",names(Credit.nvars)[i]),
       col = "grey")
}
dev.off()
#length函数计算数据集Credit.nvars的变量个数。
#for循环表示让变量i取遍第一个到最后一个变量。
#  使用hist函数画第i个变量的直方图:
#    Credit.nvars[,i]指明对Credit.nvars中第i个变量作直方图。
#    xlab语句指定横轴名称为第i个变量的名称。
```

```
#       names(Credit.nvars)给出Credit.nvars数据集中所有变量的名称，
#       names(Credit.nvars)[i]表示第i个变量的名称。
#     main语句指定图的标题。
#       paste函数将两个字符串粘贴在一起。
#     col语句指定直方图中各柱用灰色填充。
#dev.off结束输出到pdf文件。

##删除冗余变量,生成新数据集CreditNew
CreditNew <- Credit[-c(3,29)]
#CRITERIA和OWN_HOME分别为原数据集Credit的第3和第29个变量。

##对变量BCBAL进行对数转换并将其加入CreditNew数据框。
BCBAL1 <- log(CreditNew$BCBAL+1)
#对BCBAL变量进行对数转换，存为BCBAL1。
CreditNew <- cbind(CreditNew, BCBAL1)
#将BCBAL1加入CreditNew数据框。

##对变量BCBAL进行秩转换并将其加入CreditNew数据框。
BCBAL2 <- cut(CreditNew$BCBAL,
              breaks = c(-1,quantile(CreditNew$BCBAL,seq(0,1,0.01),na.rm=TRUE)
                                  %>% unique())) %>%
        as.numeric()
#对BCBAL变量进行秩转换，存为BCBAL2。
#  使用cut函数将连续变量BCBAL按一些分隔点分段成区间，例如，区间(0,9]表示取值
#  大于0并且小于或等于9。
#    breaks设置其中的分隔点。
#       seq(0,1,0.01)为一个向量，取值为0,0.01,0.02,...,1。
#       使用quantile函数取出BCBAL变量的各百分位数，这些百分位数中有些重复，
#         所以使用管道函数“%>%”和unique函数得到其中不重复的值，一共93个，
#         取值为0,9,...,24 251，其中第一个值0为BCBAL的最小值，最后一个值24 251为
#         BCBAL的最大值。再将-1也加入分隔点。这样，第一个分段区间为(-1,0]
#          (也就是取值为0），第二个分段区间为(0,9]，等等。
#  使用管道函数“%>%”和as.numeric函数将93个分段区间转换为1  93的数值。
CreditNew <- cbind(CreditNew, BCBAL2)
#将BCBAL2加入CreditNew数据框。

##描述变量SEX的频数分布。
```

```
table(Credit$SEX)
## 使用 t 检验和卡方检验进行简单的变量选择。
t.test(CreditNew$AGE_INFERR~CreditNew$BUYER.P.)
chisq.test(table(CreditNew$BUYER.P.,CreditNew$SEX))

##进行欠抽样使得响应者的比例达到1/3。
credit1 <- CreditNew[CreditNew$BUYER.P.==1,]
#将所有响应者的数据放入credit1数据集中
credit0 <- CreditNew[CreditNew$BUYER.P.==0,]
#将所有非响应者的数据放入credit0数据集中。
n1 <- dim(credit1)[1]
#创建变量n1记录响应者的观测数。
#  dim函数计算数据框的维度，第一维表示观测数，第二维表示变量数，这里取第一维。
n0 <- 2*n1
#创建变量n0记录非响应者的观测数,它的值是响应者观测数n1的两倍。
credit0 <- credit0[sample(1:dim(credit0)[1],n0),]
#从非响应者的数据中随机抽取n0个观测,仍然存为credit0数据集。
#  使用sample函数从非响应者的观测序号中进行简单随机抽样，抽取出n0个。
#    “1:dim(credit0)[1]”限定抽样范围为从1到非响应者总数的所有整数,
#    n0指定样本数。
CreditNew1 <- rbind(credit1,credit0)
#将响应者和非响应者的数据都放入CreditNew1数据集中。
#  rbind指定按行合并。

##如果需要输出，可以使用write.csv函数将数据集写入.csv文件。
write.csv(Credit_nvars_description,"out/file/Credit_nvars_description.csv")
#write.csv函数的第一个参数表示数据框，第二个参数表示.csv文件的名称。
write.csv(CreditNew,"out/file/CreditNew.csv",row.names=FALSE)
#row.names=FALSE表明在写入.csv文件时不输出行的名称（这里为观测序号）。
write.csv(CreditNew1,"out/file/CreditNew1.csv",row.names=FALSE)
```

相关 R 操作教程视频请扫描以下二维码观看：

(推荐在 WIFI 环境下观看)

第3章

缺失数据

实际数据中经常存在缺失值。缺失值可分为两类：第一类是这个值实际存在但是没有被观测到，例如顾客拒绝提供收入状况；第二类是这个值实际就不存在。例如，在考察顾客购买的洗发水品牌时，如果某位顾客根本没有购买任何洗发水，那么这位顾客购买的洗发水品牌缺失。再如，对于没有在淘宝上购买过东西的顾客，其在淘宝上的消费记录缺失。对第一类情形，预测或插补未观测的值的数据分析是有意义的。对第二类情形，插补未观测的值是无意义的，根据是否缺失对数据进行分层的分析才更加合适。在本章中，我们将关注第一类情形。

3.1 缺失数据模式和缺失数据机制

Rubin（1976）是缺失数据领域的开创性论文，它指出在缺失数据分析中，需要将指示数据中变量是否缺失的那些指示变量也当作随机变量进入分析。

一、缺失数据模式

定义矩阵 $\mathcal{Y}=(y_{ij})_{N\times K}$ 表示包含已观测值和缺失值真实值的数据集，其中，N 代表个体数，K 代表变量数。定义缺失指示变量 m_{ij}，其中：$m_{ij}=1$ 表示 y_{ij} 缺失，$m_{ij}=0$ 表示 y_{ij} 被观测到。由缺失指示变量组成的矩阵为 $\mathcal{M}=(m_{ij})_{N\times K}$，$\mathcal{M}$ 给出了缺失数据的模式。

举例而言，我们考察 $N=5$、$K=4$ 的情形。若缺失指示矩阵为

$$\mathcal{M}=\begin{pmatrix}0&0&0&0\\0&0&0&0\\0&0&0&0\\0&0&0&1\\0&0&0&1\end{pmatrix}, \tag{3.1}$$

只有第四个变量会出现缺失值，我们称这种模式为单变量缺失模式。若缺失指示矩阵为

$$\mathcal{M}=\begin{pmatrix}0&0&0&0\\0&0&0&0\\0&0&0&1\\0&0&1&1\\0&1&1&1\end{pmatrix}, \tag{3.2}$$

第二、三、四个变量都会出现缺失值，但这三个变量呈现如下单调模式：如果一个观测的第二个变量缺失，这个观测的第三、四个变量必然缺失；如果一个观测的第三个变量缺失，这个观测的第四个变量必然缺失。我们称这种模式为单调缺失模式。若缺失指示矩阵为

$$\mathcal{M}=\begin{pmatrix}0&0&0&0\\0&0&1&1\\0&1&0&0\\0&0&1&0\\0&1&0&1\end{pmatrix},\tag{3.3}$$

有多个变量会出现缺失值，但出现缺失值的变量又不是单调模式，我们称这种模式为一般缺失模式。

二、 缺失数据机制

缺失数据机制指的是 $\mathcal{M}$ 给定 $\mathcal{Y}$ 的条件分布 $f(\mathcal{M}|\mathcal{Y},\phi)$, 其中 ϕ 是未知参数。它在缺失数据的分析中起着至关重要的作用。Little and Rubin（2002）划分了三种缺失数据机制。

1. 完全随机缺失（Missing Completely at Random，MCAR）

完全随机缺失情形满足如下条件：

$$f(\mathcal{M}|\mathcal{Y},\phi)=f(\mathcal{M}|\phi),\ \text{对任意}\mathcal{Y}\text{和}\phi\text{都成立。}$$

即缺失指示矩阵不依赖于任何数据的值。任何一个个体的任何一个变量是否缺失是一个完全随机的事件，就像由扔硬币决定一样（硬币出现正面的概率由 ϕ 给出，不一定等于 0.5）。

2. 随机缺失（Missing at Random，MAR）

令 $\mathcal{Y}^{obs}$ 表示 $\mathcal{Y}$ 中观测到的值，$\mathcal{Y}^{mis}$ 表示 $\mathcal{Y}$ 中缺失的值。随机缺失情形满足如下条件：

$$f(\mathcal{M}|\mathcal{Y},\phi)=f(\mathcal{M}|\mathcal{Y}^{obs},\phi),\ \text{对任意}\mathcal{Y}\text{和}\phi\text{都成立。}$$

即缺失指示矩阵只依赖于已观测数据 $\mathcal{Y}^{obs}$ 的真实值，不依赖于缺失数据 $\mathcal{Y}^{mis}$ 的真实值。

3. 非随机缺失（Missing Not at Random，MNAR）

非随机缺失指缺失指示矩阵依赖于缺失数据 $\mathcal{Y}^{mis}$ 的真实值。

3.2　缺失数据机制对数据分析的影响

在本章中，我们假设 $(y_{i1},\cdots,y_{iK},m_{i1},\cdots,m_{iK})$ 是随机变量 $(Y_1,\cdots,Y_K,M_1,\cdots,M_K)$ 的独立同分布的样本。

一、 最简单情形

假设数据是单个随机变量 Y 的样本，我们希望对该变量的概率分布进行推断。某些个体的值缺失，M 为指示 Y 是否缺失的变量。记向量 $\mathcal{Y}=(y_1,\cdots,y_N)^{\mathrm{T}}$，其

中 y_i 为个体 i 的取值。记 $\mathcal{M}=(m_1,\cdots,m_N)^{\mathrm{T}}$ 为相应的缺失指示向量。$\mathcal{Y}$ 和 $\mathcal{M}$ 的联合概率分布为

$$\begin{aligned} f(\mathcal{Y},\mathcal{M}|\theta,\phi) &= \prod_{i=1}^{N} f(y_i,m_i|\theta,\phi) \\ &= \prod_{i=1}^{N} f(y_i|\theta)\prod_{i=1}^{N} f(m_i|y_i,\phi), \end{aligned} \tag{3.4}$$

其中 θ 为 Y 的概率分布的参数，是统计推断的主要目标。如果 M 的分布不依赖于 Y 的值，即 $f(M|Y,\phi)=f(M|\phi)$，那么缺失机制是完全随机缺失（等价于随机缺失）。如果 $f(M|Y,\phi)$ 依赖于 Y，则为非随机缺失情形。

假设 $y_1,\cdots,y_N$ 中 r 个值被观测到，$N-r$ 个值缺失。是否可以将观测到的 r 个值当作样本量为 r 的随机样本，对 Y 的概率分布的参数 θ 做推断？

案例：缺失数据的最简单情形

假设 Y 来自分布 $N(\mu,\sigma^2)$，观测到的 r 个值的样本均值为 $\bar{y}_r$，样本标准差为 s。是否可以用 $\bar{y}_r$ 来估计 μ，而将标准误差估计为 $s/\sqrt{r}$？

假设 $\mu=0$，$\sigma^2=1$，$N=1\ 000$，我们通过模拟产生一组数据，由此得到的 $y_1,\cdots,y_{1000}$ 的直方图见图 3.1。这组数据的样本均值为 -0.00018，离总体均值真实值 $\mu=0$ 相差不远。

接下来，我们考虑一种完全随机缺失的情形，假设 $\Pr(M=1|Y,\phi)=0.5$，通过模拟得到 $r=482$ 个观测值，其直方图见图 3.2。这组数据的样本均值为 0.025，离总

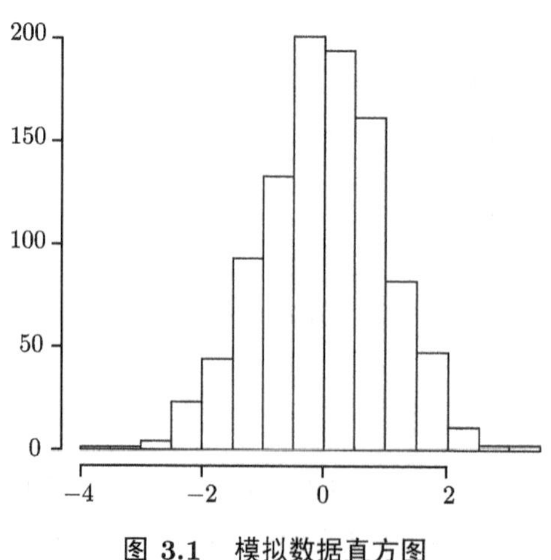

图 3.1 模拟数据直方图

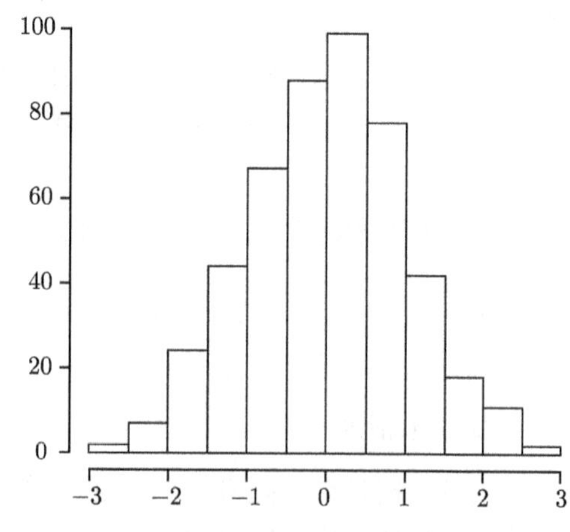

图 3.2 完全随机缺失情形下模拟数据直方图

体均值真实值 $\mu = 0$ 相差不远。再看一种非随机缺失情形，假设 $\Pr(M = 1|Y, \phi) = \Phi(-2.05Y)$，其中 Φ 为标准正态分布的分布函数。通过模拟得到 $r = 495$ 个观测值，其直方图见图 3.3。这组数据的样本均值为 0.728，离总体均值真实值 $\mu = 0$ 相差甚远。在上述非随机缺失情形下，Y 的值越小缺失概率越大，因此观测到的 y_i 的值偏大，样本均值也偏大。

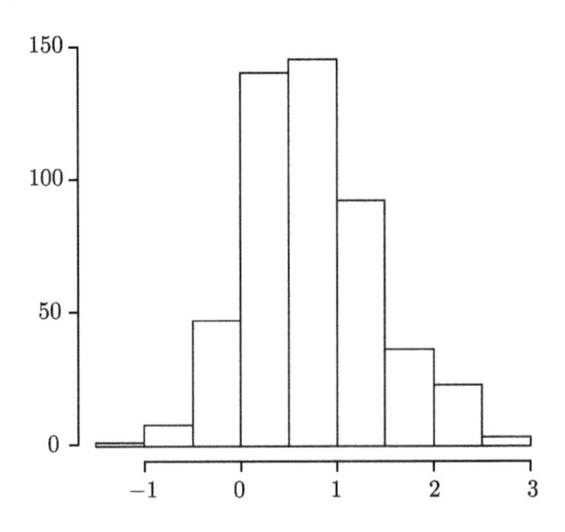

图 3.3　非随机缺失情形下模拟数据直方图

我们也可以通过似然函数的推导得出如下结论：

(1) 在随机缺失情形下，基于已观测值对总体参数做推断是无偏的。

(2) 在非随机缺失情形下，基于已观测值对总体参数做推断是有偏的。

附录 3.1：含缺失值的最简单情形下似然函数的推导

观测到的数据包括 $\mathcal{Y}^{obs} = \{y_i : m_i = 0\}$，也包括缺失指示向量 $\mathcal{M}$。缺失数据为 $\mathcal{Y}^{mis} = \{y_i : m_i = 1\}$。基于观测数据的似然函数可写成如下形式:

$$
\begin{aligned}
L(\theta,\phi) = f(\mathcal{Y}^{obs}, \mathcal{M}|\theta,\phi) &= \int f(\mathcal{Y}^{obs}, \mathcal{Y}^{mis}, \mathcal{M}|\theta,\phi) d\mathcal{Y}^{mis} \\
&= \int f(\mathcal{Y}, \mathcal{M}|\theta,\phi) d\mathcal{Y}^{mis} \qquad (3.5)
\end{aligned}
$$

将式 (3.4) 代入式 (3.5)，我们得到：

$$L(\theta,\phi)=\int\prod_{m_i=0}f(y_i|\theta)\prod_{m_i=1}f(y_i|\theta)\prod_{m_i=0}f(m_i|y_i,\phi)\prod_{m_i=1}f(m_i|y_i,\phi)\prod_{m_i=1}dy_i \tag{3.6}$$

如果缺失机制是完全随机缺失（等价于随机缺失），即 $f(m_i|y_i,\phi)=f(m_i|\phi)$，那么式 (3.6) 可以简化为：

$$\begin{aligned}L(\theta,\phi)&=\prod_{m_i=0}f(y_i|\theta)\prod_{i=1}^{N}f(m_i|\phi)\prod_{m_i=1}\int f(y_i|\theta)dy_i\\&=\prod_{m_i=0}f(y_i|\theta)\prod_{i=1}^{N}f(m_i|\phi),\end{aligned}$$

其中 $\int f(y_i|\theta)dy_i=1$，因为 $f(y_i|\theta)$ 是 y_i 的概率分布。上式中只有第一项含有参数 θ，因此根据似然函数对 θ 进行推断时，只需要关注 $\prod_{m_i=0}f(y_i|\theta)=f(\mathcal{Y}^{obs}|\theta)$，即可以基于观测到的值 $\mathcal{Y}^{obs}$ 对 θ 进行推断。

如果缺失机制是非随机缺失，即 $f(m_i|y_i,\phi)$ 依赖于 y_i，那么式 (3.6) 可以简化为：

$$L(\theta,\phi)=\prod_{m_i=0}f(y_i|\theta)\prod_{m_i=0}f(m_i|y_i,\phi)\prod_{m_i=1}\int f(y_i|\theta)f(m_i|y_i,\phi)dy_i。$$

这种情况下，根据似然函数对 θ 进行推断时，就不能只关注 $\prod_{m_i=0}f(y_i|\theta)=f(\mathcal{Y}^{obs}|\theta)$，因为 θ 还出现在 $\int f(y_i|\theta)f(m_i|y_i,\phi)dy_i$ 中。

遗憾的是，在实际数据分析中，我们并不知道缺失机制是完全随机缺失、随机缺失还是非随机缺失；对于非随机缺失的情形，我们也无法根据观测到的数据推断缺失指示值与变量真实值之间的关系。我们需要尽可能使关于缺失机制的假设更加可信，这一点在下面几小节中会进行说明。

二、单变量缺失

（一） 单变量缺失情形下缺失机制的含义

考察四个变量：Y_1 —— 性别；Y_2 —— 教育程度；Y_3 —— 职业；Y_4 —— 收

入。假设 Y_1、Y_2 和 Y_3 对所有个体都观测到，但 Y_4 对某些个体没有观测到。只需要定义一个缺失数据指示变量 M，当 Y_4 缺失时 M 取值为 1；当 Y_4 观测到时 M 取值为 0。假设所有个体之间相互独立。

三种缺失数据机制分别如下：

1. 完全随机缺失

若 $\Pr(M|Y_1, Y_2, Y_3, Y_4, \phi) = \Pr(M|\phi)$，则为完全随机缺失。在此情况下，收入是否缺失完全是随机的，与性别、教育程度、职业和收入本身的值都无关。

2. 随机缺失

若 $\Pr(M|Y_1, Y_2, Y_3, Y_4, \phi) = \Pr(M|Y_1, Y_2, Y_3, \phi)$，则为随机缺失。在此情况下，人们是否透露收入与性别、教育程度、职业有关系。尽管收入缺失的比例在不同性别、教育程度、职业的人群之间有差异，但是在每一类人群内收入是否缺失与收入本身的值无关。

3. 非随机缺失

若 $\Pr(M|Y_1, Y_2, Y_3, Y_4, \phi)$ 依赖于 Y_4，则为非随机缺失。在此情况下，在控制了性别、教育程度、职业这些因素之后，收入是否缺失还依赖于收入本身的值。

(二)　不同分析目标下缺失机制假设的重要性

一般而言，假设 $Y_1, \cdots, Y_{K-1}$ 对所有个体都观测到，但 Y_K 对某些个体没有观测到。当数据是否缺失不受数据采集者的控制时，如果 $Y_1, \cdots, Y_{K-1}$ 包含既能预测 Y_K 的值又能预测 Y_K 缺失概率（即预测 M 的值）的所有重要变量，那么在分析中包含这些变量能减少 M 与 Y_K 之间的关联，随机缺失假设会更加可信。

关于缺失机制的假设的重要性依赖于分析的目标。

情形一：如果分析目标有关 $Y_1, \cdots, Y_{K-1}$ 的边缘分布，那么 Y_K 的缺失机制无关紧要。

情形二：如果分析目标有关 Y_K 给定 $Y_1, \cdots, Y_{K-1}$ 的条件分布，那么当 Y_K 的缺失机制是完全随机缺失或随机缺失时，可以使用完整观测到的个体的数据进行分析。我们可以通过似然函数推导详细说明这一点。

附录 3.2：单变量缺失情形下似然函数的推导

令 M 为指示 Y_K 是否缺失的变量。定义向量 $\mathcal{Y}_j = (y_{1,j}, \cdots, y_{N,j})^{\mathrm{T}}$，$j = 1, \cdots, K$ 表示所有观测的 Y_j 的取值，定义向量 $\mathcal{M} = (m_1, \cdots, m_N)^{\mathrm{T}}$ 表示所有观测的 M 的取值。给定 $\mathcal{Y}_1, \cdots, \mathcal{Y}_{K-1}$，$\mathcal{Y}_K$ 和 $\mathcal{M}$ 的联合分布为

$$
\begin{aligned}
& f(\mathcal{Y}_K,\mathcal{M}|\mathcal{Y}_1,\cdots,\mathcal{Y}_{K-1},\theta,\phi) \\
= & \prod_{i=1}^{N} f(y_{i,K}|y_{i,1},\cdots,y_{i,K-1},\theta)\prod_{i=1}^{N} f(m_i|y_{i,1},\cdots,y_{i,K-1},y_{i,K},\phi),
\end{aligned}
$$

其中 θ 为给定 $Y_1,\cdots,Y_{K-1}$ 时 Y_K 的条件分布中的参数，是统计推断的主要目标。

令 $\mathcal{Y}_K^{obs}=\{y_{iK}:m_i=0\}$ 表示观测到的 Y_K 的值，令 $\mathcal{Y}_K^{mis}=\{y_{iK}:m_i=1\}$ 表示缺失的 Y_K 的值。基于观测数据的似然函数可以表示为

$$
\begin{aligned}
L(\theta,\phi)=f(\mathcal{Y}_K^{obs},\mathcal{M}|\mathcal{Y}_1,...,\mathcal{Y}_{K-1},\theta,\phi)=&\int f(\mathcal{Y}_K,\mathcal{M}|\mathcal{Y}_1,...,\mathcal{Y}_{K-1},\theta,\phi)d\mathcal{Y}_K^{mis}\\
=&\int\prod_{m_i=0} f(y_{i,K}|y_{i,1},...,y_{i,K-1},\theta)\prod_{m_i=1} f(y_{i,K}|y_{i,1},...,y_{i,K-1},\theta)\\
&\prod_{m_i=0} f(m_i|y_{i,1},...,y_{i,K-1},y_{i,K},\phi)\\
&\prod_{m_i=1} f(m_i|y_{i,1},...,y_{i,K-1},y_{i,K},\phi)\prod_{m_i=1} dy_{i,K}.
\end{aligned}
\tag{3.7}
$$

如果缺失机制是完全随机缺失或随机缺失，即 $f(m_i|y_{i,1},...,y_{i,K-1},y_{i,K},\phi)$ 不依赖于 $y_{i,K}$，那么 (3.7) 可以简化为

$$
\begin{aligned}
L(\theta,\phi)=&\prod_{m_i=0} f(y_{i,K}|y_{i,1},...,y_{i,K-1},\theta)\prod_{i=1}^{N} f(m_i|y_{i,1},...,y_{i,K-1},\phi)\\
&\prod_{m_i=1}\int f(y_{i,K}|y_{i,1},...,y_{i,K-1},\theta)dy_{i,K}\\
=&\prod_{m_i=0} f(y_{i,K}|y_{i,1},...,y_{i,K-1},\theta)\prod_{i=1}^{N} f(m_i|y_{i,1},...,y_{i,K-1},\phi).
\end{aligned}
$$

其中 $\int f(y_{i,K}|y_{i,1},...,y_{i,K-1},\theta)dy_{i,K}=1$，因为 $f(y_{i,K}|y_{i,1},...,y_{i,K-1},\theta)$ 是关于 $y_{i,K}$ 的概率分布。上式中只有第一项含有参数 θ，因此在根据似然函数对 θ 进行推断时，只需要关注 $\prod_{m_i=0} f(y_{i,K}|y_{i,1},...,y_{i,K-1},\theta)$，即可以基于完整观测到的个体的数据进行分析。

如果缺失机制是非随机缺失，即 $f(m_i|y_{i,1},...,y_{i,K-1},y_{i,K},\phi)$ 依赖于 $y_{i,K}$，那么 (3.7) 可以简化为

$$
L(\theta,\phi)=\prod_{m_i=0} f(y_{i,K}|y_{i,1},...,y_{i,K-1},\theta)\prod_{m_i=0} f(m_i|y_{i,1},...,y_{i,K-1},y_{i,K},\phi)
$$

$$\prod_{m_i=1}\int f(y_{i,K}|y_{i,1},...,y_{i,K-1},\theta)f(m_i|y_{i,1},...,y_{i,K-1},y_{i,K},\phi)dy_{i,K}$$

这种情况下，根据似然函数对 θ 进行推断时，就不能只关注 $\prod_{m_i=0}f(y_{i,K}|y_{i,1},...,y_{i,K-1},\theta)$，因为 θ 还与最后一项有关。

情形三：如果分析目标有关 Y_K 的边缘分布，那么使用完整观测到的个体的数据进行分析通常是有偏的，除非 Y_K 缺失的机制是完全随机缺失。

案例：单变量缺失情形下，缺失机制对推断含缺失值的变量的边缘分布的影响

假设有三个变量：Y_1 为性别，取值 1 表示女性，取值 0 表示男性；Y_2 为教育水平，取值 1 表示大学及以上，取值 0 表示大学以下；Y_3 为收入。$y_j, j=1,2$ 表示 $Y_j, j=1,2$ 的实际取值。

假设数据的缺失机制为随机缺失，Y_1 和 Y_2 不同取值的每组在总体中各占 1/4，每组内 Y_3 的均值和 Y_3 观测到的比例见表 3.1。

表 3.1　每组内 Y_3 的期望和 Y_3 观测到的比例

Y_1	Y_2	$E(Y_3|y_1,y_2)$	$Pr(M=0|y_1,y_2)$
0	0	1 400	0.9
0	1	5 000	0.8
1	0	1 600	0.95
1	1	4 800	0.6

根据表 3.1 可以得到，Y_3 的总体均值为 $E(Y_3)=\frac{1}{4}(1\,400+5\,000+1\,600+4\,800)=3\,200$。在大样本情况下，使用完整观测数据计算而得的 Y_3 的均值为

$$\frac{\frac{1}{4}\times 0.9}{\frac{1}{4}(0.9+0.8+0.95+0.6)}\times 1\,400+\frac{\frac{1}{4}\times 0.8}{\frac{1}{4}(0.9+0.8+0.95+0.6)}\times 5\,000$$

$$+\frac{\frac{1}{4}\times 0.95}{\frac{1}{4}(0.9+0.8+0.95+0.6)}\times 1\,600+\frac{\frac{1}{4}\times 0.6}{\frac{1}{4}(0.9+0.8+0.95+0.6)}\times 4\,800=2972.3.$$

显然根据完整观测数据对总体均值进行推断是有偏的。

如果各组缺失比例比较接近，那么使用完整观测对总体均值进行推断所得偏差较小。例如，若四组的缺失比例分别变为 0.8、0.85、0.9 和 0.95，那么使用完整观测数据计算而得的 Y_3 的均值为:

$$\frac{\frac{1}{4}\times 0.8}{\frac{1}{4}(0.8+0.85+0.9+0.95)}\times 1\ 400+\frac{\frac{1}{4}\times 0.85}{\frac{1}{4}(0.8+0.85+0.9+0.95)}\times 5\ 000$$

$$+\frac{\frac{1}{4}\times 0.9}{\frac{1}{4}(0.8+0.85+0.9+0.95)}\times 1\ 600+\frac{\frac{1}{4}\times 0.95}{\frac{1}{4}(0.8+0.85+0.9+0.95)}\times 4\ 800=3\ 248.6,$$

与总体均值的真实值（3 200）比较接近。

如果每组内 Y_3 的均值比较接近，那么使用完整观测对总体均值进行推断所得偏差也较小。例如，若四组内 Y_3 的均值分别变为 3 050、3 150、3 250、3 350，那么使用完整观测数据计算而得的 Y_3 的均值为:

$$\frac{\frac{1}{4}\times 0.9}{\frac{1}{4}(0.9+0.8+0.95+0.6)}\times 3\ 050+\frac{\frac{1}{4}\times 0.8}{\frac{1}{4}(0.9+0.8+0.95+0.6)}\times 3\ 150$$

$$+\frac{\frac{1}{4}\times 0.95}{\frac{1}{4}(0.9+0.8+0.95+0.6)}\times 3\ 250+\frac{\frac{1}{4}\times 0.6}{\frac{1}{4}(0.9+0.8+0.95+0.6)}\times 3\ 350=3\ 188.5,$$

与总体均值的真实值（3 200）比较接近。

在单变量缺失情形下，如果 Y_K 是随机缺失的，可以使用完整观测的个体对 Y_K 给定 $Y_1,\cdots,Y_{K-1}$ 的条件分布进行建模，再将此模型用于插补未完整观测的个体的 Y_K 的值。使用这些插补值和已观测到的 Y_K 的值可以对 Y_K 的边缘分布进行分析。具体插补方法可参看 3.3 节。

三、 一般缺失模式

通常情况下，会有多于一个变量存在缺失值。常用的分析方法包括完整观测分析和可用观测分析。缺失数据机制对这两类分析方法的效果也有很大影响。

(一) 完整观测分析

完整观测分析只使用所有变量都观测到的个体的数据。这种方法的优点之一在于简单，将未完整观测到的数据去掉之后，我们可以不加修改地应用各种统计分析方法；优点之二在于各个统计量之间具有兼容性，因为它们都基于同样的样本计算而得。例如，使用完整观测所得的多个变量之间的协方差矩阵是正定的。完整观测分析的缺点之一在于由样本量减少带来的精度损失。

完整观测分析还可能存在偏差，其偏差大小依赖于分析目标和缺失数据机制。

情形一：设分析目标是某个变量的边缘分布且该变量存在缺失值。

1. 如果是否完整观测是完全随机的，那么通过完整观测分析进行推断是无偏的。

2. 如果是否完整观测不是完全随机的，那么完整观测的个体不是所有个体的随机样本，通过完整观测分析进行推断会有偏差。偏差的大小依赖于：

（1）未完整观测的个体的比例；

（2）对该变量而言，完整观测的个体和未完整观测的个体之间差异的大小。

当未完整观测的个体的比例比较低或者完整观测的个体和未完整观测的个体之间差异不大时，可以使用完整观测分析。

情形二：设分析目标是 Y_K 给定 $Y_1,\cdots,Y_{K-1}$ 的条件分布且该条件分布的模型指定正确。

1. 如果给定 $Y_1,\cdots,Y_{K-1}$，完整观测的概率不依赖于 Y_K，那么通过完整观测分析进行推断是无偏的。这包括 $Y_1,\cdots,Y_{K-1}$ 中某个变量是否缺失与该变量真实值有关的非随机缺失的情形。

2. 如果给定 $Y_1,\cdots,Y_{K-1}$ 之后，完整观测的概率仍然依赖于 Y_K，那么通过完整观测分析进行推断是有偏的。

这两个结论可以通过对似然函数的推导得到，具体推导过程类似于附录 3.2 的推导，只需要修改缺失指示变量 M 的定义如下：$M=1$ 表示完整观测到所有变量，$M=0$ 表示未完整观测到所有变量。

对于估计某个变量边缘分布的单维分析而言，完整观测分析比较浪费，因为对该变量有观测值但对其他变量有缺失值的那些个体也被忽略了。在有大量变量的数据集中，这种精度损失尤为严重。例如，假设有 20 个变量，每个变量独立地有 10% 的比例缺失，那么完整观测个体的期望比例为 $(1-0.1)^{20}\approx 0.12$；对单维分析而言，有观测值的个体的比例为 $(1-0.1)=0.9$；完整观测个体占有观测值的个体的比例仅为 $0.12/0.9=13\%$。

(二)　可用观测分析

可用观测分析使用分析目标涉及的所有变量都观测到的个体的数据。例如，在估计某个变量的边缘分布时，使用所有对该变量有观测值的个体；在估计两个变量之间协方差的时候，使用所有对这两个变量都有观测值的个体；在估计 Y_K 给定

$Y_1, \cdots, Y_{K-1}$ 的条件分布时，使用所有对这 K 个变量都有观测值的个体；等等。可用观测分析的缺点是，由于不同分析使用的样本不同，导致分析结果不兼容。例如，通过可用观测分析获得的多个变量之间的协方差矩阵可能不是正定的。

3.3 缺失值插补

在估计变量 Y_K 的边缘分布或 Y_K 与其他变量的关系时，完整观测分析和可用观测分析都没有用到 Y_K 缺失的那部分个体的数据。如果对 Y_K 缺失的个体，观测到另外一些与 Y_K 高度相关的变量的值，可以考虑使用这些变量预测缺失的 Y_K 的值，并在与 Y_K 相关的分析中使用这些插补值。常用的缺失值插补方法都假设缺失数据机制是完全随机缺失或者随机缺失。如果这一假设成立，插补缺失值可以避免样本量的损失，提高推断的精度。

插补方法主要分为两大类：

1. 显式建模：使用正式的统计模型，因而假设是显式的。

2. 隐式建模：暗含着模型的插补算法，假设是隐性的，需要仔细分析这些假设是否合理。

一、 显式建模

(一) 显式建模插补的合理方案

我们先从一个简单例子来考察通过显式建模对缺失值进行插补的合理方案是什么。

假设 Y_1 和 Y_2 满足二元正态分布，Y_1 完全被观测到，Y_2 对某些个体缺失，缺失机制为随机缺失。假设使用 Y_2 被观测到的个体进行分析（完整观测分析）可得：

（1）Y_2 的样本均值为 $\bar{y}_2$，样本方差为 $\tilde{\sigma}_2^2$。

（2）Y_2 对 Y_1 做线性回归时，所得的截距为 $\tilde{\alpha}_{2|1}$，斜率为 $\tilde{\beta}_{2|1}$，残差方差为 $\tilde{\sigma}_{2|1}^2$。

考虑如下四种对 Y_2 进行插补的方法：

1. 无条件均值：使用 $\bar{y}_2$ 来插补每一个缺失的 Y_2 的值。

2. 无条件抽样：从 $N(\bar{y}_2, \tilde{\sigma}_2^2)$ 中抽样来插补缺失的 Y_2 的值。

3. 条件均值：使用 $\tilde{\alpha}_{2|1} + \tilde{\beta}_{2|1} y_{i,1}$ 来插补缺失的 Y_2 的值。

4. 条件抽样：从 $N(\tilde{\alpha}_{2|1} + \tilde{\beta}_{2|1} y_{i,1}, \tilde{\sigma}_{2|1}^2)$ 中抽样来插补缺失的 Y_2 的值。

我们使用插补后的数据来估计如下四个参数：

（1）Y_2 的均值 μ_2。

（2）Y_2 的方差 σ_2^2。

（3）Y_2 对 Y_1 的回归系数 $\beta_{2|1}$。

（4）Y_1 对 Y_2 的回归系数 $\beta_{1|2}$。

在大样本情况下，表 3.2 列出了对各个参数的估计偏差的情况。只有条件抽样才能对所有参数产生一致的估计。这说明在插补缺失值时，我们需要对变量之间的关系进行建模，并在插补时考虑模型的不确定性。

表 3.2　使用各种插补方法进行参数估计的大样本偏差

方法	μ_2	σ_2^2	$\beta_{2\|1}$	$\beta_{1\|2}$
无条件均值	有偏	有偏	有偏	有偏
无条件抽样	有偏	有偏	有偏	有偏
条件均值	0	有偏	0	有偏
条件抽样	0	0	0	0

表 3.2 最后一列对应于在自变量存在缺失的情形下对回归系数进行推断。当自变量中有一些缺失而另一些被观测到时，通常在插补自变量的缺失值时都会考虑到其他自变量的已观测值。但一个问题是：在插补自变量的缺失值时是否也需要考虑因变量的已观测值？从表面看来，在插补自变量时考虑因变量的已观测值似乎不正确：在使用因变量预测自变量的缺失值之后，又根据自变量预测因变量，会形成循环。表 3.2 表明，根据因变量的已观测值使用条件均值插补确实会带来偏差。然而，因变量和自变量之间是相关的，如果在插补自变量的缺失值时不使用因变量的已观测值，我们隐含地做了如下假设：对于自变量缺失的那些观测，给定其他已观测的自变量，因变量和被插补的自变量是不相关的。这种假设和回归模型的假设相矛盾。因此，在插补自变量的缺失值时我们需要考虑因变量的已观测值。表 3.2 表明，根据因变量的已观测值使用条件抽样插补不会产生偏差。

(二)　单调缺失模式的显式建模

对于单调缺失模式而言，可以对含缺失值的变量进行排序，依次对它们进行插补。例如，对式 (3.2) 所体现的缺失模式，首先根据估计的 Y_2 给定 Y_1 的条件概率分布进行随机抽样插补 Y_2 的缺失值，然后根据估计的 Y_3 给定 Y_1 和 Y_2 的条件概率分布进行随机抽样插补 Y_3 的缺失值，最后根据估计的 Y_4 给定 Y_1、Y_2 和 Y_3 的条件概率分布进行随机抽样插补 Y_4 的缺失值。

(三)　一般缺失模式的显式建模

对于非单调的一般缺失模式而言，常用的两种插补缺失值的方法如下：

1. 假设各个变量满足多元正态分布，使用马可夫链蒙特卡洛（Markov Chain Monte Carlo，MCMC）算法对数据进行插补（Schafer，1997）。

2. 使用 MICE（Multivariate Imputation by Chained Equations）方法（van Buuren, 2007; van Buuren and Groothuis-Oudshoorn, 2011）。首先初始化缺失值的插补值，然后在含缺失值的变量中循环进行如下操作直至收敛：估计 Y_j 给定所有其他变量的条件概率分布，再根据这一分布通过随机抽样插补 Y_j 的缺失值。

若只对缺失值进行一次插补并将插补值当作实际观测值进行分析，则没有考虑到插补值的不确定性，会使得各种标准误差被低估。对缺失值进行多重插补（Rubin, 1987）可以解决这个问题，其步骤如下：

首先，对缺失值进行多次插补，得到 K 个插补数据集 $\mathcal{D}_1,\cdots,\mathcal{D}_K$。

然后，对每个插补数据集 $\mathcal{D}_k$ 分别进行分析，获得对参数 θ 的点估计 $\hat{\theta}_k$ 以及对该点估计的方差的估计 W_k。

最后，综合这些分析结果：

（1）θ 的点估计为 $\bar{\theta}=K^{-1}\sum_{k=1}^{K}\hat{\theta}_k$。

（2）该点估计的方差的估计为 $T=\overline{W}+(1+K^{-1})B$，其中 $\overline{W}=K^{-1}\sum_{k=1}^{K}W_k$，$B=(K-1)^{-1}\sum_{k=1}^{K}(\hat{\theta}_k-\bar{\theta})^2$。

二、隐式建模

以下列出了一些常用的隐式建模插补方法。

1. Hot deck 插补: 从“相似”的个体的已观测值中抽样来插补缺失值。Hot deck 插补在抽样调查中很常用，可能会使用很复杂的机制来选择“相似”的个体。

2. Cold deck 插补：使用来自外部的常数替代缺失值。例如，使用前次抽样调查所得的数据值。

3. 综合法：将多种插补方法综合起来应用。例如，将 Hot deck 插补与回归插补相结合。

这些方法没有使用明显的模型，通常无法对它们的效果进行正式分析。

3.4 缺失数据插补及分析示例：纽约空气质量

假设 E:\dma\data 目录下的 ch3_air.csv 数据集记录了纽约 1973 年 5 月到 9 月每天如表 3.3 所示的一些信息（数据集摘自 R 中自带的 airquality 数据集，只保留了表 3.3 中的 4 个变量）。查看数据中的缺失情况并对缺失值进行多重插补的 SAS 程序和 R 程序如下。

表 3.3　ch3_air.csv 数据集中的变量

变量名	含义
Ozone	平均臭氧浓度
SolarR	太阳辐射强度
Wind	平均风速
Temp	最高温度

SAS 程序：缺失数据

SAS 中的 MI 过程缺省地假设变量满足多元正态分布，使用 MCMC 算法插补数据；也可以使用 MICE 方法。SAS 中的 MIANALYZE 过程可对插补结果进行综合分析。

```
/**读入数据，生成SAS数据集work.Air**/
data Air;
  infile 'E:\dma\data\ch3_air.csv' delimiter=',' firstobs=2;
  informat Ozone best32.;
  informat SolarR best32.;
  informat Temp best32.;
  informat Wind best32.;
  format Ozone best32.;
  format SolarR best32.;
  format Temp best32.;
  format Wind best32.;
  input Ozone SolarR Temp Wind;
run;

/**画出每个变量的直方图，并查看其总观测数、缺失观测数、均值、标准差、最小值、
   下四分位数、中位数、上四分位数、最大值**/
proc univariate data=Air noprint;
   histogram Ozone / cbarline=grey cfill=ligr;
     inset n nmiss mean std min Q1 median Q3 max /
       header='Descriptive Statistics' pos=ne noframe;
   histogram SolarR / cbarline=grey cfill=ligr;
     inset n nmiss mean std min Q1 median Q3 max /
       header='Descriptive Statistics' pos=ne noframe;
```

```
   histogram Wind / cbarline=grey cfill=ligr;
     inset n nmiss mean std min Q1 median Q3 max /
       header='Descriptive Statistics' pos=ne noframe;
   histogram Temp / cbarline=grey cfill=ligr;
     inset n nmiss mean std min Q1 median Q3 max /
       header='Descriptive Statistics' pos=ne noframe;
run;
/*观察到Ozone和SolarR分别有37和7个缺失值*/

/**寻找每个变量的最合适的Box-Cox变换，将其变换为正态分布。
   以便后面的插补程序使用。**/
data Air2;
   set Air;
   const=1;
   /*在数据集Air中加一个值总是等于1的变量const，存为数据集Air2*/
run;
proc transreg data=Air2;
   /*transreg过程可用来选择线性回归中因变量的最佳Box-Cox变换*/
   model BoxCox(Ozone / lambda=-3 to 3 by .1) = identity(const);
   /*以Box-Cox变换后的Ozone为因变量，const为自变量做线性回归，
     选取因变量的最佳变换，使似然函数最大化。
     因为const是常数，在线性回归时会自动去掉，线性回归相当于
       对Box-Cox变换后的Ozone拟合正态分布。
     Box-Cox变换的参数从-3到3、步长为0.1的一系列数中选择*/
run;
```

图 3.4 展示了对 Ozone 变量进行 Box-Cox 变换时，变换参数与对数似然函数值的关系。变换参数的最佳值为 0.2。

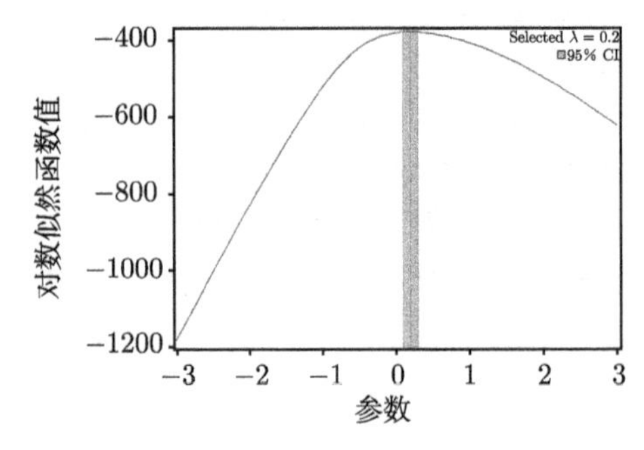

图 3.4　Ozone 变量 Box–Cox 变换中参数与对数似然函数值的关系

```
proc transreg data=Air2;
   model BoxCox(SolarR / lambda=-3 to 3 by .1) = identity(const);
run;
/*对SolarR变量进行Box-Cox变换的最佳参数值为1*/

proc transreg data=Air2;
   model BoxCox(Wind / lambda=-3 to 3 by .1) = identity(const);
run;
/*对Wind变量进行Box-Cox变换的最佳参数值为2.2*/

proc transreg data=Air2;
   model BoxCox(Temp / lambda=-3 to 3 by .1) = identity(const);
run;
/*对Temp变量进行Box-Cox变换的最佳参数值为0.7*/

/**将Ozone的最小值存入宏变量minOzone，最大值存入宏变量maxOzone;
   将SolarR的最小值存入宏变量minSolarR，最大值存入宏变量maxSolarR**/
proc sql noprint;
  select min(Ozone), max(Ozone), min(SolarR), max(SolarR)
    into :minOzone, :maxOzone, :minSolarR, :maxSolarR
  from Air;
quit;

/**对work.Air数据集进行多重插补**/
proc mi
  data=Air out=mi_Air nimpute=5 round=1
  minimum=&minOzone. &minSolarR. maximum=&maxOzone. &maxSolarR.;
  /*被插补的数据集为Air，插补结果存入数据集work.mi_Air，nimpute=5指定进行5次插
    补。因为存在缺失值的变量Ozone和SolarR的取值均为整数，所以round=1指定插补结
    果取整数。minimum语句说明限定Ozone插补结果的最小值为宏变量minOzone的值，
    SolarR插补结果的最小值为宏变量minSolarR的值。
    maximum语句说明限定Ozone插补结果的最大值为宏变量maxOzone的值，
    SolarR插补结果的最大值为宏变量maxSolarR的值。*/
  Transform boxcox(Ozone/lambda=0.2)
            boxcox(Wind/lambda=2.2)
            boxcox(Temp/lambda=0.7);
```

```
  /*根据前面选取最合适的Box-Cox变换的结果，
    在插补时对Ozone变量进行参数为0.2的Box-Cox变换，
    对Wind变量进行参数为2.2的Box-Cox变换，
    对Temp变量进行参数为0.7的Box-Cox变换*/
  var Ozone SolarR Wind Temp;
  /*指明在插补模型中使用所有四个变量*/
run;
/*插补后的数据集work.mi_Air中将包含一个变量_Imputation_，说明是第几次插补的结果。
  对每次插补，该数据集还将给出插补后所有观测的所有变量的值。*/
```

屏幕上将显示如下几个表格，需要注意的是所有分析结果均基于经过 Box-Cox 变换后的数据。

- Model Information：描述了多重插补过程中使用的方法。
- Missing Data Patterns：列出了数据集中不同缺失模式及相应的统计描述，见表 3.4，这里由 Group 可以看出数据集 air 的观测中一共有 4 种不同的缺失模式，“X” 表示存在观测值，“.” 表示缺失值，Freq 表示对应缺失模式的观测数量，Percent 为相应百分比，Group Means 计算了不同缺失模式组别下的各变量均值。

表 3.4　MI 过程输出的数据缺失模式

Group	Ozone	Solar.R	Temp	Wind	Freq	Percent	Group Means			
							Ozone	SolarR	Temp	Wind
1	X	X	X	X	111	72.55	10.032915	23.950895	4.200691	15.606423
2	X	.	X	X	5	3.27	10.323653	.	3.591471	15.818762
3	.	X	X	X	35	22.88	.	24.653755	4.288034	15.767920
4	.	.	X	X	2	1.31	.	.	4.609961	13.033149

- Variable Transformations：各变量的变量转换信息。
- EM(Posterior Mode) Estimates：基于 EM 算法的变量均值和协方差矩阵的极大似然估计。
- Variance Information：各变量的方差信息（参照后面对表 3.5 的解释）。
- Parameter Estimates：各变量的参数估计信息（参照后面对表 3.6 的解释）。

```
/**对插补后的数据集work.mi_Air进行综合分析，
   估计Ozone和SolarR这两个变量的总体均值，并得到估计的标准误差**/
```

```
proc univariate data=mi_Air;
  var Ozone;
  by _Imputation_;
  /*针对每次插补数据集分别分析Ozone变量*/
  output out=mi_Ozone_results mean=Ozone_mean stderr=Ozone_stderr;
  /*获得每次插补数据集Ozone变量的样本均值及均值的标准误差,
    存入数据集mi_Ozone_results*的Ozone_mean和Ozone_stderr变量*/
run;
proc mianalyze data=mi_Ozone_results;
  /*综合mi_Ozone_results各次插补数据集的分析结果*/
  modeleffects Ozone_mean;
  /*说明每次插补数据集的参数估计由Ozone_mean变量给出*/
  stderr Ozone_stderr;
  /*说明每次插补数据集的参数估计的标准误差由Ozone_stderr变量给出*/
run;

proc univariate data=mi_Air;
  var SolarR;
  by _Imputation_;
  output out=mi_SolarR_results mean=SolarR_mean stderr=SolarR_stderr;
run;
proc mianalyze data=mi_SolarR_results;
  modeleffects SolarR_mean;
  stderr SolarR_stderr;
run;
```

屏幕上将显示如下几个表格，所有分析结果均基于原始测量尺度（未经 Box-Cox 变换）的数据。

- Model Information: 分析数据对象（例如，work.mi_Ozone_results）及插补数据量。
- Variance Information: 综合分析结果的方差信息，见表 3.5。Between 表示各组插补数据的组间方差；Within 表示各组插补数据的组内方差；Total 为综合分析后的总方差；DF 为自由度；Relative Increase In Variance 表示由缺失值造成的方差的相对增加，当不存在缺失值的时候，这个量为 0；Fraction Missing Information 表示缺失信息比例；Relative Efficiency 表示基于缺失值比例和插补重数的相对效率。
- Parameter Estimates: 综合分析结果的参数估计信息，见表 3.6。这里参数为含缺失值的各变量的均值。Estimates 为相应变量的估计值；Std Error 表示标准误差；95% Confidence Limits 表示置信度为 95% 的参数估计区间；Min 和 Max 分别表示变量插补后数据的最小值和最大值；后面三列为关于参数的假设检验。

表 3.5 SAS 的 MIANALYZE 过程输出的方差信息

Parameter	Variance Between	Variance Within	Variance Total	DF	Relative Increase In Variance	Fraction Missing Information	Relative Efficiency
Ozone	972.504065	2 750.418301	3 724.193613	11 175	0.354046	0.261605	0.999658
Solar_R	8 379.709510	42 865	51 256	28 509	0.195746	0.163760	0.999786

表 3.6 SAS 的 MIANALYZE 过程输出的参数估计信息

Parameter(P)	Estimate	Std Error	95% Confidence Limits		DF	Min	Max	Theta0	t for H0: P=Theta0	Pr > |t|
Ozone	42.180392	61.026172	−77.442	161.8024	11 175	1	168	0	0.69	0.4895
Solar_R	185.732026	226.397448	−258.018	629.4817	28 509	7	525	0	0.82	0.4120

相关 SAS 操作教程视频请扫描以下二维码观看：

(推荐在 WIFI 环境下观看)

R 程序：缺失数据

R 中的 mice 程序包实现了 MICE 方法。

```
##加载程序包。
library(mice)
#mice是实现多重插补的程序包，我们将调用其中的mice和md.pattern函数。
library(VIM)
#VIM是展示数据缺失模式可视化的程序包，我们将调用其中的aggr函数。
library(dplyr)
#dplyr是数据处理的程序包，我们将调用其中的管道函数。

##读入数据，生成R数据框。
Air <- read.csv("E:/dma/data/ch3_air.csv",colClasses=rep("numeric",4))
#rep函数将字符串"numeric"重复4次得到一个长度为4的向量。
#colClasses=rep("numeric",4)指定4个变量的类型均为数值型。

##查看Air数据集各变量的基本情况。
```

```
summary(Air)
#观察到Air的前两个变量Ozone和SolarR分别有37和7个缺失值。

##查看数据缺失模式。
md.pattern(Air)
#md.pattern函数以矩阵形式展示缺失模式，输出结果如下：
#       Wind Temp  SolarR Ozone
#  111    1    1       1     1  0
#  35     1    1       1     0  1
#  5      1    1       0     1  1
#  2      1    1       0     0  2
#         0    0       7    37 44
#其解释如下：
#  缺失模式中，1表示对应变量被观测到，0表示对应变量缺失。
#  最左边列表示对应缺失模式的观测数，
#  最右边列表示对应缺失模式的缺失变量个数。
#  例如，有35个观测的Wind、Temp、SolarR这三个变量都被观测到，
#     而Ozone变量缺失，每个这样的观测有一个变量缺失。
#  最后一行表示对应每列的有缺失值的观测数。

##将Air数据集的缺失情况可视化。
aggr(Air,prop=T,numbers=T,col=c('white','grey'))
#aggr函数将数据缺失情况可视化呈现，
#  左图给出每个变量的缺失情况，右图给出每种缺失模式的情况。
#  prop=T指定左图纵坐标为缺失比例，
#  numbers=T指定右图显示对应缺失模式所占的比例。
#  col=c('white','grey')指定观测值和缺失值分别用白色和灰色表示。
```

图 3.5 给出了 R 输出的数据缺失情况的可视化呈现。

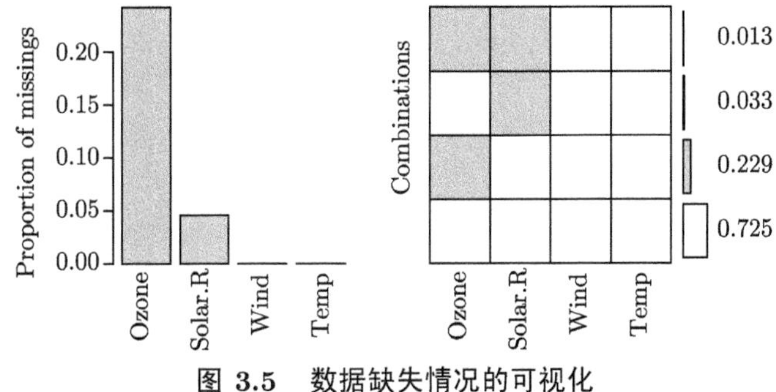

图 3.5　数据缺失情况的可视化

```
##对Air数据集进行多重插补。
m <- 5
#指定插补重数为5。

mi_Air <- mice(Air,m)
#mice函数实现多重插补, 插补后的数据存入mi_Air。

##对插补后的数据集work.mi_Air进行综合分析,
##估计Ozone和SolarR这两个变量的总体均值, 并得到估计的标准误差。
with(mi_Air,lm(Ozone~1)) %>% pool() %>% summary()
#lm函数用于建立线性回归模型,
#  lm(Ozone~1)表示以Ozone为因变量, 常数项1为自变量建立线性回归模型,
#  截距项的估计实际上就是对Ozone变量的总体均值的估计。
#with函数对mi_Air的每个插补数据集都进行回归分析。
#使用管道函数“%”和pool函数对mi_Air中各个插补数据集的结果进行综合分析。
#使用管道函数“%”和summary函数输出综合分析的结果, 输出结果中,
#  est为截距项(Intercept)的综合估计值,
#    也就是对Ozone变量的总体均值的综合估计;
#  se为对Ozone变量的总体均值的综合估计的标准误差。

with(mi_Air,lm(SolarR~1)) %>% pool() %>% summary()
```

相关 R 操作教程视频请扫描以下二维码观看:

(推荐在 WIFI 环境下观看)

第4章

关联规则挖掘

4.1 关联规则的实际意义

关联规则挖掘是一种无向数据挖掘方法，它从大量数据项中寻找有意义的关联性关系。它的一个典型应用是市场篮分析，即分析消费者购物篮中各种商品之间的关联。

KDnuggets（数据挖掘权威网站，http://www.kdnuggets.com）上登载过一个市场篮分析的例子：沃尔玛每 20 秒就会售出一个芭比娃娃，而购买芭比娃娃的顾客有 60% 的可能性购买棒棒糖。沃尔玛如何利用这一信息呢？很多读者提出了各种建议：

- 将芭比娃娃和棒棒糖放在一起，促进两者的销售量。
- 将芭比娃娃放在玩具区，而将棒棒糖摆放在远离玩具区的另外一个销售区，在这两个销售区之间的通道上摆放一些特别的儿童商品，如促销类商品、高利润类商品、沃尔玛自有品牌商品，等等。这样，消费者就可能在超市里逗留更长的时间，购买更多的商品。
- 降低芭比娃娃的价格，但适当提高棒棒糖的价格，为超市带来更多的利润。例如，假设当前每个芭比娃娃的利润是 1 美元，而每根棒棒糖的利润是 75 美分。当前每天售出 10 000 个芭比娃娃，相关联地每天售出 6 000 根棒棒糖。在促销芭比娃娃的活动中，将每个芭比娃娃的利润降到 95 美分，而将每根棒棒糖的利润增加到 85 美分。促销后每天能销售 11 000 个芭比娃娃，相关联售出的棒棒糖为每天 6 600 根。促销前由这两种商品带来的利润为
  $$10\ 000 \times 1 + 6\ 000 \times 0.75 = 14\ 500,$$
  而促销后这两种商品带来的利润为
  $$11\ 000 \times 0.95 + 6\ 600 \times 0.85 = 16\ 060.$$
  这种促销可以给超市带来更多利润。
- 如果同时购买芭比娃娃、棒棒糖和沃尔玛希望推广的另外一种商品，消费者可以获得折扣。
- 做广告时不用同时做芭比娃娃和棒棒糖的广告，只要对芭比娃娃进行宣传，棒棒糖的销售量自然会有所增加。这样做可以节省广告费用。
- 将棒棒糖生产成芭比娃娃的形状。

4.2 关联规则的基本概念及 Apriori 算法

一、关联规则的基本概念

令 $T = \{i_1, i_2, \cdots, i_m\}$ 表示所有项的集合，例如，对于超市而言，$T = \{$芭比娃娃,

棒棒糖,牛奶,$\cdots$}。$\mathcal{T}$ 的子集称为项集。含有 k 个项的项集被称为 k-项集。令 D 表示观测到的数据集，其中每条观测都是一个项集（例如，一次消费中购买的各种商品）。关联规则的形式为 $A \Rightarrow B$，其中 A、B 为两个项集，满足 $A \cap B = \varnothing$；A 称为关联规则的前项集，B 称为后项集。例如，4.1 节示例中的关联规则可以写作 {芭比娃娃} $\Rightarrow$ {棒棒糖}，其中前项集和后项集都是 1-项集。而在关联规则 {香槟, 气球} $\Rightarrow$ {蛋糕, 巧克力, 瓜子} 中，前项集为 2-项集，后项集为 3-项集。

任何一个项集 X 的支持度 support(X) 定义为数据集 D 的观测中包含 X 中所有项的比例。如果令事件 $\widetilde{X}$ 表示包含 X 中的所有项，support(X) 等价于 $\widetilde{X}$ 的概率。

关联规则 $A \Rightarrow B$ 的支持度 support($A \Rightarrow B$) 定义为数据集 D 的观测中同时包含 A 和 B 中所有项的比例，即 support($A \cup B$)。这等价于 $\widetilde{A}$ 和 $\widetilde{B}$ 的联合概率。例如，若有 10% 的顾客同时购买了芭比娃娃和棒棒糖，那么 {芭比娃娃} $\Rightarrow$ {棒棒糖} 的支持度为 10%。

关联规则 $A \Rightarrow B$ 的置信度 confidence($A \Rightarrow B$) 定义为数据集 D 中包含 A 的观测中同时包含 B 的比例，即 support($A \cup B$)/support(A)。这等价于 $\widetilde{B}$ 给定 $\widetilde{A}$ 的条件概率；例如，示例中 {芭比娃娃} $\Rightarrow$ {棒棒糖} 的置信度为 60%。

在进行关联规则挖掘时，需事先指定最小支持度阈值（min_sup）和最小置信度阈值（min_conf），支持度不小于 min_sup 且置信度不小于 min_conf 的关联规则被称为强关联规则，需要根据数据集 D 找出所有的强关联规则。很容易看出，如果项集 A 满足最小支持度，那么 $A \Rightarrow \varnothing$ 是强关联规则。

二、 Apriori 算法

（一） Apriori 算法描述

Apriori 算法（Agrawal et al., 1994）是最有影响力的关联规则挖掘的基础算法。它将关联规则挖掘分为两个步骤：

1. 找出所有频繁项集（支持度不小于 min_sup 的项集被称作频繁项集）。
2. 从频繁项集中生成所有强关联规则。

令 L_k 表示所有频繁 k-项集的集合。Apriori 算法使用递推的方法找出所有的频繁项集：首先找出 L_1，再用 L_1 找出 L_2，用 L_2 找出 L_3，以此类推，直至无法找到更多的频繁项集。数据集 D 中的观测有可能很多，Apriori 算法充分利用频繁项集的性质，尽量避免通过扫描整个数据集来判断一个项集是否频繁。

性质 1：一个频繁项集的任何子集必然是频繁项集。

例如，如果项集 $\{a, b, c\}$ 是频繁的，即数据集 D 的观测中同时包含 a、b 和 c 的比例不小于 min_sup，那么数据集 D 的观测中同时包含 a 和 b 的比例肯定不小

于 min_sup，即项集 $\{a,b\}$ 是频繁的。

性质 2：一个非频繁项集的任何超集必然是非频繁项集。

例如，如果项集 $\{a,b\}$ 是非频繁的，即数据集 D 的观测中同时包含 a 和 b 的比例小于 min_sup，那么数据集 D 的观测中同时包含 a、b 和 c 的比例肯定小于 min_sup，即项集 $\{a,b,c\}$ 是非频繁的。

将 T 中所有项按照某种顺序排列（例如，按字母或拼音顺序排列），并将任意项集中的项都按照这种顺序排列好。使用 L_{k-1} 生成 L_k 的详细过程为：

1. 连接步骤

通过 L_{k-1} 与自身的连接来寻找候选 k-项集的集合 C_k。如果 L_{k-1} 中两个频繁 $(k-1)$-项集 l_1 和 l_2 的前 $k-2$ 个项相同，但 l_1 的第 $k-1$ 项排在 l_2 的第 $k-1$ 项的前面，那么将它们合并在一起可形成一个 k-项集。C_k 就是如此产生的所有 k-项集的集合。连接步骤使用了频繁项集的性质 1。对于任何一个频繁 k-项集而言，由其前 $k-1$ 项组成的子项集必然是频繁的，由其前 $k-2$ 项和第 k 项组成的子项集也必然是频繁的，所以该 k-项集必然可以由这两个子项集通过上述合并连接而成。为了避免由冗余带来的多余计算量，不考虑其他可以通过合并两个频繁 $(k-1)$-项集生成该 k-项集的连接方式。

2. 修剪步骤

（1）如果 C_k 中一个候选 k-项集的某个 $(k-1)$ 子项集不在 L_{k-1} 中（即不是频繁的），则该候选 k-项集必然不是频繁的，将其从 C_k 中删除。这里使用了频繁项集的性质 2。

（2）对仍保留在 C_k 中的任意候选 k-项集，扫描数据集 D 以计算它的支持度，L_k 包含 C_k 中支持度不小于 min_sup 的所有项集。

（二） Apriori 算法示例

下面举例来详细介绍 Apriori 算法寻找频繁项集的过程。

假定数据集 D 如表 4.1 所示，一共含有 10 条观测。

假设指定的最小支持度阈值 $min\_sup = 0.2$，即一个项集至少需要在 2 条观测中出现才能被称作是频繁的。Apriori 算法寻找频繁项集的具体步骤如下：

1. 寻找 L_1，见表 4.2

（1）连接步骤。候选 1-项集的集合 $C_1 = \{\{i_1\},\{i_2\},\{i_3\},\{i_4\},\{i_5\}\}$。扫描数据集 D 计算 C_1 中每个项集的观测数。

（2）修剪步骤。因为 C_1 中的所有候选 1-项集的观测数都不小于 2，所以 L_1 就等于 C_1。

表 4.1　数据集 D

观测号	所含项
1	i_1,i_5
2	i_1,i_2,i_3,i_4,i_5
3	i_1,i_2,i_3
4	i_1,i_2
5	i_1,i_3,i_5
6	i_1,i_2,i_3,i_5
7	i_3
8	i_1
9	i_2,i_3,i_4
10	i_4

表 4.2　寻找 L_1

$C_1=L_1$	
项集	计数
$\{i_1\}$	7
$\{i_2\}$	5
$\{i_3\}$	6
$\{i_4\}$	3
$\{i_5\}$	4

2. 寻找 L_2，见表 4.3

（1）连接步骤。将 L_1 同其自身相连接，生成候选 2-项集的集合 C_2。

（2）修剪步骤。扫描数据集 D 计算 C_2 中每个候选项集的观测数，L_2 包含 C_2 中观测数不小于 2 的项集。例如，项集 $\{i_1, i_4\}$ 的观测数小于 2，被删除。

表 4.3　寻找 L_2

C_2			L_2	
项集	观测数		项集	观测数
$\{i_1,i_2\}$	4		$\{i_1,i_2\}$	4
$\{i_1,i_3\}$	4		$\{i_1,i_3\}$	4
$\{i_1,i_4\}$	1		$\{i_1,i_5\}$	4
$\{i_1,i_5\}$	4	$\longrightarrow$	$\{i_2,i_3\}$	4
$\{i_2,i_3\}$	4		$\{i_2,i_4\}$	2
$\{i_2,i_4\}$	2		$\{i_2,i_5\}$	2
$\{i_2,i_5\}$	2		$\{i_3,i_4\}$	2
$\{i_3,i_4\}$	2		$\{i_3,i_5\}$	3
$\{i_3,i_5\}$	3			
$\{i_4,i_5\}$	1			

3. 寻找 L_3，见表 4.4

（1）连接步骤。将 L_2 同其自身相连接，生成候选 3-项集的集合 C_3。例如，$\{i_1, i_2\}$ 和 $\{i_1, i_3\}$ 的第一项相同，第二项不相同，则将二者连接形成候选 3-项集 $\{i_1, i_2, i_3\}$。如前所述，为了避免冗余，不考虑通过 $\{i_1, i_2\}$ 和 $\{i_2, i_3\}$ 连接而成 $\{i_1, i_2, i_3\}$。

（2）修剪步骤。如果一个候选 3-项集的某个 2-子项集不在 L_2 中，那么将该候选项集从 C_3 中删除。例如，候选 3-项集 $\{i_2, i_4, i_5\}$ 的 2-子项集 $\{i_4, i_5\}$ 不在 L_2 中，所以该候选 3-项集被删除。扫描数据集 D 计算 C_3 中剩余候选项集的观测数，L_3 包含 C_3 中那些观测数不小于 2 的项集。

表 4.4　寻找 L_3

C_3
项集
$\{i_1,i_2,i_3\}$
$\{i_1,i_2,i_5\}$
$\{i_1,i_3,i_5\}$
$\{i_2,i_3,i_4\}$
$\{i_2,i_3,i_5\}$
$\{i_2,i_4,i_5\}$
$\{i_3,i_4,i_5\}$

$\longrightarrow$

$C_3=L_3$	
项集	观测数
$\{i_1,i_2,i_3\}$	3
$\{i_1,i_2,i_5\}$	2
$\{i_1,i_3,i_5\}$	3
$\{i_2,i_3,i_4\}$	2
$\{i_2,i_3,i_5\}$	2

4. 寻找 L_4，见表 4.5

（1）连接步骤。将 L_3 同其自身相连接，生成候选 4-项集的集合 C_4。

（2）修剪步骤。如果一个候选 4-项集的某个 3-子项集不在 L_3 中，那么将该候选项集从 C_4 中删除。例如，候选 4-项集 $\{i_2, i_3, i_4, i_5\}$ 的 3-子项集 $\{i_3, i_4, i_5\}$ 不在 L_3 中，所以该候选 4-项集被删除。扫描数据集 D 计算 C_4 中剩余候选项集的观测数，L_4 包含那些观测数不小于 2 的项集。

表 4.5　寻找 L_4

C_4
项集
$\{i_1,i_2,i_3,i_5\}$
$\{i_2,i_3,i_4,i_5\}$

$\longrightarrow$

$C_4=L_4$	
项集	观测数
$\{i_1,i_2,i_3,i_5\}$	2

找到所有频繁项集之后，可从中生成所有强关联规则。一个强关联规则 $A \Rightarrow B$ 必须满足以下两个条件：

（1）$A \cup B$ 是频繁的；

（2）$\text{confidence}(A \Rightarrow B) = \text{support}(A \cup B)/\text{support}(A) \geqslant min\_conf$。

因此，可以按如下步骤生成强关联规则：

(1) 对于每个频繁项集 l，生成它所有的非空子集。

(2) 对于 l 的每个非空子集 s，如果 $\text{support}(l)/\text{support}(s) \geqslant min\_conf$，则输出强关联规则 $s \Rightarrow l\backslash s$，其中 $l\backslash s$ 表示 s 在 l 中的补集。

例如，在上述示例中，假设 $min\_conf = 70\%$。若要从频繁项集 l=$\{i_1,i_2,i_5\}$中生成强关联规则，首先需要找到 l 的所有非空子集：$\{i_1\}$、$\{i_2\}$、$\{i_5\}$、$\{i_1,i_2\}$、$\{i_1,i_5\}$、$\{i_2,i_5\}$、$\{i_1,i_2,i_5\}$；然后考察每个非空子集：

- $\text{support}(\{i_1,i_2,i_5\})/\text{support}(\{i_1\}) = 2/7 = 28.6\% < 70\%$;
- $\text{support}(\{i_1,i_2,i_5\})/\text{support}(\{i_2\}) = 2/5 = 40\% < 70\%$;
- $\text{support}(\{i_1,i_2,i_5\})/\text{support}(\{i_5\}) = 2/4 = 50\% < 70\%$;
- $\text{support}(\{i_1,i_2,i_5\})/\text{support}(\{i_1,i_2\}) = 2/4 = 50\% < 70\%$;
- $\text{support}(\{i_1,i_2,i_5\})/\text{support}(\{i_1,i_5\}) = 2/4 = 50\% < 70\%$;
- $\text{support}(\{i_1,i_2,i_5\})/\text{support}(\{i_2,i_5\}) = 2/2 = 100\% > 70\%$,
- $\text{support}(\{i_1,i_2,i_5\})/\text{support}(\{i_1,i_2,i_5\}) = 2/2 = 100\% > 70\%$。

最后根据考察结果，输出强关联规则 $\{i_2,i_5\} \Rightarrow \{i_1\}$ 和 $\{i_1,i_2,i_5\} \Rightarrow \varnothing$。

三、 有意义的关联规则

要解释关联规则挖掘的结果，仅仅看支持度和置信度是不够的，还需要考察提升值（lift）。Aggarwal and Yu（1998）给出了表 4.6 中的例子，共有 5 000 人，其中 2 000 人吃麦片且打篮球，1 750 人吃麦片且不打篮球，等等。关联规则“打篮球 ⇒ 吃麦片”的支持度为 40%（2 000/5 000=40%），置信度为 66.7%（2 000/3 000=66.7%），可能被当作强关联规则。但这个规则容易形成错误引导，因为所有学生中吃麦片的比例为 75%（3 750/5 000=75%），高于打篮球的学生中吃麦片的比例，打篮球和吃麦片实际上是负关联的。

表 4.6　关于关联规则挖掘的提升值的示例

	打篮球	不打篮球	合计 (行)
吃麦片	2 000	1 750	3 750
不吃麦片	1 000	250	1 250
合计 (列)	3 000	2 000	5 000

关联规则 $A \Rightarrow B$ 的提升值定义为：该规则的置信度与 B 的支持度的比率，等价于 $\widetilde{B}$ 给定 $\widetilde{A}$ 的条件概率与 $\widetilde{B}$ 的边缘概率之比。例如，上面示例中“打篮球 ⇒ 吃麦片”这一规则的提升值是 66.7%/75%=0.89。如果提升值大于 1，则 A 和 B 是正关联的；如果提升值小于 1，则 A 和 B 是负关联的。有意义的关联规则需满足

支持度和置信度均不小于相应的最小阈值，并且提升值大于 1。

4.3 序列关联规则

序列关联规则牵涉到时间顺序，可回答的问题如：

- 对于一家在线零售商的网站，用户常见的网页浏览顺序是什么？
- 如果为顾客提供某项服务需要完成一系列步骤，常见的顺序是什么？是否存在重复步骤？

一个序列关联规则的形式如下：

$$A_1 > A_2 > \cdots > A_n \Rightarrow B,$$

其中，前项集 $A_1, A_2, \cdots, A_n$ 和后项集 B 依时间顺序发生（但不一定是相邻发生，中间可能跳过一些步骤）。支持度定义为数据集中按时间顺序出现 $A_1, A_2, \cdots, A_n$ 和 B 的观测比例；置信度定义为数据集中按时间顺序出现 $A_1, A_2, \cdots, A_n$ 的那些观测中，之后又出现 B 的比例；提升值仍然定义为置信度与 B 的支持度的比率。

下面通过例子说明序列关联规则的应用。表 4.7 列出了某维修机构的记录，其中各列的含义如下：

- 编号：维修记录的编号。
- 步骤：维修过程中各步骤的编号。
- 活动：该步骤采取的维修活动。例如，S 表示问题成功解决了，F 表示问题没有解决。M1—M10 表示不同的维修活动。

表 4.7 维修记录的数据集

编号	步骤	活动
1	1	M2
1	2	M7
1	3	M5
1	4	M3
1	5	M3
1	6	M10
1	7	S
2	1	M2
2	2	M4
2	3	F
...	...	...

可能发现的有意义的关联规则为：

- $M2 \Rightarrow S$ [支持度 =80.1%，置信度 =70%，提升值 =1.25]；

- $M2 > M3 > M10 \Rightarrow S$ [支持度 =10.2%，置信度 =90.4%，提升值 =1.68]；
- $M3 \Rightarrow M3$ [支持度 =25%，置信度 =62.5%，提升值 =1.56]。

其中第三条关联规则说明 $M3$ 是重复步骤，在实际中发现这样的关联规则之后可以考察是否能将该步骤简化。

4.4　关联规则挖掘示例

一、 购物篮分析

SAS 自带的数据集 SAMPSIO.ASSOCS 含有三个变量：customer 表示顾客的编号；time 表示时间段；product 表示顾客在相应时间段内购买的产品。类似于表 4.1 的数据集的一条观测对应于输入 SAS 的数据集的多条观测。以下介绍如何在 SAS 中进行关联规则挖掘。

SAS 程序：关联规则挖掘

SAS 软件的企业数据挖掘模块（Enterprise Miner）中，关联（Association）节点可以用来挖掘关联规则。我们先忽略 SAMPSIO.ASSOCS 数据集中的 time 变量，来看看如何使用 Association 节点挖掘非序列关联规则。具体操作如下：

1. 首先在数据流图中添加输入数据源（Input Data Source）节点。

（1）在数据部分（Data）将数据集（Source Data）设为 SAMPSIO.ASSOCS，角色（Role）设为 RAW，点击样本元数据（Metadata sample）部分的改变样本大小（Change）按钮，在打开的窗口中选择“使用全部数据作为样本（Use complete data as sample）”。

（2）在变量部分（Variables）将 customer 的模型角色（Model Role）设置为 id，将 time 的模型角色设置为拒绝（rejected），将 product 的模型角色设置为目标（target）。

关闭输入数据源节点。

2. 在数据流图中添加关联节点，并使输入数据源节点指向该节点。运行关联节点并察看结果。

关联节点分析结果的前两行如表 4.8 所示。表中各列为：规则包含的项数（前项集与后项集包含的项数之和）、提升值、支持度、置信度、支持观测数、规则形式。

表 4.8　Association 节点分析结果

Relations	Lift	Support (%)	Confidence (%)	Transaction Count	Rule
2	1.25	36.56	61.00	366.00	heineken⇒cracker
2	1.25	36.56	75.00	366.00	cracker ⇒ heineken
...	...	...	...	...	...

若要挖掘序列关联规则，可以在输入数据源节点的变量部分将 time 的模型角色改为序列（sequence），再运行关联节点。

二、 收入分析

R 的 arules 程序包自带的数据集 Income 包含 6 876 条观测，每条观测包含表 4.9 所示的 14 个变量的取值，每个变量都是分类变量。该数据集的格式为交易（transactions）数据集，每条观测被当作一条交易，每个变量的每种可能取值被当作一个项（item），加在一起共有 50 个项。可以使用 Apriori 算法挖掘各个项之间的关联。因为任意属于同一个变量可能取值的两个项都不可能在一条观测中同时出现，所以任意一条关联规则中每个变量至多出现一次。因此，挖掘各个项之间的关联等价于挖掘各个变量取值之间的关联。以下介绍相关的 R 程序。

表 4.9　Income 数据集

变量名	变量含义
income	收入
sex	性别
marital status	婚姻状况
age	年龄
education	教育程度
occupation	职业
years in bay area	在（美国加州）湾区的年数
dual incomes	是否有双收入
number in household	家庭人口数
number of children	孩子数
householder status	户主状况（自有房、租房、与父母/家人同住，等等）
type of home	房屋类型（独栋房子、公寓，等等）
ethnic classification	种族划分
language in home	在家使用的语言

R 程序：关联规则挖掘

```
##加载程序包。
library(arules)
#arules是用于关联规则挖掘的程序包，
#   我们将调用其中的apriori函数和inspect函数，以及Income数据集。
library(arulesViz)
#arulesViz是用于关联规则可视化的程序包，我们将调用其中的plot函数。

##调用arules软件包中的样本数据集Income。
data("Income")
```

```
##查看数据集Income的摘要。
summary(Income)
#部分结果如下:
#  transactions as itemMatrix in sparse format with
#  6876 rows (elements/itemsets/transactions) and
#  50 columns (items) and a density of 0.28
#说明一共有6 876条记录，50个不同的项。

##逐条查看数据集Income的前6条记录。
inspect(head(Income))
#第一条记录如下:
#           items                              transactionID
#  [1] {income=$40,000+,
#       sex=male,
#       marital status=married,
#       age=35+,
#       education=college graduate,
#       occupation=homemaker,
#       years in bay area=10+,
#       dual incomes=no,
#       number in household=2+,
#       number of children=1+,
#       householder status=own,
#       type of home=house,
#       ethnic classification=white,
#       language in home=english}                 2

##对Income数据集进行关联分析。
rules <- apriori(Income,
                 parameter=list(support=0.5, confidence=0.5,target="rules"))
#apriori是用Apriori算法挖掘关联规则的函数,
#  parameter参数可以对支持度（support）、置信度（confidence）、
#  每个项集包含项数的最大值/最小值（maxlen/minlen）以及输出结果（target）
#  等参数进行设置。这里target="rules"指定输出关联规则。

##查看输出的关联规则的基本信息。
summary(rules)
```

```
##查看分析结果。
options(digits=4)
#设置输出小数位数为4位数。
inspect(head(rules,by="lift"))
#inspect函数逐条查看关联规则，
#  head函数指定展示前6条规则，
#  by="lift"指定按提升值降序排列。
```

表 4.10 展示了前两条关联规则，各列分别表示规则的前项集、后项集、支持度、置信度、提升度和支持观测数（即数据集中包含关联规则所有项的记录数）。

表 4.10　前两条关联规则

lhs		rhs	support	confidence	lift	count
{number of children=0}	⇒	{number in household=1}	0.5532	0.8896	1.286	3 804
{income=$0-$40,000}	⇒	{education=no ... graduate}	0.5019	0.8063	1.143	3 451
···	···	···	···	···	···	···

```
##关联分析结果可视化。
plot(rules)
#对关联规则的支持度、置信度和提升值进行可视化。
```

图 4.1 展示了 R 程序输出的关联规则可视化的结果。图中的横轴表示支持度，纵轴表示置信度，用每个点颜色深浅的不同表示不同的提升值。

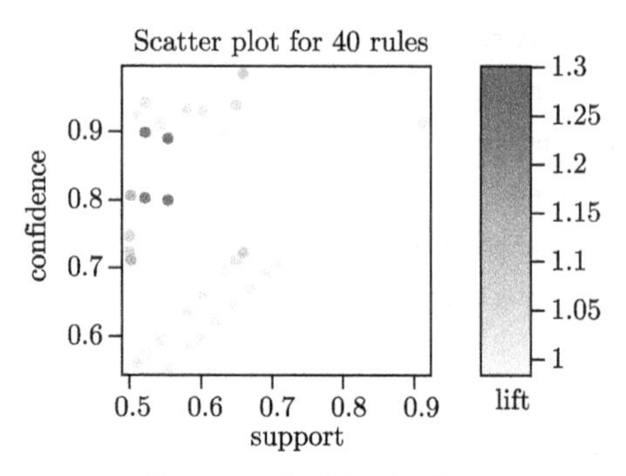

图 4.1　关联规则可视化

相关 R 操作教程视频请扫描以下二维码观看：

(推荐在 WIFI 环境下观看)

4.5　关联规则挖掘的其他讨论

一、多 min_sup 模型

令 m 表示所有项的总数。每一项可能出现在关联规则中，也可能不出现在关联规则中，因此所有可能的关联规则的总数为 $O(2^m)$，是指数级增长的。关联规则挖掘利用了数据的稀疏性、比较高的 min_sup 值和比较高的 min_conf 值，但还是可能产生大量的关联规则，成千上万，甚至上百万，这给关联规则挖掘的应用造成了困难。

造成这种困难的原因之一是对所有关联规则设置同一个最小支持度阈值 min_sup，这隐含地假设数据中所有项的频率都类似。然而，在很多应用中，一些项在数据中频繁出现，而另一些项则很少出现。例如：在超市中，人们更经常购买面包和牛奶，而比较少购买食品加工机和洗衣机。如果不同项的频率变化很大，我们会遇到两个问题：

- 如果 min_sup 设置得太高，就无法寻找到与稀罕项相关的关联规则。但是在很多应用中，我们关注与稀罕项相关的关联规则。
- 为了找到与稀罕项相关的关联规则，需要把 min_sup 设置得很低。但是这会带来组合爆炸，因为频繁项会以各种方式互相关联。

为了解决这些问题，可以为每个项设置一个对应的最小项支持度 MIS（Minimum Item Support）。令 $\text{MIS}(i)$ 表示项 i 的 MIS 值。一条关联规则 R：

$$\{a_1, a_2, \cdots, a_k\} \Rightarrow \{a_{k+1}, \cdots, a_r\}$$

满足最小支持度的条件是：

$$\text{support}(R) \geqslant \min(\text{MIS}(a_1), \text{MIS}(a_2), \cdots, \text{MIS}(a_r)).$$

举例而言，考虑如下项：面包、鞋、衣服。设各项的 MIS 值为：

$$\text{MIS}(\text{面包}) = 2\%, \quad \text{MIS}(\text{鞋}) = 0.1\%, \quad \text{MIS}(\text{衣服}) = 0.2\%.$$

下面的规则不满足最小支持度：

$$\text{衣服} \Rightarrow \text{面包}\ [\text{支持度} = 0.15\%, \text{置信度} = 70\%];$$

而同样支持度和置信度的另一条规则满足最小支持度：

$$\text{衣服} \Rightarrow \text{鞋}\ [\text{支持度} = 0.15\%, \text{置信度} = 70\%]。$$

多 min_sup 模型使我们能够找到有关稀罕项的规则，而不用产生大量关于频繁项的无意义规则。因此，对实际应用而言，多 min_sup 模型比单 min_sup 模型

更加有用。若将某些项的 MIS 值设置成 100%，我们指示算法不产生只与这些项有关的规则，因为这样的规则必须达到 100% 的支持度才能满足最小支持度，而实际中不存在这样的规则。

二、 带因变量的关联规则挖掘

通常的关联规则挖掘没有任何因变量，任何项可能出现在规则的前项集中，也可能出现在规则的后项集中。然而，在一些应用中，用户对特定因变量感兴趣。例如，用户可能有一系列与某些主题相关的文本文档，希望找出与每个主题相关的关键词。

在这种情形下，观测数据集 D 中，每条观测都是一个项集（例如，一篇文档中出现的关键词的集合），此外每条观测还被标明属于哪个类别 y（例如，该文档所属类别）。令 T 表示所有项（例如，关键词）的集合，Y 表示所有类别标签的集合，T 和 Y 的交集为空集：$T \cap Y = \varnothing$。一条分类关联规则的形式如下：

$$A \Rightarrow y, A \subset T, y \in Y。$$

支持度和置信度的定义与之前类似。支持度是数据集 D 中包含项集 A 并且属于类别 y 的比例，置信度是数据集 D 中包含项集 A 的观测中属于类别 y 的比例。

案例：文本文档分类

表 4.11 展示了一个关于文本文档的数据集。令 $min\_sup = 20\%$，$min\_conf = 60\%$。以下是两条强分类关联规则:

$$\{\text{Student, School}\} \Rightarrow \text{Education}\ [支持度 = 2/7, 置信度 = 2/2];$$

$$\{\text{Game}\} \Rightarrow \text{Sport}\ [支持度 = 2/7, 置信度 = 2/3]。$$

表 4.11 关于文本文档的数据集

文档编号	文档中出现的关键词	文档类别
1	Student, Teach, School	Education
2	Student, School	Education
3	Teach, School, City, Game	Education
4	Baseball, Basketball	Sport
5	Basketball, Player, Spectator	Sport
6	Baseball, Coach, Game, Team	Sport
7	Basketball, Team, City, Game	Sport

要找到强分类关联规则，关键是要找到满足最小支持度的形如 (A, y) 的集合，这里 $A \subset \mathcal{T}$，$y \in Y$。由每个频繁的 (A, y) 集合只能产生一条规则：

$$A \rightarrow y。$$

可以修改 Apriori 算法来产生强分类关联规则。多个最小支持度的想法在这里也可以应用。用户可以允许不同类别的规则有不同的最小支持度。若将某些类别的最小支持度设置为 100%，我们指示算法不产生这些类别的分类关联规则。

三、 负关联规则

负关联规则的形式如下：

$$A \Rightarrow \sim B,$$
$$\text{或} \sim A \Rightarrow B,$$
$$\text{或} \sim A \Rightarrow \sim B。$$

这里，A 和 B 都是项集：$\sim A$ 表示 A 的补集，即不属于 A 的所有项组成的项集；类似地，$\sim B$ 表示 B 的补集。在一些应用中，频繁的项集才吸引关注，这时我们要求 A 和 B 都满足最小支持度。

负关联规则往往也有实际意义。例如，如果超市发现购买商品集 A 的消费者不太可能在同一消费中购买商品集 B，就可以将 A 和 B 放在没有什么关系的两个销售区中；再如，对于投资者而言，负关联规则可能传达的信息是当一个有利因素发生时，另一个不利因素不太可能发生，这也是很有价值的。

第5章

多元统计中的降维方法

5.1　主成分分析

主成分分析的目的是构造输入变量的少数线性组合，尽可能解释数据的变异性。这些线性组合被称为主成分，它们形成的降维数据可用于进一步的分析。图 5.1 是主成分分析的示意图，第一主成分由图中比较长的直线代表，在这个方向上能最多地解释数据的变异性；第二主成分由图中比较短的直线代表，与第一主成分正交，并且在这个方向上能够最多地解释数据中剩余的变异性。一般而言，每个主成分都需要与之前的主成分正交，并且能够最多地解释数据中剩余的变异性。

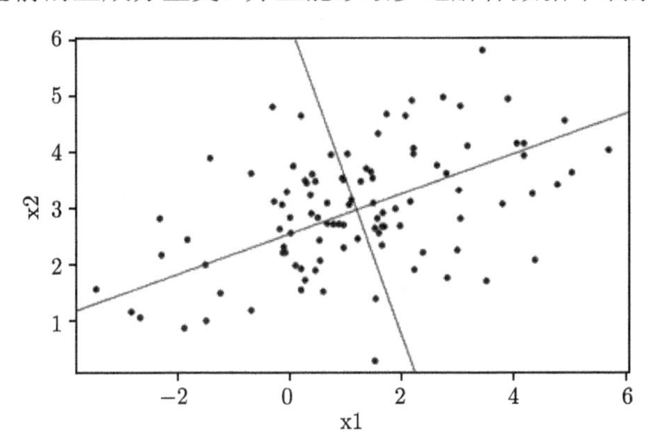

图 5.1　主成分分析示例

一、 主成分分析步骤

具体而言，假设 $X_1,\cdots,X_p$ 为 p 个随机变量。主成分分析的步骤如下：

1. 寻找第 1 个主成分

选择系数向量 $\boldsymbol{a}_1=(a_{11},\cdots,a_{1p})^{\mathrm{T}}$，使得：

（1）$a_{11}^2+\cdots+a_{1p}^2=1$（即 $\boldsymbol{a}_1$ 长度为 1）；

（2）线性组合 $a_{11}X_1+\cdots+a_{1p}X_p$ 的方差最大。

令 $Y_1=a_{11}X_1+\cdots+a_{1p}X_p$，它被称为第一主成分。

2. 寻找第 i 个主成分（$i=2,\cdots,p$）

选择系数向量 $\boldsymbol{a}_i=(a_{i1},\cdots,a_{ip})^{\mathrm{T}}$，使得：

（1）$a_{i1}^2+\cdots+a_{ip}^2=1$（即 $\boldsymbol{a}_i$ 长度为 1）；

（2）对任意的 $1\leqslant j<i$, $a_{i1}a_{j1}+\cdots+a_{ip}a_{jp}=0$（即 $\boldsymbol{a}_i$ 与 $\boldsymbol{a}_j$ 正交）；

（3）线性组合 $a_{i1}X_1+\cdots+a_{ip}X_p$ 的方差最大。

令 $Y_i=a_{i1}X_1+\cdots+a_{ip}X_p$，它被称为第 i 个主成分。

二、 主成分分析的主要理论结果

令 $\boldsymbol{\Sigma}$ 表示 $X_1,\cdots,X_p$ 之间的协方差矩阵，其对角线上的值 σ_k^2 表示 X_k 的方差（$k=1,\cdots,p$）。因为 $\boldsymbol{\Sigma}$ 是一个对称的正定矩阵，其特征值均大于零。令 $\lambda_1 \geqslant \lambda_2 \geqslant \cdots \geqslant \lambda_p > 0$ 表示 $\boldsymbol{\Sigma}$ 的特征值，令 $\boldsymbol{e}_i = (e_{i1},\cdots,e_{ip})^{\mathrm{T}}$ $(i=1,\cdots,p)$ 表示相应的正则化的特征向量，即 $\boldsymbol{e}_i$ 长度为 1，并且 $\boldsymbol{\Sigma}\boldsymbol{e}_i = \lambda_i\boldsymbol{e}_i$。它们满足：对任意 $1 \leqslant i \neq j \leqslant p$，$\boldsymbol{e}_i$ 与 $\boldsymbol{e}_j$ 正交，即 $e_{i1}e_{j1}+\cdots+e_{ip}e_{jp}=0$。

主成分分析的主要理论结果如下：

1. 对任意 $1 \leqslant i \leqslant p$，第 i 个主成分的系数向量 $\boldsymbol{a}_i$ 应取为 $\boldsymbol{e}_i$，因此第 i 个主成分是 $Y_i = e_{i1}X_1+\cdots+e_{ip}X_p$。

2. 对任意 $1 \leqslant i \leqslant p$，$\mathrm{Var}(Y_i)=\lambda_i$。

3. 对任意 $1 \leqslant i \neq j \leqslant p$，$\mathrm{Cov}(Y_i,Y_j)=0$，即 Y_i 与 Y_j 不相关。

4. 数据中的总方差定义为 $\sum_{k=1}^p \mathrm{Var}(X_k)=\sum_{k=1}^p \sigma_k^2$，它也等于 $\sum_{i=1}^p \mathrm{Var}(Y_i)=\sum_{i=1}^p \lambda_i$。因此第 i 个主成分解释总方差的比例为 $\lambda_i/\sum_{j=1}^p \lambda_j$，前 q 个主成分解释总方差的比例为 $\sum_{i=1}^q \lambda_i/\sum_{j=1}^p \lambda_j$。

5. 对任意 $1 \leqslant i,k \leqslant p$，$Y_i$ 与 X_k 的相关系数为 $\mathrm{Corr}(Y_i,X_k)=e_{ik}\sqrt{\lambda_i}/\sigma_k$。

三、 主成分个数的选择

为了降低数据的维度，可以取前 q 个主成分而忽略剩余的 $p-q$ 个主成分。选择 q 的常用方法有如下几种。

1. Kaiser 准则：保留那些对应特征值大于所有特征值的平均值的主成分，即解释总方差比例大于平均解释比例的主成分。

2. 总方差中被前 q 个主成分解释的比例达到一定大小。

3. 保留的主成分在实际应用中具有可解释性。

4. 使用崖底碎石图（scree plot）绘出特征值与其顺序的关系（如图 5.2 所示），

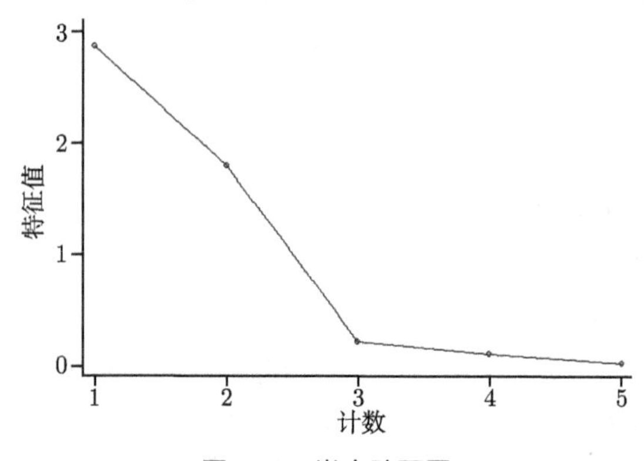

图 5.2　崖底碎石图

在图中寻找一个拐点，使得此点及之后对应的特征值都相对比较小，然后选择拐点之前的一点。例如，图 5.2 中的拐点发生在 $i=3$，应该选择两个主成分。

四、 变量标准化

因为主成分是通过最大化线性组合的方差得到的，所以它对变量的测量尺度非常敏感。例如，若一个输入变量是“企业销售额（元）”，最大观测和最小观测可以相差几千万元，而另一个变量是“企业雇员数”，最大观测和最小观测只相差几千人，因为“企业销售额”的方差比“企业雇员数”的方差大得多，所以它会主导主成分分析的结果，使得第一个主成分可能几乎等于“企业销售额”，而忽略了输入变量之间的关系。另外，使用“万元”作为测量单位和使用“元”作为测量单位得到的主成分分析的结果也会相差很大。因此，在实际应用中，通常首先将各输入变量进行标准化，使每个变量均值为 0，方差为 1，这等价于使用相关系数矩阵 $\boldsymbol{R}$ 替代协方差矩阵 $\boldsymbol{\Sigma}$ 来进行主成分分析。

假设仍然用 $\lambda_1,\cdots,\lambda_p$ 和 $\boldsymbol{e}_1,\cdots,\boldsymbol{e}_p$ 来表示 $\boldsymbol{R}$ 的特征值和特征向量。主成分分析的一些结果可以简化如下：

1. 数据中的总方差为 $\sum_{i=1}^{p}\lambda_i=p$。第 i 个主成分解释的方差比例为 λ_i/p，由前 q 个主成分解释的方差比例为 $\sum_{i=1}^{q}\lambda_i/p$。

2. 对任意 $1\leqslant i,k\leqslant p$，$Y_i$ 与 X_k 的相关系数为 $Cov(Y_i,X_k)=e_{ik}\sqrt{\lambda_i}$。

3. Kaiser 准则：保留那些对应的特征值大于 1 的主成分。

五、 主成分的含义

在实际应用中，使用样本协方差矩阵或样本相关系数矩阵来计算样本主成分。我们可以从两个方面来解释第 i 个主成分的含义。

1. 考察第 i 个主成分对应的系数（即 $e_{i1},\cdots,e_{ip}$），根据系数绝对值较大的输入变量的含义来解释第 i 个主成分的含义。值得注意的是，系数的正负本身没有意义。这是因为 $\boldsymbol{R}$ 的任意特征向量 $\boldsymbol{e}$ 取负之后仍然是特征向量：如果 $\boldsymbol{Re}=\lambda\boldsymbol{e}$，那么 $\boldsymbol{R}(-\boldsymbol{e})=-\boldsymbol{Re}=-\lambda\boldsymbol{e}=\lambda(-\boldsymbol{e})$，因此 $-\boldsymbol{e}$ 也是 $\boldsymbol{R}$ 的特征向量。但是，系数之间的正负对比是有意义的。

2. 计算第 i 个主成分与各输入变量的相关系数，根据那些对应相关系数的绝对值较大的输入变量的含义来解释第 i 个主成分的含义。

案例：检测计算机网络攻击

对计算机网络的开发者和使用者而言，网络安全非常重要。入侵检测研究的目的就在于发展有效的入侵检测系统，保护重要的系统组件不受侵害。这里考虑对拒绝服务攻击和网络探测攻击的检测。拒绝服务攻击使一些计算或内存系统处于繁忙状态而无法处理合法用户的请求；网络探测攻击扫描目标网络或主机的开放端口以实施进一步的攻击。

网络上各主机之间通过 IP 数据包传递信息，从 IP 数据包的头信息可构建如下变量：

- SIP1，SIP2，SIP3，SIP4：表示发送数据包的主机的 IP 地址的四个部分；
- SPort：表示发送数据包的端口号；
- DIP1，DIP2，DIP3，DIP4：表示接收数据包的主机的 IP 地址的四个部分；
- DPort：表示接收数据包的端口号；
- Prot：数据包的协议类型：TCP，UDP 或 ICMP；
- PLen：以字节计算的数据包的长度。

学习数据包含 7 个数据集，每个数据集含有 300 条观测。其中 3 个数据集取自网络在不同时段正常运行时传送的数据包，另外 4 个数据集分别取自网络受两种拒绝服务攻击和两种网络探测攻击时传送的数据包。

对这 7 个数据集分别进行主成分分析，得到如下结果：

1. 对各数据集，第一、二个主成分都解释了总方差的大部分乃至绝大部分。
2. 除一个与某拒绝服务攻击对应的数据集之外，对其余数据集而言，第一、二个主成分的系数绝对值最大的两个变量都分别是 SPort 和 DPort。而且，对网络正常运行的数据集，这两个系数的差别不大，但对网络受攻击的数据集，这两个系数的差别却很大。

根据这些结果，可以计算

$$C = |(l_1 - l_2) \times p_v \times 100|,$$

其中，l_1 和 l_2 分别是第一、二个主成分的绝对值最大的系数，p_v 是这两个主成分合起来解释总方差的比例。对 7 个学习数据集而言，3 个网络正常运行的数据集的 C 值分别是 0.00、0.40 和 0.20，而 4 个网络受攻击的数据集的 C 值分别是 3.30、16.97、59.36 和 75.15。若取阈值 $C = 1$ 来判断网络是否受攻击，可以完全正确地检测攻击。

[摘自 Labib and Vemuri(2006)]

六、示例

下面来看一个主成分分析的具体实例。假设 E:\dma\data 目录下 ch5_brand.csv

数据集中包含了 152 个人对某品牌手机的如下 20 个特征的评分，分值为 1、2、3、4 或 5：

爱家的	强壮的	户外的	幻想的	诚实的
勇敢的	有魅力的	成功的	浪漫的	可靠的
结实的	炫耀的	快乐的	时尚的	真诚的
值得信赖的	精力充沛的	坚固的	迷人的	负责的

对这一数据进行主成分分析的 SAS 程序和 R 程序如下。

SAS 程序：主成分分析

```
/** 读入数据，生成SAS数据集work.brand **/
proc import datafile="E:\dma\data\ch5_brand.csv" out=brand dbms=csv;
  options validvarname=any;
  /*数据中变量名是中文，使用validvarname=any可以读入中文变量名*/
run;

proc princomp data=brand out=brandout outstat=brandoutstat;
  /*输出数据集work.brandout中含有各输入变量的原始值和各主成分的值;
    输出数据集work.brandoutstat中含有各输入变量之间的相关系数矩阵、
      相关系数矩阵的特征值及特征向量;
    SAS输出窗口还会输出很多信息。*/
run;
```

从 SAS 输出窗口中节选的关于特征值的信息如表 5.1 所示。从崖底碎石图（这里未画出）很容易看出应该选择两个主成分，它们一共解释了总方差的 52.9%（表 5.1 第二行数据中最后一列的值）。表 5.2 列出了这两个主成分对应的系数（可以从 work.brandoutstat 数据集或者 SAS 输出窗口得到）。以 0.2 作为截断点，可以根据绝对值大于 0.2 的系数对应的输入变量的含义来解释这两个主成分：第一个主成分基本上代表的是总体情况；第二个主成分是“迷人浪漫”与“强壮坚固”的对比。

表 5.1　主成分分析结果：特征值信息

	特征值	比例	累积
1	6.366	0.318	0.318
2	4.220	0.211	0.529
3	1.329	0.066	0.600
4	1.167	0.058	0.654
...	...	...	...

表 5.2　主成分分析结果：第一、二个主成分的系数

	主成分 1	主成分 2
爱家的	0.078	0.018
强壮的	**0.217**	**−0.228**
户外的	0.154	-0.093
幻想的	0.127	**0.334**
诚实的	**0.224**	−0.185
勇敢的	**0.215**	−0.094
有魅力的	**0.223**	**0.236**
成功的	**0.285**	−0.003
浪漫的	0.119	**0.371**
可靠的	**0.264**	−0.133
结实的	**0.214**	**−0.257**
炫耀的	0.180	**0.320**
快乐的	0.200	**0.286**
时尚的	0.183	**0.332**
真诚的	**0.308**	−0.118
值得信赖的	**0.297**	−0.141
精力充沛的	**0.266**	0.001
坚固的	**0.277**	**−0.205**
迷人的	0.190	**0.351**
负责的	**0.277**	−0.116

我们可以使用下列 SAS 语句绘出这两个主成分的散点图：

```
proc gplot data=brandout;
  plot prin2*prin1;
run;
quit;
```

绘出的图形如图 5.3 所示，图中每个点代表一个观测，点的横、纵坐标分别代表该观测的第一、二个主成分的值。第二个主成分的绝对值越大，说明被调查人对所调查手机品牌是“迷人浪漫”的还是“强壮坚固”的这两种感觉的对比越强烈。从图中还能明显看出有一个异常观测。这两个主成分还可用于更复杂的进一步分析，例如，将它们放入建模数据集中以建立因变量的预测模型。

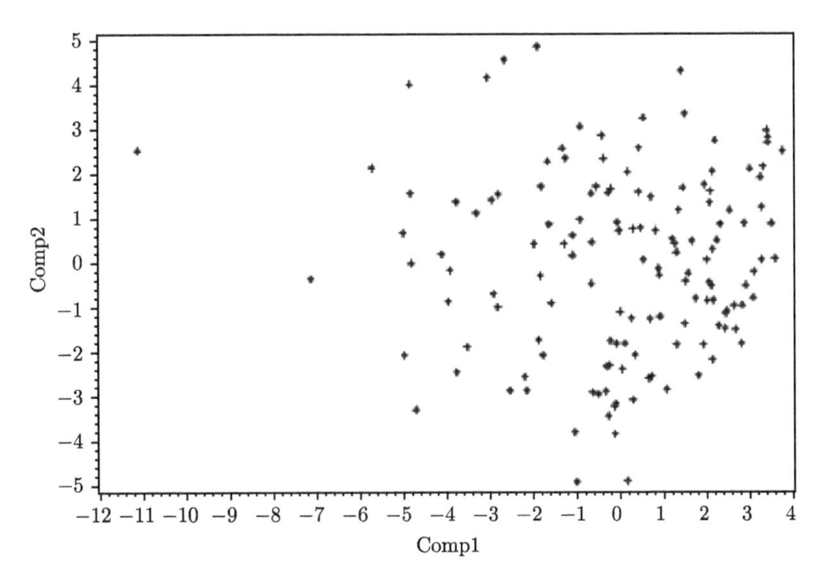

图 5.3　主成分散点图

相关 SAS 操作教程视频请扫描以下二维码观看:

(推荐在 WIFI 环境下观看)

R 程序: 主成分分析

```
##加载程序包
library(dplyr)
library(ggplot2)
#ggplot2是专门用于画图的包, 我们将调用其中的ggplot等函数。

##读入数据。
brand <- read.csv("E:/dma/data/ch5_brand.csv")

##主成分分析。
brandout <- princomp(na.omit(brand),cor = T,scores = T)
#brand数据集中包含缺失值, na.omit函数将有缺失值的行删除以便后续分析。
```

```
#princomp是用于主成分分析的函数。
#  cor=T指定用相关矩阵计算主成分，
#  scores=T指定计算每个主成分的得分。
##查看brandout包含的分析结果项。
names(brandout)
#brandout$sdev记录了每个主成分的标准差;
#brandout$center记录了原始数据每个变量的均值;
#brandout$scale记录了原始数据每个变量的标准差;
#brandout$loadings记录了每个主成分对应的系数、解释的方差比例，以及累积解释方差
                  的比例;
#brandout$scores记录了每个观测的主成分得分。

##显示分析结果。
summary(brandout,loadings=T)
#loadings=T指定输出结果包含各个主成分对应的系数。
#屏幕上将显示Importance of components和Loadings两部分:
#  前者包括每个主成分的标准差、解释的方差比例以及累计比例;
#  后者包括每个主成分对应的系数。

##画崖底碎石图
screeplot(brandout,type = "lines")
#type="lines"指定画图方式为折线图，若不设置则为默认的柱状图。
```

可以使用下列 R 语句绘出前两个主成分的双标图（Biplot）。

```
biplot(brandout,choices = 1:2,col="black")
#choices=1:2指定画图对象为第一、第二主成分，
#col="black"指定用黑色。
```

绘出的图形如图 5.4 所示。双标图将各个观测和各个变量绘制在同一张图中。图中每个数字表示一个观测序号，其坐标正比于相应观测的第一、二个主成分的值。可以看出，第 55 个观测为异常观测。图中每个带箭头的线段表示一个变量，箭头的坐标正比于第一、二个主成分在该变量上的系数。可以看出，第二个主成分在“浪漫的”“迷人的”等变量上系数为正，在“强壮的”“结实的”等变量上系数为负，代表了这两组变量的对比。

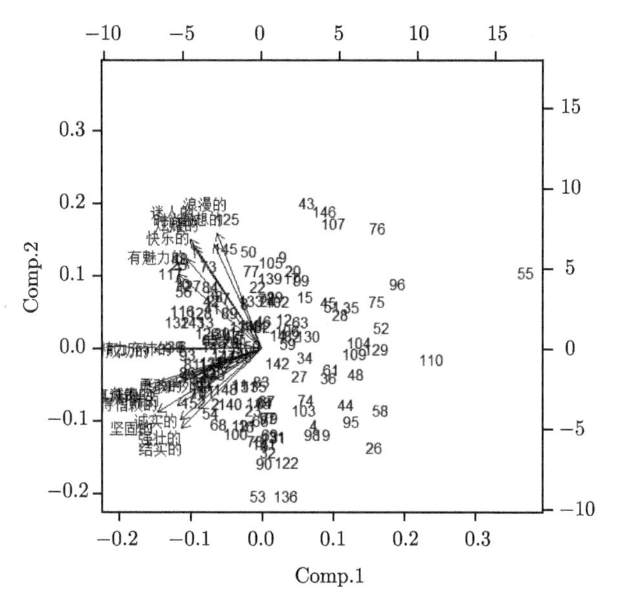

图 5.4　主成分双标图

相关 R 操作教程视频请扫描以下二维码观看：

(推荐在 WIFI 环境下观看)

5.2　探索性因子分析

探索性因子分析的基本想法是，每一个输入变量的变异性都可以归结于少数潜在的公共因子和一个与这些公共因子无关而只与该变量有关的特殊因子，它的主要目的就是寻找少量公共因子以解释一组输入变量的共同的变异性。公共因子形成的降维数据可用于进一步分析。

一、因子分析模型

具体而言，假设 $\boldsymbol{X} = (X_1, \cdots, X_p)^{\mathrm{T}}$ 是一个 p 维随机向量，它的均值向量为 $\boldsymbol{\mu} = (\mu_1, \cdots, \mu_p)^{\mathrm{T}}$，协方差矩阵为 $\boldsymbol{\Sigma}$，其对角线上的值 σ_k^2 表示 X_k 的方差 $(k = 1, \cdots, p)$。令 $F_1,\cdots,F_q$ $(q \leqslant p)$ 表示 q 个潜在的公共因子，令 $\varepsilon_1,\cdots,\varepsilon_p$ 表示

特殊因子。正交因子模型如下：

$$\begin{aligned}X_1-\mu_1&=l_{11}F_1+l_{12}F_2+\cdots+l_{1q}F_q+\varepsilon_1,\\X_2-\mu_2&=l_{21}F_1+l_{22}F_2+\cdots+l_{2q}F_q+\varepsilon_2,\\&\cdots\quad\cdots\\X_p-\mu_p&=l_{p1}F_1+l_{p2}F_2+\cdots+l_{pq}F_q+\varepsilon_p.\end{aligned}$$

模型写成矩阵的形式就是：$\boldsymbol{X}-\boldsymbol{\mu}=\boldsymbol{L}\boldsymbol{F}+\boldsymbol{\varepsilon}$，其中 $\boldsymbol{F}=(F_1,\cdots,F_q)^{\mathrm{T}}$ 是 q 维随机向量，$\boldsymbol{\varepsilon}=(\varepsilon_1,\cdots,\varepsilon_p)^{\mathrm{T}}$ 是 p 维随机向量，$\boldsymbol{L}$ 称为因子载荷矩阵，其第 k 行第 i 列的值 l_{ki}（$k=1,\cdots,p$，$i=1,\cdots,q$）表示 X_k 在因子 F_i 上的载荷。

公共因子和特殊因子都是不可观测的。为了识别它们，需要做如下假定：

1. 对任意 $1\leqslant i\leqslant q$，$E(F_i)=0$，$Var(F_i)=1$。

对任意 $1\leqslant i\neq j\leqslant q$，$Cov(F_i,F_j)=0$，即公共因子之间是不相关的。

2. 对任意 $1\leqslant k\leqslant p$，$E(\varepsilon_k)=0$，$Var(\varepsilon_k)=\varPsi_k$。

对任意 $1\leqslant k\neq m\leqslant p$，$Cov(\epsilon_k,\epsilon_m)=0$，即特殊因子之间是不相关的。

3. 对任意 $1\leqslant i\leqslant q$ 和 $1\leqslant k\leqslant p$，$Cov(F_i,\epsilon_k)=0$，即公共因子和特殊因子之间是不相关的。

二、 因子分析的主要结论

由模型及其假定，可以得到以下结论：

1. $Var(X_k)=l_{k1}^2+l_{k2}^2+\cdots+l_{kq}^2+\varPsi_k$，其中，

（1）$l_{k1}^2+l_{k2}^2+\cdots+l_{kq}^2$ 是 X_k 的方差中能够被公共因子解释的部分，称为 X_k 的共性方差；

（2）Ψ_k 是 X_k 的方差中不能被公共因子解释的部分，称为 X_k 的特殊方差。

2. 对任意 $1\leqslant k\neq m\leqslant p$，$Cov(X_k,X_m)=l_{k1}l_{m1}+l_{k2}l_{m2}+\cdots+l_{kq}l_{mq}$。

3. 对任意 $1\leqslant k\leqslant p$ 和 $1\leqslant i\leqslant q$，$Cov(X_k,F_i)=l_{ki}$。

三、 对公共因子的解释

在解释公共因子 F_i 的含义时，可以通过对 F_i 载荷系数的绝对值较大的输入变量的含义来解释。与对主成分分析结果的解释类似，因子载荷系数的正负本身没有意义，这是因为在因子模型中若将 l_{ki}（$k=1,\cdots,p$）和 F_i 都取负值，所得模型等价。但是，载荷系数之间正负的对比是有意义的。

四、 因子载荷矩阵的估计

因子载荷矩阵的估计是因子分析的主要问题之一。令 $\boldsymbol{\varPsi}$ 表示对角元素为 $\varPsi_k$（$k=$

$1,\cdots,p$）的 p 维对角矩阵。将前面的结论 1 和结论 2 写成矩阵形式可以得到：

$$\boldsymbol{\Sigma} = \boldsymbol{L}\boldsymbol{L}^{\mathrm{T}} + \boldsymbol{\Psi}. \tag{5.1}$$

这里，$\boldsymbol{L}\boldsymbol{L}^{\mathrm{T}}$ 是 $\boldsymbol{\Sigma}$ 中能被公共因子解释的部分，而 $\boldsymbol{\Psi}$ 是 $\boldsymbol{\Sigma}$ 中不能被公共因子解释而归结于特殊因子的部分。值得注意的是，尽管 $\boldsymbol{\Psi}$ 开始时被定义为一个对角矩阵，但实际上却不一定能够找到一个对角矩阵正好满足式 (5.1)。

因子载荷矩阵有无穷个解，每一个解都可以等价地拟合 $\boldsymbol{\Sigma}$。例如，对于任意 q 维正交矩阵 $\boldsymbol{T}$（即 $\boldsymbol{T}\boldsymbol{T}^{\mathrm{T}}$ 等于单位矩阵 $\boldsymbol{I}$），令 $\boldsymbol{L}_* = \boldsymbol{L}\boldsymbol{T}$，那么 $\boldsymbol{L}_*\boldsymbol{L}_*^{\mathrm{T}} = (\boldsymbol{L}\boldsymbol{T})(\boldsymbol{L}\boldsymbol{T})^{\mathrm{T}} = \boldsymbol{L}\boldsymbol{T}\boldsymbol{T}^{\mathrm{T}}\boldsymbol{L}^{\mathrm{T}} = \boldsymbol{L}\boldsymbol{L}^{\mathrm{T}}$，所以 $\boldsymbol{L}_*$ 和 $\boldsymbol{L}$ 可以等价地拟合 $\boldsymbol{\Sigma}$。因此，可以先得到载荷矩阵的初始估计值，再将它与某个矩阵相乘，这相当于将公共因子 $F_1,\cdots,F_q$ 构成的空间的坐标系进行旋转，我们称之为因子旋转，旋转后的公共因子具有更加清晰的解释。

载荷矩阵的初始估计值可使用主成分法或最大似然估计法来获得。

1. 主成分法

令 $\lambda_1 \geqslant \lambda_2 \geqslant \cdots \geqslant \lambda_p > 0$ 表示 $\boldsymbol{\Sigma}$ 的特征值，$\boldsymbol{e}_1,\cdots,\boldsymbol{e}_p$ 表示对应的特征向量。统计理论证明，$\boldsymbol{\Sigma}$ 可以拆分为 $\boldsymbol{\Sigma} = \lambda_1\boldsymbol{e}_1\boldsymbol{e}_1^{\mathrm{T}} + \lambda_2\boldsymbol{e}_2\boldsymbol{e}_2^{\mathrm{T}} + \cdots + \lambda_p\boldsymbol{e}_p\boldsymbol{e}_p^{\mathrm{T}}$。将式中前 q 项归结于公共因子，而将剩余的 $p-q$ 项归结于特殊因子，就得到 $\boldsymbol{L}$ 和 $\boldsymbol{\Psi}$ 的估计 $\tilde{\boldsymbol{L}}$ 和 $\tilde{\boldsymbol{\Psi}}$。

（1）对任意 $i = 1,\cdots,q$，令 $\tilde{\boldsymbol{L}}$ 的第 i 列为 $\sqrt{\lambda_i}\boldsymbol{e}_i$，那么 $\tilde{\boldsymbol{L}}\tilde{\boldsymbol{L}}^{\mathrm{T}} = \lambda_1\boldsymbol{e}_1\boldsymbol{e}_1^{\mathrm{T}} + \lambda_2\boldsymbol{e}_2\boldsymbol{e}_2^{\mathrm{T}} + \cdots + \lambda_q\boldsymbol{e}_q\boldsymbol{e}_q^{\mathrm{T}}$。

（2）对任意 $1 \leqslant k \leqslant p$，令 $\tilde{\Psi}_k = \sigma_k^2 - \sum_{i=1}^{q} \tilde{l}_{ki}^2$，令 $\tilde{\boldsymbol{\Psi}}$ 表示对角元素为 $\tilde{\Psi}_k$ 的 p 维对角矩阵。

2. 最大似然估计法

假定 $F_1,\cdots,F_q$ 和 $\varepsilon_1,\cdots,\varepsilon_p$ 都服从多元正态分布。由于因子载荷矩阵的不唯一性，需要附加一个方便计算的唯一性条件：$\boldsymbol{L}^{\mathrm{T}}\boldsymbol{\Psi}^{-1}\boldsymbol{L}$ 为对角矩阵，然后可以得到 $\boldsymbol{L}$ 和 $\boldsymbol{\Psi}$ 的最大似然估计。

得到因子载荷矩阵的初步估计后，可进行因子旋转。为了能更好地解释因子分析的结果，旋转后的载荷矩阵需要满足下列几个条件：

（1）对于任意因子而言，只有少数输入变量在该因子上的载荷的绝对值较大，其余变量在该因子上的载荷接近于 0；

（2）对于任意输入变量而言，它只在少数因子上的载荷的绝对值较大，在其他因子上的载荷接近于 0；

（3）任何两个因子对应的载荷呈现不同的模式，因而在解释时这两个因子具有不同的含义。

因子旋转有正交旋转和斜交旋转两类。正交旋转采用正交矩阵，保持了因子之间的正交性，即因子之间互不相关；斜交旋转采用非正交矩阵，可能更好地简化载荷矩阵，提高因子的可解释性，但旋转后的因子之间存在相关性。选择哪一类旋转依赖于对潜在因子之间相关性的假定。举例而言，图 5.5 表示某一个未经旋转的因子分析的结果，图中的点代表观测，它们很明显地分为两组，图中两条线段代表两个因子的坐标轴。由垂直轴代表的因子不太好解释，因为所有观测在这个因子上的取值都相近。图 5.6 给出了对因子进行正交旋转的结果，两个因子的坐标轴仍然保持正交。这时，因子分析的结果更容易解释。图 5.7 给出了对图 5.5 中的因子进行斜交旋转的结果，两个因子的坐标轴不再正交。这时，两个因子具有最清晰的解释：两组观测中的每一组在其中一个因子上有较大的值，而在另一个因子上的值接近于零。

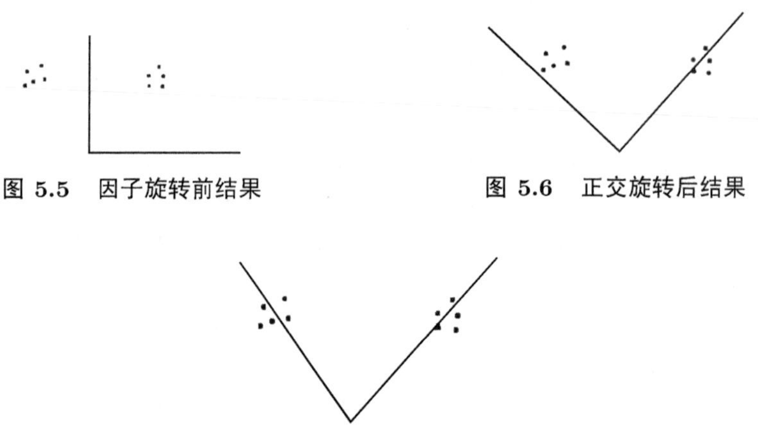

图 5.5　因子旋转前结果

图 5.6　正交旋转后结果

图 5.7　斜交旋转后结果

最大方差旋转（varimax rotation）是应用最广泛的因子旋转方法，它是一种正交旋转，目的是使载荷平方的方差最大化，即最大化

$$\sum_{k=1}^{p}\sum_{i=1}^{q}\left(l_{ki}^2-\frac{1}{pq}\sum_{k'=1}^{p}\sum_{i'=1}^{q}l_{k'i'}^2\right)^2.$$

五、 选取公共因子个数、变量标准化、因子得分

与主成分分析类似，在因子分析中也需要选取公共因子的个数 q，常用的一些方法如下：

1. Kaiser 准则。保留解释输入变量总方差比例大于平均解释比例的公共因子，即如果 $\sum_{k=1}^{p} l_{ki}^2/\sum_{k=1}^{p}\sigma_k^2 > 1/p$，就保留公共因子 F_i。如果载荷矩阵是由主成分法估计的，那么因子 F_i 解释输入变量总方差的比例就等于 $\lambda_i/\sum_{j=1}^{p}\lambda_j$。

2. 各输入变量的总方差中被 q 个公共因子解释的比例 $\sum_{k=1}^{p}\sum_{i=1}^{q}l_{ki}^2/\sum_{k=1}^{p}\sigma_k^2$ 达到一定大小。如果载荷矩阵是由主成分法估计的，那么 q 个因子解释输入变量总方差的比例就等于 $\sum_{i=1}^{q}\lambda_i/\sum_{j=1}^{p}\lambda_j$。

3. 保留的公共因子在实际应用中的可解释性。

4. 使用崖底碎石图，绘出各公共因子解释总方差的比例与其顺序的关系。在图中寻找一个拐点，使得在此点及之后的公共因子解释总方差的比例都相对较小，然后选择拐点之前的一点。

5. 如果载荷矩阵由最大似然估计法获得，还可用假设检验来选取 q 的大小。

在实际应用中，为了避免变量的测量单位对结果的影响，通常事先对输入变量进行标准化，使每个变量的均值为 0，方差为 1，再进行因子分析，这等价于使用相关系数矩阵 $\boldsymbol{R}$ 替代协方差矩阵 $\boldsymbol{\Sigma}$。

对公共因子 $\boldsymbol{F}=(F_1,\cdots,F_q)^{\mathrm{T}}$ 的估计值经常也有实际应用价值。这些估计值被称为因子得分，它们可以通过加权最小二乘法、回归法等方法来估计（此处不详述），它们形成的降维数据可用于进一步的分析。

六、 因子分析点评

下面是关于因子分析的一些点评。

点评 1：虽然可以通过主成分法来得到因子载荷矩阵的初始估计值，但因子分析和主成分分析之间存在很大区别：（1）主成分分析解释输入变量总的变异性，而因子分析解释输入变量公共的变异性；（2）主成分分析得到的主成分是对原始变量的线性组合，是可观测的；而因子分析得到的因子是潜在而不可观测的。

点评 2：要判断一个因子分析模型的拟合度，可以察看残差矩阵 $\boldsymbol{\Sigma}-\tilde{\boldsymbol{L}}\tilde{\boldsymbol{L}}^{\mathrm{T}}-\tilde{\boldsymbol{\Psi}}$。它越接近于零矩阵表明公共因子对变量的方差与协方差的解释越好。这种方法也可以用来比较主成分法和最大似然估计法的结果。

点评 3：如果两种因子旋转方法得到的因子有不同的解释，不能认为这两种解释是矛盾的，它们只是对同一个问题给出了不同的看法。

案例：2004年欧洲创新指数的因子分析

欧洲创新记分牌（European Innovation Scoreboard，EIS）涵盖了人力资源、知识创造、知识传播与应用、创新金融与市场这四个方面与创新有关的 20 项指标。文章对 2004 年经济合作与发展组织 20 个国家的这 20 项指标的值进行因子分析，并使用主成分法估计因子载荷矩阵。结果表明，第一、二个因子分别解释了总方差的 45% 和 21%，而其他因子解释总方差的比例都比较小，因此只保留了两个公共因子。

再来看因子载荷系数，以绝对值大于 0.7 为截断点。对第一个因子载荷系数绝对值较大的指标有(载荷系数均为正):(1)25—64 岁年龄组里受过高等教育的人口比例;(2)25—64 岁年龄组里参加终身教育的人口比例;(3)总劳动力中就业于高科技服务业的比例;(4)公共研发支出占国内生产总值的比例;(5)企业界研发支出占国内生产总值的比例;(6)每百万人口申请欧洲专利局高科技专利的数目;(7)每百万人口获得美国专利商标局高科技专利的数目;(8)中小企业中进行创新合作的比例;(9)早期风险投资占国内生产总值的比例;(10)高科技行业在制造业增加值中所占的比例。通过分析以上指标，第一个因子可解释为"知识发展"。对第二个因子载荷系数绝对值较大的指标有(载荷系数均为正):(1)中小企业进行内部创新的比例;(2)创新支出占总营业额的比例;(3)中小企业进行非技术改变的比例;(4)"对市场而言不新但对公司而言新"的产品的销售额占总营业额的比例。分析这些指标，第二个因子可解释为"知识应用"。

对第一个因子载荷系数绝对值较大的各指标进行平均，并按照平均值对 20 个国家进行排序，可以看出在知识发展方面，希腊、葡萄牙等国家不太好，而芬兰、瑞典等国家比较好。对第二个因子进行类似分析，可以看出在知识应用方面，挪威、丹麦等国家不太好，而瑞士、德国等国家比较好。

[摘自 OECD Econmic Survey(2005)]

七、 示例：手机品牌特征

对于第 5.1 节中手机品牌特征的例子，可以进行因子分析获得影响 20 个品牌特征的公共因子。相关的 SAS 程序和 R 程序如下。

SAS 程序：探索性因子分析

假设使用最大似然估计法来估计两个公共因子的载荷矩阵，并进行最大方差旋转，相关的 SAS 程序为：

```
proc factor data=brand method=ml n=2 rotate=varimax
  out=brandout outstat=brandoutstat;
  /* method指定载荷矩阵的估计方法，ml表示使用最大似然估计法，
     n指定公共因子的个数，
     rotate指定因子旋转方法。
     输出数据集work.brandout中含有输入变量的原始值和公共因子的得分;
     输出数据集work.brandoutstat中含有各输入变量之间的相关系数矩阵、
```

```
     因子载荷矩阵等;
    SAS输出窗口还会输出很多信息。*/
run;
```

从 work.brandoutstat 数据集或者 SAS 输出窗口可以得到两个公共因子的载荷矩阵，如表 5.3 中因子 1 和因子 2 的数值所示。采用对应载荷系数绝对值大于 0.4 的输入变量来解释这两个公共因子，得到结果：第一个因子的含义是“真诚可靠”，第二个因子的含义是“迷人浪漫”。各输入变量的共性方差的估计如表 5.3 最后一列所示。可以看出，这两个公共因子对“爱家的”“户外的”“勇敢的”这三个特征没有什么解释力（注意：输入变量在因子分析之前都进行了标准化，所以每个输入变量的方差都为 1）。

表 5.3　因子分析结果

	因子 1	因子 2	共性方差
爱家的	0.133	0.120	*0.032*
强壮的	**0.642**	−0.129	0.428
户外的	0.364	0.017	*0.133*
幻想的	−0.062	**0.710**	0.508
诚实的	**0.621**	−0.034	0.386
勇敢的	**0.483**	0.098	*0.243*
有魅力的	0.226	**0.652**	0.477
成功的	**0.578**	0.329	0.442
浪漫的	−0.109	**0.775**	0.613
可靠的	**0.700**	0.104	0.501
结实的	**0.713**	−0.164	0.535
炫耀的	0.072	**0.765**	0.591
快乐的	0.146	**0.719**	0.538
时尚的	0.070	**0.789**	0.627
真诚的	**0.785**	0.172	0.646
值得信赖的	**0.797**	0.122	0.649
精力充沛的	**0.550**	0.314	0.401
坚固的	**0.799**	−0.002	0.639
迷人的	0.067	**0.855**	0.736
负责的	**0.717**	0.144	0.535

相关 SAS 操作教程视频请扫描以下二维码观看：

(推荐在 WIFI 环境下观看)

R 程序：探索性因子分析

```
##探索性因子分析。
brandout <- factanal(na.omit(brand),fm="ml",factors = 2,rotation = "varimax")
#brand数据集中包含缺失值，na.omit函数将有缺失值的行删除以便后续分析。
#factanal是用于探索性因子分析的函数。
#  fm指定载荷矩阵的估计方法，ml表示使用最大似然估计法，
#  factors指定公共因子的个数，
#  rotation指定因子旋转方法。

##显示分析结果。
brandout
#brandout数据集包含两个公共因子的载荷矩阵Loadings，
#  每个变量的特殊因子Uniquenesses等更多信息。
```

相关 R 操作教程视频请扫描以下二维码观看：

(推荐在 WIFI 环境下观看)

5.3 多维标度分析

多维标度分析（MDS，Multidimensional Scaling）是一种在低维空间中展示高维数据的可视化方法，它使得低维空间中观测点之间的距离（或相似度）和原来高维空间中观测点之间的距离（或相似度）“大致匹配”。例如，给定一些饮料品牌之间的相似性矩阵，多维标度法会将这些品牌绘在一张图上，使得那些相似度高的品

牌在图中比较靠近，而那些相似度低的品牌在图中则相距甚远。多维标度分析也常用于对数据进行降维，各观测点在低维空间对应的坐标被用来进行进一步的分析。

多维标度分析有度量（metric）和非度量（non-metric）两种形式，度量形式直接采用观测点之间的距离，而非度量形式采用观测点之间距离的排序。这里我们仅介绍非度量形式。若所用数据是观测点之间的相似度，也能很容易转化为距离的排序，因为相似度越小，距离越大。

多维标度分析试图在低维空间中放置观测点，使得低维空间中观测点之间距离的排序与原来高维空间中观测点之间距离的排序的一致性达到最高。假设一共有 N 个观测，可以计算它们两两配对的 $M = N(N-1)/2$ 个高维空间中的距离，将这些距离进行排序可得

$$d^*_{i_1k_1} < d^*_{i_2k_2} < \cdots < d^*_{i_Mk_M}.$$

设低维空间的维度为 q，将 N 个观测点放置在 q 维空间，即每个观测点用一个 q 维坐标向量代表。令 $d^{(q)}_{i_jk_j}$（$j = 1,\cdots,M$）表示 q 维空间中观测点之间的距离。

一般而言，$d^{(q)}_{i_jk_j}$ 之间的排序和 $d^*_{i_jk_j}$ 之间的排序不一样。如果直接要求寻找各个观测点在 q 维空间的坐标使得 $d^{(q)}_{i_jk_j}$ 之间的排序和 $d^*_{i_jk_j}$ 之间的排序相近，是一个很难的数学问题，因为距离的排序不是 q 维空间坐标的连续可导函数。多维标度分析采取了一个巧妙的办法，它寻找一组排序与 $d^*_{i_jk_j}$ 排序完全一致的数值 $\hat{d}^{(q)}_{i_jk_j}$（$j = 1,\cdots,M$），并寻找各个观测点在 q 维空间的坐标，使得 $d^{(q)}_{i_jk_j}$ 和 $\hat{d}^{(q)}_{i_jk_j}$ 之间的差异最小。

具体而言，定义应力函数

$$Stress(q) = \left\{ \frac{\sum_{j=1}^{M}(d^{(q)}_{i_jk_j} - \hat{d}^{(q)}_{i_jk_j})^2}{\sum_{j=1}^{M}[d^{(q)}_{i_jk_j}]^2} \right\}^{1/2}$$

或者

$$SStress(q) = \left\{ \frac{\sum_{j=1}^{M}[(d^{(q)}_{i_jk_j})^2 - (\hat{d}^{(q)}_{i_jk_j})^2]^2}{\sum_{j=1}^{M}[d^{(q)}_{i_jk_j}]^4} \right\}^{1/2}.$$

应力函数的值越小，低维空间中观测点之间距离的排序与原来高维空间中观测点之间距离的排序的一致性越高。

应力函数是下面两组参数的函数：

（1）与 $d^*_{i_jk_j}$ 排序完全一致的数值：$\hat{d}^{(q)}_{i_jk_j}$（$j = 1,\cdots,M$）；

（2）各个观测点在 q 维空间的坐标（$d^{(q)}_{i_jk_j}$（$j=1,\cdots,M$）是这些坐标的函数）。

多维标度分析通过循环来寻找最优的参数值，其具体算法如下：

1. 初始化 N 个观测点在 q 维空间的坐标向量，并据此计算 $d^{(q)}_{i_jk_j}$（$j=1,\cdots,M$）。

2. 在每次循环中：

（1）固定 $d^{(q)}_{i_jk_j}$（$j=1,\cdots,M$），寻找 M 个数值 $\hat{d}^{(q)}_{i_jk_j}$（$j=1,\cdots,M$），使得它们的排序与 $d^*_{i_jk_j}$ 的排序完全一致，并且应力函数的值达到最小；

（2）固定 $\hat{d}^{(q)}_{i_jk_j}$（$j=1,\cdots,M$），寻找 N 个观测点在 q 维空间的坐标向量，使得应力函数的值达到最小。

持续循环直到应力函数的值无法减小为止。

应力函数的值与低维空间对原来高维空间拟合优度的关系可以参照表 5.4 来解释。选择 q 的大小有两种常用的方法：

1. 使应力值足够小，达到一定的拟合优度；

2. 绘出应力值和 q 对应关系的崖底碎石图，在图中寻找一个拐点，使得此点及之后对应的应力值都比较小。这里对崖底碎石图的使用与主成分分析和因子分析略有不同，因为要保证应力值比较小，合适的维度 q 将选择拐点而不是拐点之前的一点。

多维标度分析只使用了观测点之间距离的排序，因此它对异常值比较稳健：如果一个异常观测在原来高维空间中离其他观测比较远，在投射的低维空间中也会离其他观测比较远，而且该观测对低维空间中其他观测之间的远近关系影响很小。

表 5.4　应力函数值的解释

应力值	拟合优度
20%	差
10%	一般
5%	好
2.5%	很好
0	完美

案例：银行倒闭的分析

文章使用的数据包含 66 家西班牙银行（含 29 家倒闭银行）的 9 个财务比率:（1）流动资产/总资产;（2）流动资产中的现金/总资产;（3）流动资产/贷款;（4）准备金/贷款;（5）净收入/总资产;（6）净收入/总股权资本;（7）净收入/贷

款;（8）销售成本/销售额;（9）现金流/贷款。每个财务比率的测量尺度都不一样，首先将各比率标准化，使其均值为 0，方差为 1。

为了验证多维标度分析的稳健性，作者挑选出一些含异常值的银行，它们有一个或多个财务比率标准化后的绝对值超过 2.5。使用所有 66 家银行和去除异常值后的多维标度分析的结果差异不大，因此作者使用了所有银行的数据。

作者又尝试了多种计算银行之间相似度的方法，发现结果也很稳健。作者最终采用的相似性度量是银行之间的相关系数（每个银行对应于一个由财务比率标准化后的值组成的 9 维向量，可以计算这些 9 维向量两两之间的相关系数）。取不同维度 q 所得的应力值如表 5.5 所示。

表 5.5　多维标度分析案例中不同维度对应的应力值

维度 q	应力值
1	21.1%
2	5.0%
3	2.7%
4	1.5%
5	0.6%
6	0.2%

文章选取了 $q = 6$，并根据前两个维度作图，发现倒闭的银行都倾向于落在图的右方，而没有倒闭的银行都倾向于落在图的左方，因此第一个维度是区分银行是否倒闭的有效指标。为了考察这两个维度的含义，文章接着以每个财务比率作为因变量，以两个维度的指标作为自变量，进行（无截距的）线性回归。结果发现，这些回归的 R^2 值方都超过 90%；第一个维度对净收入/总资产、净收入/总股权资本、净收入/贷款、现金流/贷款这些财务比率的影响很大，所以第一个维度表示的是营利性；第二个维度对流动资产/总资产、流动资产中的现金/总资产、流动资产/贷款这些财务比率的影响很大，所以第二个维度表示的是流动性。结合前面观察图所得的结论，说明营利性指标能有效地区分银行是否倒闭。前两个维度的坐标形成的降维数据还可用于进一步建立预测银行是否倒闭的模型。

[摘自 Mar-Molinero and Serrano (2001)]

对于 5.1 节中手机品牌特征的例子，可以使用多维标度分析来察看 20 个品牌特征之间的相似关系。相关的 SAS 和 R 程序如下。

SAS 程序：多维标度分析

```
proc transpose data=brand out=tmpbrand;
  /*brand数据的行代表152个人，列代表20个品牌特征。
    使用transpose过程对其进行转置，输出数据集tmpbrand的行代表20个品牌特征，
      列代表152个人，缺省的列名为col1、col2、... col152。
    此外，tmpbrand中还会生成两个新的列:
      "_name_"表示原brand数据集中各列（品牌特征）的名称，
      "_label_"表示原brand数据集中各列（品牌特征）的标签。*/
run;

proc distance data=tmpbrand out=distbrand method=cityblock;
  /*使用distance过程计算数据集tmpbrand中各行
    （即原brand数据集中各品牌特征）之间的距离。
    输出数据集distbrand记录了计算出的距离矩阵。
    计算距离的方法为"cityblock"，即两行之间的距离为各列的差异的绝对值之和，
      也就是说两个品牌特征之间的距离是152个人给这两个特征评分的差异的
      绝对值之和。*/
  var interval(col1-col152);
  /*指明用于计算距离的列为定序变量col1至col152*/
  id _name_;
  /*指出数据集tmpbrand中"_name_"列（即品牌特征的名称）代表了各行的ID*/
run;

proc mds data=distbrand out=out;
  id _name_;
  /*使用mds过程进行多维标度分析。
    输入数据集为前面计算出的距离矩阵。
    输出数据集out中:
      第一行记录了应力函数的值（这里为8.7%，说明拟合优度还可以），
      其他行记录了各品牌特征在低维空间（缺省为2维）对应的坐标。*/
run;

%plotit(data=out, datatype=mds, labelvar=_name_);
  /*使用SAS中系统定义的plotit宏函数在投射的两维空间中画出各品牌特征的图。
    data=out指出使用的数据集为前面mds过程输出的数据集out,
    datatype=mds指出数据集out的类型为多维标度分析输出的数据集,
    labelvar=_name_指出在图中各点用_name_的值（即品牌特征的名称）
      进行标注。*/
```

上面 plotit 宏函数的输出见图 5.8。从图中可以看出,“可靠的”和“值得信赖的”、“结实的”和“坚固的”非常相近，而“爱家的”离其他的特征都比较远，等等。这些直观的信息能帮助我们更好地理解这 20 个品牌特征之间的关系。

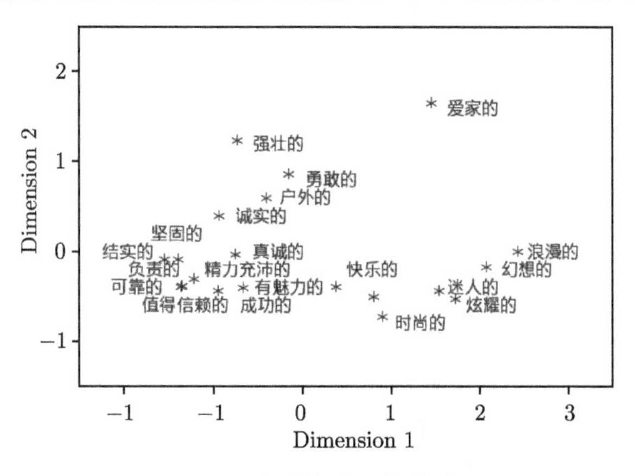

图 5.8　多维标度分析输出图

相关 SAS 操作教程视频请扫描以下二维码观看:

(推荐在 WIFI 环境下观看)

R 程序: 多维标度分析

```
tmpbrand <- t(brand)
#brand数据集的行代表152个人，列代表20个品牌特征。
#使用t函数对其进行转置，输出数据集tmpbrand的行代表20个品牌特征,
#列代表152个人，缺省的列名为1、2、... 152。

distbrand <- dist(tmpbrand,method = "manhattan")
#使用dist函数计算tmpbrand中各行之间的距离。
#输出的数据集distbrand记录了计算出的距离矩阵,
#计算方法为"manhattan"，等同于SAS程序中提到的"cityblock"。

out <- cmdscale(distbrand) %>% as.data.frame()
```

```
#使用cmdscale函数进行多维标度分析。
#  输入数据集为dist函数输出的距离矩阵，
#  out数据集中记录了各品牌特征在低维空间（缺省为2维）对应的坐标，缺省的列名为V1、V2。
#使用as.data.frame函数将out数据集转换为数据框格式，以便后面的ggplot函数使用。

ggplot(out,aes(x=V1,y=V2))+
  geom_point()+
  geom_text(aes(y=V2+7,label=row.names(out)))
#使用ggplot等函数在投射的两维空间中画出各品牌特征的图。
#ggplot函数中：
#  out为画图的数据集对象；
#  aes(x=V1,y=V2)指明横坐标和纵坐标变量；
#  geom_point函数指明画图类型为散点图；
#  geom_text函数指明为图中各点备注文本信息，
#    其中aes参数设置基本属性：
#      y=V2+7指明将文本放在点的纵坐标V2上面7个单位处，
#      label指明文本信息内容为out数据集的行名称，即20个品牌特征。
```

相关 R 操作教程视频请扫描以下二维码观看：

(推荐在 WIFI 环境下观看)

第6章

聚类分析

聚类分析是一种无监督数据挖掘方法，它基于观测之间的相似度或距离对观测分组。聚类分析有广泛的应用，例如，它可用来对客户进行细分，以便为细分客户群体采用针对性的营销策略。一个好的聚类方法会产生高质量的聚类结果，使同一类别内的观测比较相似，而不同类别的观测差异比较大。

案例：对印度共同基金的分类

作者考察了 2002 年 5 月至 2006 年 5 月在印度股市投资的 100 只共同基金，它们来自六个行业：汽车、制药、基础工程、快速消费品、金融服务、技术。这些基金有不同的投资风格，有些关注成长型股票，而有些既关注成长型股票，也关注价值型股票；它们的资本值大小也不同。根据投资风格和资本值的大小，可将这些共同基金划分为六类：成长–大、成长–中、成长–小、混合–大、混合–中、混合–小。

作者收集了关于这些共同基金的如下变量，用于统计聚类分析：(1) 一年的回报率；(2) 两年的年化回报率；(3) 三年的年化回报率；(4) 五年的年化回报率；(5) 阿尔法；(6) 贝塔；(7) R^2 值；(8) 夏普比率；(9) 均值；(10) 标准偏差。

作者使用 k 均值聚类法（第 6.2 节将具体描述这一算法）将这些共同基金聚为五类。第一类有 26 只成长–大型基金、2 只成长–中型基金、1 只混合–大型基金；第二类有 16 只成长–大型基金、9 只成长–中型基金、2 只混合–中型基金、1 只混合–小型基金；第三类有 6 只成长型基金；第四类有 4 只成长–中型基金、3 只成长–大型基金、1 只混合–中型基金、1 只混合–小型基金；第五类有 19 只成长–大型基金、4 只成长–中型基金、3 只混合–大型基金、1 只混合–中型基金、1 只混合–小型基金。可以看出，根据基金实际业绩所得的聚类结果和根据投资风格与资本值大小简单分类的结果不一样。因此投资者在投资基金时，可以在行业、投资风格、资本值大小这些方面进行多样化的选择，不同投资风格、资本值的基金可能取得类似的实际回报。

[摘自 Acharya and Sidana (2007)]

案例：客户信息搜索行为的分析

本研究希望对客户购买产品前搜索相关信息的行为进行分类。作者将研究对象定义为澳大利亚悉尼大都市地区至少购买过九种汽车之一的客户，从中随机选取了一些客户，调查有关信息搜索行为的如下变量：(1) 思考时间的长度；(2) 搜索时间的长度;（3）给零售商打电话的次数;（4）拜访零售商的次数;（5）拜访过几家零售商;（6）拜访零售商的时间长度;（7）联系过几位同一款车的车主;（8）联系过几位意见领袖;（9）能记起的广告数;（10）使用过几份书面材料;（11）严肃考虑过几种其他车型;（12）严肃考虑过几家其他零售商。

作者首先使用因子分析考察这 12 个变量之间的关系并对其进行降维。以因子载荷系数的绝对值大于 0.3 为截断点，第一个因子与给零售商打电话的次数、拜访零售商的次数、拜访过几家零售商、拜访零售商的时间长度这些变量有关，可解释为对零售商的搜索；第二个因子与能记起的广告数、使用过几份书面材料、严肃考虑过几种其他车型、严肃考虑过几家其他零售商这些变量有关，可解释为媒体搜索及仔细思考；第三个因子与联系过几位同一款车的车主、联系过几位意见领袖这些变量有关，可解释为人际间搜索；第四个因子与思考时间的长度、搜索时间的长度有关，可解释为搜索的时间维度。

根据因子分析的结果，可如下计算四个指标：首先，对每个变量都进行标准化，使其均值为 0，方差为 1，去除测量尺度的影响；然后，对每一个因子，将对应载荷系数高的几个（标准化）变量的值进行平均，这样得到四个指标。根据它们对被调查客户进行聚类，可将客户分为如下五类。

- 少量信息搜索者：从各种渠道搜寻的信息都少;
- 大量信息搜索者：从各种渠道都搜寻大量信息;
- 第一类有选择性信息搜索者：大量使用对零售商的搜索，但对其他渠道的使用比较少;
- 第二类有选择性信息搜索者：大量使用人际间的信息搜集，但较少使用对零售商的搜索;
- 第三类有选择性信息搜索者：花费在信息搜索上的时间很长，但对零售商、人际、媒体的搜索量中等大小，对其他车型和其他零售商几乎不加考虑。

[摘自 Kiel and Layton (1981)]

6.1　距离与相似度的度量

一、变量的标准化

在聚类前，通常需要对各连续变量进行标准化，因为方差大的变量比方差小的变量对距离或相似度的影响更大，从而对聚类结果的影响更大。常用的标准化方法有如下两种：

1. 使变量均值为 0，标准差为 1。对变量 U 而言，令 u_i 表示第 i 个观测的取值，$\overline{u}$ 表示样本均值，s 表示样本标准差，标准化之后第 i 个观测的取值为 $(u_i-\overline{u})/s$。

2. 使变量最小值为 0，最大值为 1。对变量 U 而言，令 $u_{\min}$ 表示各个观测取值的最小值，令 $u_{\max}$ 表示各个观测取值的最大值，标准化之后第 i 个观测的取值为 $(u_i-u_{\min})/(u_{\max}-u_{\min})$。

假设 $\boldsymbol{x}=(x_1,x_2,\cdots,x_p)^{\mathrm{T}}$ 和 $\boldsymbol{y}=(y_1,y_2,\cdots,y_p)^{\mathrm{T}}$ 为标准化之后的两个观测。下面考察如何度量它们之间的距离或相似度。

二、 度量名义变量

(一) 对称名义变量

如果名义变量的各种取值没有哪个更加重要，我们称这个名义变量是对称的。例如，性别就是一个对称二分变量，顾客偏好飘柔、海飞丝还是潘婷洗发水也是对称的。若一共有 p 个对称名义变量，其中 $\boldsymbol{x}$ 和 $\boldsymbol{y}$ 取值相等的变量有 T 个，取值不相等的变量数为 F ($T+F=p$)，那么 $\boldsymbol{x}$ 和 $\boldsymbol{y}$ 之间的相似度可以采用如下系数度量：

(1) 简单相似系数：$\dfrac{T}{p}$；

(2) Roger and Tanimoto 相似系数(对于非配对的变量赋予双倍权重)：$\dfrac{T}{T+2F}$；

(3) Sokal and Sneath I 型相似系数(对于配对的变量赋予双倍权重)：$\dfrac{2T}{2T+F}$；

(4) Sokal and Sneath III 型相似系数：$\dfrac{T}{F}$；

(5) Hamann 系数：$\dfrac{T-F}{p}$。

(二) 非对称名义变量

如果一个名义变量的各种取值的重要程度不同，它被称为是非对称的。例如，来自中国的客户大多为汉族，但也有一些是少数民族，而客户为少数民族这个信息可能很重要，所以民族这个名义变量就是非对称的。再如，在中国，大多数人最熟练应用的外语都是英语，但也有一些人最熟练应用的外语是其他语言，而最熟练应用的外语是非英语这个信息可能很重要，所以最熟练应用的外语这个名义变量是非对称的。每个非对称名义变量的取值都可以分为重要的和不重要的。例如，对于民族这个变量而言，取值“汉族”是不重要的，而取值“白族”“彝族”等是重要的；对于最熟练应用的外语这个变量而言，取值“英语”是不重要的，而取值“西班牙语”“阿拉伯语”等是重要的。

根据 $\boldsymbol{x}$ 和 $\boldsymbol{y}$ 这两个观测取值的不同情形，p 个非对称名义变量可分为如下几组：

（1）对 IIT 个变量而言，两个观测的取值是重要并且相等的；

（2）对 IIF 个变量而言，两个观测的取值是重要但不相等的；

（3）对 IU 个变量而言，两个观测的取值一个是重要的，一个是不重要的；

（4）对 UU 个变量而言，两个观测的取值都是不重要的。

$\boldsymbol{x}$ 和 $\boldsymbol{y}$ 之间的相似度或距离可以采用如下系数度量：

1. Jaccard 相似系数（与两个观测的取值都不重要的这些变量无关）：$\dfrac{\mathrm{IIT}}{\mathrm{IIT}+\mathrm{IIF}+\mathrm{IU}}$；

2. Dice 系数或 Czekanowski/Sorensen 相似系数（与两个观测的取值都不重要的这些变量无关，对于重要取值配对的变量赋予双倍权重）：$\dfrac{2\mathrm{IIT}}{2\mathrm{IIT}+\mathrm{IIF}+\mathrm{IU}}$；

3. Russell and Rao 相似系数（重要取值配对的变量在所有变量中所占的比例）：$\dfrac{\mathrm{IIT}}{\mathrm{p}}$；

4. 二分 Lance and Williams 距离系数或 Bray and Curtis 距离系数：$\dfrac{\mathrm{IIF}+\mathrm{IU}}{2(\mathrm{IIT}+\mathrm{IIF})+\mathrm{IU}}$；

5. Kulcynski 1 相似系数（与两个观测的取值都不重要的这些变量无关，重要取值配对的变量数与非配对变量数的比率）：$\dfrac{\mathrm{IIT}}{\mathrm{IIF}+\mathrm{IU}}$。

三、 度量定序或定距变量

若 p 个变量都是定序或定距变量，将定序变量转换为定距变量之后，$\boldsymbol{x}$ 和 $\boldsymbol{y}$ 之间的距离可以如下度量：

1. 欧式距离：$\sqrt{\sum_{r=1}^{p}(x_r-y_r)^2}$；

2. Chebychev 距离：$\max_{r=1}^{p}|x_r-y_r|$；

3. Minkowski 距离：$\left[\sum_{r=1}^{p}|x_r-y_r|^m\right]^{1/m}$，其中 m 是一个正数；$m=1$ 对应于街区距离，$m=2$ 对应于欧式距离，$m=\infty$ 对应于 Chebychev 距离。

四、 度量定比变量

若 p 个变量都是定比变量，$\boldsymbol{x}$ 和 $\boldsymbol{y}$ 之间的相似度或距离可以如下度量：

1. 使用定距变量的距离度量；

2. Lance and Williams 距离（对于非负定比变量）：

$$\frac{\sum_{r=1}^{p}|x_r-y_r|}{\sum_{r=1}^{p}(x_r+y_r)};$$

3. Canberra 距离（对于非负定比变量）：

$$\sum_{r=1}^{p}\frac{|x_r-y_r|}{(x_r+y_r)};$$

4. Czekanowski 系数（对于非负定比变量）：

$$1-\frac{2\sum_{r=1}^{p}\min(x_r,y_r)}{\sum_{r=1}^{p}(x_r+y_r)};$$

5. 余弦相似度：

$$\frac{\sum_{r=1}^{p}x_ry_r}{\sqrt{(\sum_{r=1}^{p}x_r^2)(\sum_{r=1}^{p}y_r^2)}};$$

6. 相关系数相似度：

$$\frac{\sum_{r=1}^{p}(x_r-\sum_{r'=1}^{p}x_{r'}/p)(y_r-\sum_{r'=1}^{p}y_{r'}/p)}{\sqrt{\sum_{r=1}^{p}(x_r-\sum_{r'=1}^{p}x_{r'}/p)^2\sum_{r=1}^{p}(y_r-\sum_{r'=1}^{p}y_{r'}/p)^2}}.$$

五、 度量各类变量的混合

数据中可能存在名义变量、定序变量、定距变量和定比变量的混合。常用的一种方法是将名义变量转换为哑变量，将定序变量转换为定距变量，然后将所有变量都当作定距变量，使用度量定距变量的距离的方法。另一种方法是遵从变量的原始类型，使用 Gower（1971）提出的相似性度量，其定义为

$$s(\boldsymbol{x},\boldsymbol{y})=\frac{\sum_{r=1}^{p}\delta_{\boldsymbol{x},\boldsymbol{y}}^{r}s_{\boldsymbol{x},\boldsymbol{y}}^{r}}{\sum_{r=1}^{p}\delta_{\boldsymbol{x},\boldsymbol{y}}^{r}}.$$

其中，$\delta_{\boldsymbol{x},\boldsymbol{y}}^{r}$ 取值如下：

（1）对于对称名义变量、定序变量、定距变量或定比变量而言，$\delta_{\boldsymbol{x},\boldsymbol{y}}^{r}=1$；

（2）对于非对称名义变量而言，如果 x_r 或者 y_r 取值是重要的，则 $\delta_{\boldsymbol{x},\boldsymbol{y}}^{r}=1$，否则 $\delta_{\boldsymbol{x},\boldsymbol{y}}^{r}=0$。

$s_{\boldsymbol{x},\boldsymbol{y}}^{r}$ 取值如下：

（1）对于名义变量而言，如果 $x_r=y_r$，则 $s_{\boldsymbol{x},\boldsymbol{y}}^{r}=1$，否则 $s_{\boldsymbol{x},\boldsymbol{y}}^{r}=0$；

（2）对于定序变量、定距变量或定比变量而言，$s_{\boldsymbol{x},\boldsymbol{y}}^{r}=1-|x_r-y_r|/R_r$，其中 R_r 是变量 r 的全距（即最大值减最小值所得的差）。

六、 相似性度量与距离度量的转换

距离度量 $d(\boldsymbol{x},\boldsymbol{y})$ 总是能够转化为相似性度量 $s(\boldsymbol{x},\boldsymbol{y})$。例如，可以令 $s(\boldsymbol{x},\boldsymbol{y})=\frac{1}{1+d(\boldsymbol{x},\boldsymbol{y})}$。相似性度量类似地也可以很容易地转化为非相似性度量。但是，将相

似性度量转换为正式的距离度量时，需要注意距离度量必须满足下面一些性质：

（1）对任意 $\boldsymbol{x}$ 和 $\boldsymbol{y}$，$d(\boldsymbol{x},\boldsymbol{y})=d(\boldsymbol{y},\boldsymbol{x})$；

（2）若 $\boldsymbol{x}\neq\boldsymbol{y}$，则 $d(\boldsymbol{x},\boldsymbol{y})>0$；

（3）若 $\boldsymbol{x}=\boldsymbol{y}$，则 $d(\boldsymbol{x},\boldsymbol{y})=0$；

（4）对任意 $\boldsymbol{x}$、$\boldsymbol{y}$ 和 $\boldsymbol{z}$，$d(\boldsymbol{x},\boldsymbol{y})\leqslant d(\boldsymbol{x},\boldsymbol{z})+d(\boldsymbol{z},\boldsymbol{y})$（三角不等式）。

只有当相似度矩阵（所有观测两两之间的相似度形成的矩阵）为非负定矩阵时，才能从相似度度量中构造出满足上述性质的距离度量。此时，若对相似度进行标准化使得对于任何 $\boldsymbol{x}$，$s(\boldsymbol{x},\boldsymbol{x})=1$，那么 $\sqrt{2[1-s(\boldsymbol{x},\boldsymbol{y})]}$ 为满足上述性质的距离度量。

6.2　k 均值聚类算法

令 N 表示观测数，$\boldsymbol{x}_i$ 表示第 i 个观测（$i=1,\cdots,N$）。令 K 表示类别个数，C_l（$l=1,\cdots,K$）表示属于第 l 个类别的观测的序号的集合，$C(i)$（$i=1,\cdots,N$）表示观测 i 所属类别的序号。例如，如果有 5 个观测，第 1、2、4 个观测属于类别 1，第 3、5 个观测属于类别 2，那么 $C_1=\{1,2,4\}$，$C_2=\{3,5\}$，$C(1)=1$，$C(2)=1$，$C(3)=2$，$C(4)=1$，$C(5)=2$。可以看出，C_l（$l=1,\cdots,K$）和 $C(i)$（$i=1,\cdots,N$）代表了描述观测所属类别的两种不同方式。

k 均值聚类算法中常用的距离度量为 Minowski 距离

$$d(\boldsymbol{x},\boldsymbol{y})=\left[\sum_{r=1}^{p}|x_r-y_r|^m\right]^{\frac{1}{m}},$$

默认 $m=2$（即默认采用欧式距离）。

一、k 均值聚类算法步骤

k 均值聚类算法的具体步骤如下。

1. 初始化 K 个类别的中心 $\boldsymbol{v}_1,\cdots,\boldsymbol{v}_K$（例如，可随机选取 K 个观测）；

2. 在每次循环中：

（1）将每个观测重新分配到类别中心与它距离最小的类：

$$C(i)=\text{argmin}_{1\leqslant l\leqslant K}d(\boldsymbol{x}_i,\boldsymbol{v}_l),\ i=1,\cdots,N;$$

其中 argmin 表示寻找参数（l）的值使得函数 $d(\boldsymbol{x}_i,\boldsymbol{v}_l)$ 达到最小。

（2）重新计算类的中心：

$$\boldsymbol{v}_l = \operatorname{argmin}_{\boldsymbol{v}} \sum_{i \in C_l} d(\boldsymbol{x}_i, \boldsymbol{v}),\ l = 1, \cdots, K.$$

持续循环直到所有类别中心的改变很小或者达到事先规定的最大循环次数。

二、 k 均值聚类算法点评

下面给出关于 k 均值聚类算法的一些点评。

点评 1： k 均值聚类法通过循环使得目标函数 $\sum_{i=1}^{N} d(\boldsymbol{x}_i, \boldsymbol{v}_{C(i)}) = \sum_{l=1}^{K} \sum_{i \in C_l} d(\boldsymbol{x}_i, \boldsymbol{v}_l)$ 达到最小值。这一目标函数是下面两组参数的函数：

（1）类别中心：$\boldsymbol{v}_l$（$l = 1, \cdots, K$）。

（2）观测所属类别：C_l（$l = 1, \cdots, K$）或 $C(i)$（$i = 1, \cdots, N$）。

每次循环中，在第一步，k 均值聚类法固定类别中心，寻找观测所属类别以使目标函数最小化；在第二步，k 均值聚类法固定观测所属类别，寻找类别中心以使目标函数最小化。

点评 2： 优化算法通常只能找到局部最优值而不是全局最优值。因此，k 均值聚类法从不同的初始点出发，会得到不同的聚类结果。弥补这个缺点的一种方法是使用不同初始点进行多次聚类，最后取目标函数值最小的聚类结果。

点评 3： k 均值聚类法的优点是计算量小，处理速度快，特别适合大样本的聚类分析。

点评 4： k 均值聚类法是发现异常值的有效方法，因为异常值通常会出现在只有少数观测的类别中。使用 Minowski 距离度量时，m 越大，异常值对于聚类结果的影响越大；反之，m 越小，异常值对于聚类结果的影响越小。

点评 5： k 均值聚类法不适合于发现数据分布形状非凸（如香蕉形）的类别。

三、 确定类别个数 K

为了确定类别个数 K，可以使用 Caliński and Harabasz (1974) 提出的伪 F 统计量（Pseudo F Statistic）。它的定义类似于单因素方差分析中 F 统计量的定义，是组间均方与组内均方的比率。令 $\bar{\boldsymbol{x}}$ 表示所有观测的均值向量，$\bar{\boldsymbol{x}}_l$ 表示类别 l 内观测的均值向量。伪 F 统计量的具体计算公式如下：

$$\begin{aligned}
\text{总平方和 SST} &= \sum_{i=1}^{N} ||\boldsymbol{x}_i - \bar{\boldsymbol{x}}||^2, \\
\text{组内平方和 SSW} &= \sum_{l=1}^{K} \sum_{i \in C_l} ||\boldsymbol{x}_i - \bar{\boldsymbol{x}}_l||^2,
\end{aligned}$$

$$\begin{aligned}\text{Pseudo } F &= \frac{(\text{SST}-\text{SSW})/[(K-1)p]}{\text{SSW}/[(N-K)p]} \\ &= \frac{(\text{SST}-\text{SSW})/(K-1)}{\text{SSW}/(N-K)}.\end{aligned}$$

伪 F 统计量的值越大，说明聚类结果的质量越高。通常我们会察看伪 F 统计量和类别数之间的关系，寻找它的局部峰值以确定类别数。

四、 示例：车型聚类

假设 E:\dma\data 目录下的 ch6_cars.csv 数据集记录了 38 种 1978—1979 年的车型的如下信息[1]：country（出产国）、car（车型）、mpg（每加仑油的英里数）、weight（车重）、drive_ratio（传动比）、horsepower（马力）、displacement（排量）。我们将使用后五个变量进行 k 均值聚类。相关的 SAS 和 R 程序如下。

SAS 程序：k 均值聚类

```
/** 读入数据，生成SAS数据集work.cars **/
proc import datafile="E:\dma\data\ch6_cars.csv" out=cars dbms=DLM;
  delimiter=',';
  getnames=yes;
run;

proc standard data=cars out=stdcars mean=0 std=1;
  var mpg weight drive_ratio horsepower displacement;
  /*对这五个变量进行标准化，使它们均值为0，标准偏差为1;
    输出数据集stdcars中含有标准化后的变量*/
run;

proc fastclus data=stdcars summary maxc=5 maxiter=99
  outseed=clusterseed out=clusterresult cluster=cluster least=2;
  /*根据数据集stdcars进行k均值聚类:
    summary表示对聚类结果进行比较简短的输出;
    maxc=5表示最多分成5类;
    maxiter=99表示算法最多循环99次;
    outseed=clusterseed表示将各类别中心存储在clusterseed数据集中;
    out=clusterresult表示将各观测所属的类别存储在clusterresult数据集中;
    cluster=cluster指定在输出数据集clusterseed和clusterresult中，
```

1. 数据来源于 Statlib，见 http://lib.stat.cmu.edu/DASL/Datafiles/Cars.html。

```
    记录类别的变量名为cluster;
   least=2指定Minowski距离度量中m的值为2，该值缺省为2。*/
  id car;
  /*指明数据集stdcars中"car"这个变量代表各观测的ID*/
  var mpg weight drive_ratio horsepower displacement;
  /*指出使用数据集stdcars中（标准化后的）五个变量进行k均值聚类*/
run;
```

将上面的 fastclus 过程中的 maxc 分别设为 2、3、4、5 和 6 时所对应的伪 F 统计量分别为 59.49、58.69、50.43、61.89 和 57.29，它在 maxc 为 5 时达到局部峰值，因此我们确定将数据聚为 5 类。聚类的结果如表 6.1 第三列所示。

表 6.1　cars 数据聚类结果

出产国	车型	k 均值聚类结果	层次聚类结果
美国	Buick Estate Wagon	1	1
美国	Chevy Caprice Classic	1	1
美国	Chrysler LeBaron Wagon	1	1
美国	Dodge St Regis	1	1
美国	Ford Country Squire Wagon	1	1
美国	Ford LTD	1	1
美国	Mercury Grand Marquis	1	1
法国	Peugeot 694 SL	2	2
德国	Audi 5000	2	2
德国	BMW 320i	2	2
日本	Datsun 810	2	2
瑞典	Saab 99 GLE	2	2
瑞典	Volvo 240 GL	2	2
美国	Ford Mustang Ghia	2	*4*
美国	Mercury Zephyr	2	*4*
美国	AMC Concord D/L	3	3
美国	Buick Century Special	3	3
美国	Chevy Malibu Wagon	3	3
美国	Dodge Aspen	3	3
日本	Toyota Corona	4	4
美国	AMC Spirit	4	4
美国	Buick Skylark	4	4
美国	Chevy Citation	4	4

(续表)

出产国	车型	k 均值聚类结果	层次聚类结果
美国	Ford Mustang 4	4	4
美国	Olds Omega	4	4
美国	Pontiac Phoenix	4	4
德国	VW Dasher	5	5
德国	VW Rabbit	5	5
德国	VW Scirocco	5	5
意大利	Fiat Strada	5	5
日本	Datsun 210	5	5
日本	Datsun 510	5	4
日本	Dodge Colt	5	5
日本	Honda Accord LX	5	5
日本	Mazda GLC	5	5
美国	Chevette	5	5
美国	Dodge Omni	5	5
美国	Plymouth Horizon	5	5

相关 SAS 操作教程视频请扫描以下二维码观看：

(推荐在 WIFI 环境下观看)

R 程序：k 均值聚类

```
##读入数据，生成R数据集cars。
cars <- read.csv("E:/dma/data/ch6_cars.csv")

##对数据进行预处理。
stdcars <- scale(cars[3:7],center =T,scale=T)
#对变量MPG、Weight、Drive_Ratio、Horsepower和Displacement
#进行标准化，使它们均值为0，标准偏差为1。
#（center=T表示减去均值，scale=T表示除以标准偏差）；
# 输出数据集stdcars中仅含有标准化后的五个变量。
row.names(stdcars) <- cars$Car
#指定stdcars数据集的行（观测）名称为数据集cars中Car变量的值，
```

```
# 便于后续根据聚类结果辨别各观测所属类别。

##k均值聚类。
clustercars <- kmeans(stdcars,centers = 5,iter.max = 99,nstart=25)
#使用kmeans函数对数据集stdcars进行k均值聚类:
#  centers=5表示聚为5个类别;
#  iter.max=99表示算法最多循环99次;
#  nstart=25表示进行25次随机初始化，取目标函数值最小的聚类结果。

##查看clustercars包含的分析结果项。
names(clustercars)
#clustercars$cluster记录了各个观测所属的类别;
#clustercars$centers记录了各个类别的中心;
#clustercars$totss记录了总平方和SST;
#clustercars$tot.withinss记录了组内平方和SSW;
#clustercars$betweenss记录了组间平方和SST-SSW;
#clustercars$size记录了各个类别的观测数。

##查看各个观测所属的类别。
clustercars$cluster
```

相关 R 操作教程视频请扫描以下二维码观看：

(推荐在 WIFI 环境下观看)

6.3 层次聚类法

层次聚类法是另一类常用的聚类方法。它对第 6.2 节中车型聚类示例中的 cars 数据集聚类所得到的树图见图 6.1。图中纵轴代表类别之间的距离。按照距离 1.25 做截断，观测聚为两个类别；按照距离 0.85 做截断，观测聚为三个类别；按照距离 0.6 做截断，观测聚为五个类别。

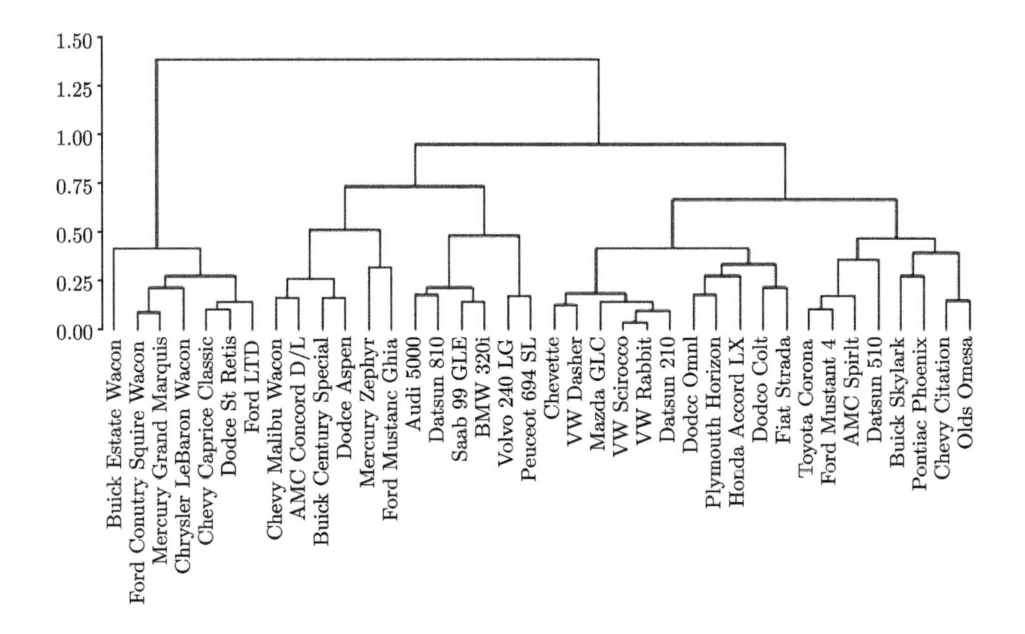

图 6.1　层次聚类树图示例

一、层次聚类法的类型

层次聚类法分为如下两大类:

1. 合并式层次聚类法

(1) 初始化时每个观测单独形成一个类别;

(2) 迭代地将最相似 (或者距离最近) 的两个类别合并;

(3) 随着被合并的两个类别的相似度减小 (或距离增加), 最终所有观测都归于同一个类别。

2. 分裂式层次聚类法

(1) 初始化时所有观测都属同一个类别;

(2) 迭代地选取能分裂为最不相似 (或者距离最大) 的两个子类别的类别进行分裂;

(3) 随着分裂成的两个子类别的相似度增加 (或距离减小), 最终每个观测单独形成一个类别。

分裂式层次聚类法的每一步都需要比较对现有各个类别的各种分裂方式, 算法复杂度较高。因此合并式层次聚类法更加常用。

二、 类别间距离的度量

各种层次聚类法的差异还在于类别之间距离的不同度量。令 N_l 表示第 l 个类别内观测的个数，令 $D_{ll'}$ 表示类别 l 与类别 l' 之间的距离，常用的一些度量如下：

1. 平均连接法

将两个类别之间的距离定义为这两个类别各取一个观测形成的所有可能的观测对之间的距离的平均值

$$D_{ll'} = \frac{1}{N_l N_{l'}} \sum_{i \in C_l} \sum_{j \in C_{l'}} d(\boldsymbol{x}_i, \boldsymbol{x}_j).$$

这种方法略倾向于产生协方差矩阵比较相近的类别。

2. 完全连接法

将两个类别之间的距离定义为这两个类别各取一个观测形成的所有可能的观测对之间的距离的最大值

$$D_{ll'} = \max_{i \in C_l} \max_{j \in C_{l'}} d(\boldsymbol{x}_i, \boldsymbol{x}_j).$$

这种方法强烈偏向于产生直径（类别内两个观测之间最大的距离）大致相等的类别，并且受异常值的影响很大。

3. 单连接法

将两个类别之间的距离定义为这两个类别各取一个观测形成的所有可能的观测对之间的距离的最小值

$$D_{ll'} = \min_{i \in C_l} \min_{j \in C_{l'}} d(\boldsymbol{x}_i, \boldsymbol{x}_j).$$

这种方法不太适于寻找数据分布形状紧密的类别，但却能够发现数据分布形状拉长或不规则的类别，并且常常在发现含有观测数较多的主要类别之前先使数据分布尾部的观测形成小类别。

4. Ward 法

将两个类别之间的距离定义为：

$$D_{ll'} = \frac{||\bar{\boldsymbol{x}}_l - \bar{\boldsymbol{x}}_{l'}||^2}{1/N_l + 1/N_{l'}}.$$

这种方法倾向于先合并观测数比较少的类别，并且强烈偏向于产生观测数大致相等的类别，容易受异常值的影响。

5. Centroid 法

将两个类别之间的距离定义为：

$$D_{ll'} = ||\bar{\boldsymbol{x}}_l - \bar{\boldsymbol{x}}_{l'}||^2.$$

这种方法比较不容易受异常值的影响，但在其他方面可能不如平均连接法或 Ward 法。

6. 密度连接法

首先基于数据密度定义观测之间的距离 $d^*(\boldsymbol{x}_i, \boldsymbol{x}_j)$，然后使用单连接法进行聚类。密度连接法能够发现数据分布形状高度拉长或不规则的类别。d^* 的定义有下列一些方式：

（1）k 近邻法。令 $r_k(\boldsymbol{x})$ 表示 $\boldsymbol{x}$ 与离它最近的第 k 个观测之间的距离。设想一个以 $\boldsymbol{x}$ 为中心、以 $r_k(\boldsymbol{x})$ 为半径的球体。$\boldsymbol{x}$ 点的数据分布密度 $f(\boldsymbol{x})$ 被估计为落在该球体内的观测的比例与球体的体积之比。新的距离度量定义为：

$$d^*(\boldsymbol{x}_i, \boldsymbol{x}_j) = \begin{cases} \dfrac{1}{2}\left(\dfrac{1}{f(\boldsymbol{x}_i)} + \dfrac{1}{f(\boldsymbol{x}_j)}\right), & \text{如果} d(\boldsymbol{x}_i, \boldsymbol{x}_j) \leqslant \max(r_k(\boldsymbol{x}_i), r_k(\boldsymbol{x}_j)), \\ \infty, & \text{其他}. \end{cases}$$

（2）一致核法。设想一个以 $\boldsymbol{x}$ 为中心、以 r 为半径的球体。$\boldsymbol{x}$ 点的分布密度 $f(\boldsymbol{x})$ 被估计为落在该球体内的观测的比例与球体的体积之比。新的距离度量定义为：

$$d^*(\boldsymbol{x}_i, \boldsymbol{x}_j) = \begin{cases} \dfrac{1}{2}\left(\dfrac{1}{f(\boldsymbol{x}_i)} + \dfrac{1}{f(\boldsymbol{x}_j)}\right), & \text{如果} d(\boldsymbol{x}_i, \boldsymbol{x}_j) \leqslant r, \\ \infty, & \text{其他}. \end{cases}$$

三、类别个数的确定

在层次聚类法中，若要确定类别个数 K，除了使用第 6.2 节中提及的伪 F 统计量，还可以使用伪 t^2 统计量（Pseudo t^2 Statistic）。设层次聚类法的某个步骤将类别 l 和 l' 合并为一个类别 M，那么 $C_M = C_l \cup C_{l'}$，该步骤的伪 t^2 统计量的计算公式如下：

$$\begin{aligned} \text{类别}l\text{内的平方和 } SSW_l &= \sum_{i \in C_l} ||\boldsymbol{x}_i - \bar{\boldsymbol{x}}_l||^2, \\ \text{类别}l'\text{内的平方和 } SSW_{l'} &= \sum_{i \in C_{l'}} ||\boldsymbol{x}_i - \bar{\boldsymbol{x}}_{l'}||^2, \\ \text{类别}M\text{内的平方和 } SSW_M &= \sum_{i \in C_M} ||\boldsymbol{x}_i - \bar{\boldsymbol{x}}_M||^2, \\ Pseudo\ t^2 &= \frac{[SSW_M - (SSW_l + SSW_{l'})]/p}{(SSW_l + SSW_{l'})/[(N_l + N_{l'} - 2)p]} \end{aligned}$$

$$= \frac{SSW_M - (SSW_l + SSW_{l'})}{(SSW_l + SSW_{l'})/(N_l + N_{l'} - 2)}.$$

伪 t^2 统计量衡量的是合并后组内平方和增加值的平均值与合并前组内均方的比率。它的值越小，说明该合并步骤质量越高。通常会将伪 F 统计量和伪 t^2 统计量结合起来，选择类别的个数使得伪 F 统计量达到局部峰值，同时相应的伪 t^2 统计量比较小但在下一个合并步骤中比较大。

四、 层次聚类法点评

下面给出关于层次聚类法的一些点评。

点评 1：在确定类别个数时：

（1）伪 F 统计量（在 k 均值聚类法或层次聚类法中）和伪 t^2 统计量（在层次聚类法中）都仅适用于数据分布形状紧密或略微拉长的类别，最好是大致为多元正态分布的类别。因为单连接法常常发现数据分布形状拉长或不规则的类别，所以伪 F 统计量和伪 t^2 统计量不适用于单连接法。

（2）对于层次聚类法而言，也可以在聚类树图中的某个距离（或相似度）处截断，得到相应的各个类别。

（3）数据相关领域内的经验和知识也能帮助确定类别的个数。

点评 2：层次聚类法不像 k 均值聚类法一样试图去最优化某个目标函数，所以它不能保证分类结果的（局部）最优。这是它的一大缺点。

五、 示例：车型聚类（继续）

使用层次聚类法对第 6.2 节中的 stdcars 数据集聚类的 SAS 程序和 R 程序如下。

SAS 程序：层次聚类法

```
proc cluster data=stdcars method=average pseudo outtree=tree;
/*根据数据集stdcars进行层次聚类。
  缺省使用的距离度量为欧式距离，如果要使用其他距离度量，需要先使用
    distance过程得到距离矩阵，再将其作为cluster过程的输入数据集。
  method=average指定使用平均连接法;
  pseudo指定输出伪F统计量和伪t方统计量;
  outtree=tree指定将聚类树图的信息放在tree数据集中。*/
  id car;
  /*指明数据集stdcars中"car"这个变量代表了各观测的ID*/
```

```
  var mpg weight drive_ratio horsepower displacement;
  /*使用数据集stdcars中（标准化后的）五个变量进行层次聚类*/
  copy country;
  /*将country这一变量从stdcars数据集中直接拷贝到tree数据集中*/
run;

proc gplot;
  symbol1 v=star color=black;
  /*定义符号1为星号，颜色为黑色*/
  symbol2 v=triangle color=black;
  /*定义符号2为三角，颜色为黑色*/
  plot _psf_*_ncl_=1  _pst2_*_ncl_=2  /overlay legend;
  /*画伪F统计量（_psf_）和类别数（_ncl_）的散点图，
     数据点用符号1表示；
   画伪t方统计量（_pst2_）和类别数（_ncl_）的散点图，
     数据点用符号2表示。
   overlay说明画在同一张图中；
   legend指出需要给出图例说明。*/
run;
quit;
```

伪 F 统计量及伪 t^2 统计量和类别数的散点图见图 6.2。当类别数为 5 时，伪 F 统计量达到局部峰值；伪 t^2 统计量在类别数为 5 时较小但在类别数为 4 时（下一步合并）较大。因此我们选择 5 个类别。

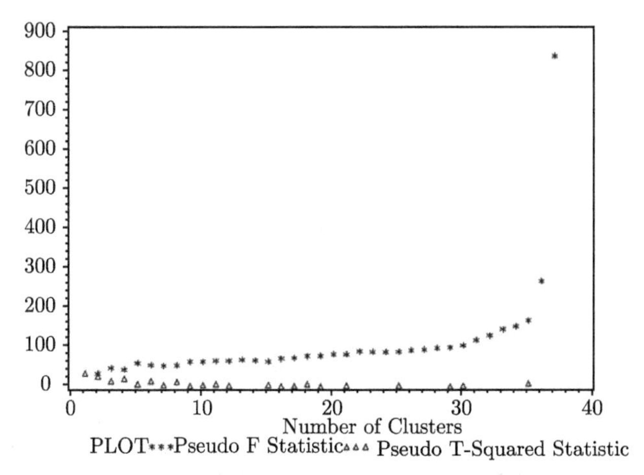

图 6.2　伪 F 统计量及伪 t^2 统计量和类别数的散点图

绘制聚类树图（见图 6.1）和获取 5 个类别的聚类结果的 SAS 程序如下：

```
proc tree data=tree ncl=5 out=out;
  /*使用前面cluster过程输出的tree数据集画聚类树图,
    同时把5个类别（由ncl=5指定）的聚类结果存储在数据集out中。*/
run;
```

对 cars 数据集聚类的结果如表 6.1 第四列所示。可以看出，对该数据集而言，使用 k 均值聚类法和层次聚类法得到的聚类结果比较一致。

相关 SAS 操作教程视频请扫描以下二维码观看：

(推荐在 WIFI 环境下观看)

R 程序：层次聚类法

```
##层次聚类法。
tree <- hclust(dist(stdcars),method = "average")
#使用hclust函数对数据集stdcars进行层次聚类。
#dist函数计算stdcars中各个观测之间的距离的矩阵,
#  缺省使用的距离度量为欧式距离;
#method="average"指定使用平均连接法。

##画聚类树图。
plot(tree)

##类别数为5时所得的聚类结果。
out <- cutree(tree,k = 5)
#out记录了类别数为5时，各个观测所属的类别。

##使用NbClust函数进行聚类。
library(NbClust)
#加载程序包NbClust，其中含有NbClust函数。
nbcluster <-NbClust(stdcars,method = "average")
#NbClust函数根据给定的观测之间距离的度量（由distance选项指定，这里取
```

```
#缺省值"euclidean"，即欧式距离）和聚类方法（由method选项指定，这里取值
#  "average"，表示使用平均连接的层次聚类法），对数据进行聚类。
#  接着，它根据多个判断最佳类别数的指标，进行综合分析，给出最终的最佳类别数。
#屏幕上将显示一个摘要性的结果，另外Plots框中将显示某些指标和类别数的散点图。

##查看nbcluster包含的分析结果项。
names(nbcluster)
#nbcluster$All.index记录了各个指标在各类别数下的值;
#nbcluster$Best.nc记录了各个指标给出的最佳类别数以及
#  在该类别数下对应的指标值;
#nbcluster$Best.partition记录了综合各个指标所得的最佳类别数下
#  各个观测所属的类别。

##查看综合各个指标所得的最佳类别数下各个观测所属的类别。
nbcluster$Best.partition
```

相关 R 操作教程视频请扫描以下二维码观看：

(推荐在 WIFI 环境下观看)

第7章

预测性建模的一些基本方法

7.1　判别分析

判别分析适用于连续型自变量、名义型因变量的情形。例如，它可用于将贷款、信用卡、保险等申请划分入不同的风险类别。

判别分析使用贝叶斯定理对观测进行分类。设因变量 Y 一共有 K 个类别。对 $l=1,\cdots,K$，令 ξ_l 表示类别 l 的先验概率，它们满足 $\sum_{l=1}^K \xi_l = 1$。设对属于类别 $Y=l$ 的观测，自变量 $\boldsymbol{X}=(X_1,\cdots,X_p)$ 的概率函数或概率密度函数为 $f_l(\boldsymbol{x})$。根据贝叶斯公式，

$$\Pr(Y=l|\boldsymbol{X}=\boldsymbol{x}) = \frac{\Pr(Y=l)f(\boldsymbol{x}|Y=l)}{\sum_{l'=1}^K \Pr(Y=l')f(\boldsymbol{x}|Y=l')} = \frac{\xi_l f_l(\boldsymbol{x})}{\sum_{l'=1}^K \xi_{l'} f_{l'}(\boldsymbol{x})}.$$

对于自变量为 $\boldsymbol{x}$ 的观测，如果 $\Pr(Y=l^*|\boldsymbol{X}=\boldsymbol{x})$ 达到最大（等价于 $\xi_{l^*}f_{l^*}(\boldsymbol{x})$ 达到最大），那么把该观测归入第 l^* 类。

一、 两种常用的判别分析方法

最常用的判别分析方法为线性判别分析和二次判别分析，它们都假设对每个类别 l（$l=1,\cdots,K$），观测的自变量满足多元正态分布，即 $f_l(\boldsymbol{x}) \sim \mathrm{MVN}(\boldsymbol{\mu}_l, \boldsymbol{\Sigma}_l)$，其中 $\boldsymbol{\mu}_l$ 和 $\boldsymbol{\Sigma}_l$ 分别是均值向量和协方差矩阵。

(一)　线性判别分析方法描述

线性判别分析方法如下：

（1）假设所有类别的协方差矩阵都相等，即 $\boldsymbol{\Sigma}_1 = \cdots = \boldsymbol{\Sigma}_K = \boldsymbol{\Sigma}$；

（2）可以推出

$$\begin{aligned}
\log(\xi_l f_l(\boldsymbol{x})) &= \log\left[\xi_l \frac{1}{(2\pi)^{p/2}|\boldsymbol{\Sigma}|^{1/2}} \exp\left\{-\frac{1}{2}(\boldsymbol{x}-\boldsymbol{\mu}_l)^{\mathrm{T}}\boldsymbol{\Sigma}^{-1}(\boldsymbol{x}-\boldsymbol{\mu}_l)\right\}\right] \\
&= \delta_l(\boldsymbol{x}) + A, \\
\text{其中 } \delta_l(\boldsymbol{x}) &= \log(\xi_l) - \frac{1}{2}\boldsymbol{\mu}_l^{\mathrm{T}}\boldsymbol{\Sigma}^{-1}\boldsymbol{\mu}_l + \boldsymbol{\mu}_l^{\mathrm{T}}\boldsymbol{\Sigma}^{-1}\boldsymbol{x}, \\
A &= -\frac{p}{2}\log(2\pi) - \frac{1}{2}\log(|\boldsymbol{\Sigma}|) - \frac{1}{2}\boldsymbol{x}^{\mathrm{T}}\boldsymbol{\Sigma}^{-1}\boldsymbol{x}.
\end{aligned}$$

因为 A 的值对所有类别都一样，所以察看 $\xi_l f_l(\boldsymbol{x})$ 等价于察看 $\delta_l(\boldsymbol{x})$，根据贝叶斯定理，应该把自变量为 $\boldsymbol{x}$ 的观测归入 $\delta_l(\boldsymbol{x})$ 值最大的类别。$\delta_l(\boldsymbol{x})$ 是 $\boldsymbol{x}$ 的线性函数，因此它被称为线性判别方程。

（3）类别 l 和 l' 的边界由 $\delta_l(\boldsymbol{x}) = \delta_{l'}(\boldsymbol{x})$ 给出，该边界对 $\boldsymbol{x}$ 是线性的。

二次判别分析方法如下：

（1）不假设各类别的协方差矩阵相等。容易推出，察看 $\xi_l f_l(\boldsymbol{x})$ 等价于察看下列二次判别方程：

$$\psi_l(\boldsymbol{x}) = \log(\xi_l) - \frac{1}{2}\log(|\boldsymbol{\Sigma}_l|) - \frac{1}{2}(\boldsymbol{x}-\boldsymbol{\mu}_l)^{\mathrm{T}}\boldsymbol{\Sigma}_l^{-1}(\boldsymbol{x}-\boldsymbol{\mu}_l),$$

应该把自变量为 $\boldsymbol{x}$ 的观测归入 $\psi_l(\boldsymbol{x})$ 值最大的类别。

（2）类别 l 和类别 l' 的边界由 $\psi_l(\boldsymbol{x}) = \psi_{l'}(\boldsymbol{x})$ 给出，该边界是 $\boldsymbol{x}$ 的二次方程。

(二) 参数估计

在实际应用中，需要使用训练数据集来估计 ξ_l、$\boldsymbol{\mu}_l$ 和 $\boldsymbol{\Sigma}_l$ 的值：

（1）ξ_l 由训练数据集中属于类别 l 的观测的比例来估计。

（2）$\boldsymbol{\mu}_l$ 由训练数据集中属于类别 l 的观测的样本均值向量来估计。

（3）对于线性判别分析而言，$\boldsymbol{\Sigma}$ 由合并样本协方差矩阵来估计。具体而言，设训练数据集中观测为 $\boldsymbol{x}_1, \cdots, \boldsymbol{x}_N$，其中 N 为观测数。考虑训练数据集中属于类别 $l\ (l = 1, \cdots, K)$ 的观测，令 N_l 表示这些观测的个数，C_l 表示它们的序号的集合，$\bar{\boldsymbol{x}}_l$ 表示它们的均值向量，它们的样本协方差矩阵为

$$\boldsymbol{S}_l = \frac{1}{N_l - 1}\sum_{i \in C_l}(\boldsymbol{x}_i - \bar{\boldsymbol{x}}_l)(\boldsymbol{x}_i - \bar{\boldsymbol{x}}_l)^{\mathrm{T}}.$$

合并样本协方差矩阵为

$$\boldsymbol{S}_{pooled} = \sum_{l=1}^{K}\frac{N_l - 1}{N - K}\boldsymbol{S}_l = \frac{1}{N-K}\sum_{l=1}^{K}\sum_{i \in C_l}(\boldsymbol{x}_i - \bar{\boldsymbol{x}}_l)(\boldsymbol{x}_i - \bar{\boldsymbol{x}}_l)^{\mathrm{T}}.$$

（4）对于二次判别分析而言，$\boldsymbol{\Sigma}_l$ 由 $\boldsymbol{S}_l$ 来估计（$l = 1, \cdots, K$）。

二、 示例：葡萄酒

虽然线性判别分析和二次判别分析都基于很简单的多元正态假设，但是因为很多实际数据无法支持过于复杂的模型，所以这两种方法的实际分类效果经常令人觉得惊奇地好。

假设 E:\dma\data 目录下的 ch7_wine.csv 数据集记录了对意大利某地区出产的 178 种葡萄酒进行化学分析所得的酒精度、苹果酸、灰度、灰分碱度等 13 种指标，这些葡萄酒分别酿自三种不同品种的葡萄[1]。假设数据集中的 var1 变量表示各种葡萄酒所使用的葡萄的品种，使用线性判别分析对这些葡萄酒进行分类的 SAS 程序和 R 程序如下。

---

1. 数据来源于UCI Machine Learning Repository，见 http://archive.ics.uci.edu/ml/datasets/wine。

SAS 程序：线性判别分析

```
/** 读入数据，生成SAS数据集work.wine **/
proc import datafile="E:\dma\data\ch7_wine.csv" out=wine dbms=DLM;
  delimiter=',';
  getnames=no;
  /*说明数据文件中不含变量名称，变量名缺省地取为var1-var14（总共有14个变量）*/
run;

proc discrim data=wine;
  /*对wine数据集进行判别分析，缺省地进行线性判别分析，
    若要进行二次判别分析需加上选项"pool=no"*/
  class var1;
  /*指出var1为因变量*/
run;
```

表 7.1 列出了线性判别分析对训练数据集的分类结果，分类完全正确。

表 7.1　线性判别分析的分类结果

	预测为第 1 类	预测为第 2 类	预测为第 3 类
真实为第 1 类	59	0	0
真实为第 2 类	0	71	0
真实为第 3 类	0	0	48

相关 SAS 操作教程视频请扫描以下二维码观看：

(推荐在 WIFI 环境下观看)

R 程序：线性判别分析

```
##加载程序包
library(MASS)
#MASS包含了很多实用的统计分析函数和数据集，
#这里我们将调用其中的lda函数。

##读入数据，生成R数据框wine。
```

```
wine <-read.csv("E:/dma/data/ch7_wine.csv",header = F)
#header=F说明数据文件中不含变量名称，变量名缺省地取为V1-V14，
# 总共有14个变量。

##线性判别分析。
lda_wine <- lda(V1~.,data=wine)
#使用lda函数对wine数据集进行线性判别分析。
#公式“V1~.”指出V1为因变量，其他所有变量为自变量，
#data=wine指定使用wine数据集。

##使用线性判别分析结果对wine数据集进行预测。
pre_lda_wine <- predict(lda_wine,wine)

##计算混淆矩阵（如表7.1所示）。
lda_conmat <- table(wine$V1,pre_lda_wine$class)
#wine$V1为实际类别。
#pre_lda_wine$class为预测类别。
```

相关 R 操作教程视频请扫描以下二维码观看：

(推荐在 WIFI 环境下观看)

7.2 朴素贝叶斯分类算法

朴素贝叶斯 (Naive Bayes) 分类算法适用于因变量是名义变量的情形，它对自变量类型没有限制，在文本分类等领域有广泛的应用。

朴素贝叶斯分类算法同样基于贝叶斯定理 (参看 7.1 节) 对观测进行分类。它的关键假设是给定 Y 的值，$X_1,\cdots,X_p$ 是条件独立的，因此对属于类别 $Y=l$ 的观测，自变量 $\boldsymbol{X}=(X_1,\cdots,X_p)$ 的概率函数或概率密度函数 $f_l(\boldsymbol{x})$ 可以写作

$$f_l(\boldsymbol{x})=\prod_{r=1}^{p} f_l(x_r),$$

其中 $f_l(x_r)$ 是类别 l 中自变量 X_r 的边缘分布。因此，要估计 $f_l(\boldsymbol{x})$，可以对每个

自变量独立估计 $f_l(x_r)$，然后将它们相乘。

一、 算法

若 X_r 是可能取值为 $\gamma_1,\cdots,\gamma_V$ 的分类变量，那么 $f_l(x_r=\gamma_v)$（$v=1,\cdots,V$）可使用最大似然估计，即训练数据集属于类别 l 的观测中 X_r 取值为 γ_v 的比例

$$\hat{f}_l(x_r=\gamma_v)=\frac{\#[i:\ i\in C_l \text{ and } x_{ir}=\gamma_v]}{N_l},$$

其中 x_{ir} 表示第 i 个观测的 X_r 的取值，#[条件] 表示训练数据集中满足条件的观测数。

如果训练数据集中没有满足条件的观测，相应的最大似然估计 $\hat{f}_l(x_r=\gamma_v)$ 的值为 0。在这种情形下，对于任何一个新的观测，只要自变量 X_r 取值为 γ_v 而不论其他变量取值如何，相应的 $\hat{f}_l(\boldsymbol{x})$ 的值就为 0，根据贝叶斯公式估计的 $Pr(Y=l|\boldsymbol{X}=\boldsymbol{x})$ 的值就为 0，该观测就不可能被归为第 l 类。为了避免这种武断的情况，假想在每个类别内另有 Vn_0 个训练观测，X_r 的每种可能取值都分配 n_0 个假想观测，可以得到一种更加“平滑”的估计：

$$\tilde{f}_l(x_r=\gamma_v)=\frac{\#[i:\ i\in C_l \text{ and } x_{ir}=\gamma_v]+n_0}{N_l+Vn_0}.$$

若 X_r 是连续变量，假设对于类别 $Y=l$ 而言，X_r 满足均值为 μ_{lr}、方差为 σ_{lr}^2 的正态分布。只要训练数据集中每个类别的观测数至少为两个，μ_{lr} 和 σ_{lr}^2 就可如下估计：

$$\begin{aligned}\hat{\mu}_{lr} &= \frac{1}{N_l}\sum_{i\in C_l} x_{ir},\\ \hat{\sigma}_{lr}^2 &= \frac{1}{N_l-1}\sum_{i\in C_l}(x_{ir}-\hat{\mu}_{lr})^2.\end{aligned}$$

二、 示例：乳腺癌诊断

假设 E:\dma\data 目录下的 ch7_BreastCancer.csv 数据集包含了 1989 年到 1991 年记录的 699 位乳腺癌患者的诊断信息，包括患者 ID、细胞大小的一致性、细胞形状的一致性等 10 种指标，诊断结果分为良性的（取值为 2）和恶化的（取值为 4）[2]。假设数据集中的 Class 变量表示患者的诊断结果，使用朴素贝叶斯算法对这些患者进行分类的 R 程序如下。

R 程序：朴素贝叶斯分类算法

```
##加载程序包。
```

2. 数据来源于 http://archive.ics.uci.edu/ml/datasets/Breast+Cancer+Wisconsin+(Original)。

```
library(e1071)
#我们将调用e1071包中的naiveBayes函数。

##读入数据，生成R数据框BreastCancer。
BreastCancer <- read.csv("E:/dma/data/ch7_BreastCancer.csv")

##数据准备。
BreastCancer <- BreastCancer[,-1]
#剔除第一个变量（ID），方便后续建模。
BreastCancer$Class <- as.factor(BreastCancer$Class)
#将因变量Class转化为因子型（分类变量）。

##用朴素贝叶斯算法进行分类。
NB_BreastCancer <- naiveBayes(Class~.,data=BreastCancer)
#公式“Class~.”指定Class为因变量，其他变量为自变量。
#data=BreastCancer指定使用BreastCancer数据集。

##用朴素贝叶斯分析结果对BreastCancer数据集进行预测。
pre_NB_BreastCancer <- predict(NB_BreastCancer,BreastCancer)

##计算混淆矩阵。
NB_conmat <- table(BreastCancer$Class,pre_NB_BreastCancer)
#BreastCancer$Class为实际类别，pre_NB_BreastCancer为预测类别。
```

表 7.2 列出了朴素贝叶斯算法的分类结果。

表 7.2 朴素贝叶斯算法的分类结果

	预测值为 2	预测值为 4
真实值为 2	436	22
真实值为 4	6	235

相关 R 操作教程视频请扫描以下二维码观看：

(推荐在 WIFI 环境下观看)

7.3　k 近邻法

k 近邻法对自变量和因变量的类型没有特殊限制。

一、具体步骤

k 近邻法的具体步骤如下。

1. 定义距离 $d(\boldsymbol{x}, \boldsymbol{x}')$ 度量自变量分别为 $\boldsymbol{x}$ 和 $\boldsymbol{x}'$ 的两个观测之间的距离。

2. 若要预测自变量为 $\boldsymbol{x}^*$ 的观测的因变量 Y 的取值，对训练数据集中的所有观测 $\boldsymbol{x}_i$，计算 $d(\boldsymbol{x}^*, \boldsymbol{x}_i)$ 的值。选择训练数据集中与 $\boldsymbol{x}^*$ 距离最小的 k 个观测。

3. 使用这 k 个观测来预测 $\boldsymbol{x}^*$ 对应的 Y 的取值：

（1）若 Y 为离散变量，预测值为这 k 个观测的因变量中所占比例最大的值；

（2）若 Y 为连续变量，预测值为这 k 个观测的因变量的均值。

可以使用验证数据集评估不同 k 值对应的模型的性能（如误分类率、均方根误差等，具体细节请见第 13 章），选择最优的 k 值。因为 k 近邻法的模型由训练数据集中的所有观测给出，所以它也被称为基于记忆的推理（Memory-Based Reasoning）或基于实例的学习（Instance-Based Learning）。

二、示例：汽车价格

假设 E:\dma\data 目录下的 ch7_car.csv 数据集记录了 22 种品牌下 159 种车型的如表 7.3 所示的一些信息[3]。使用 k 近邻法预测价格的 SAS 程序和 R 程序如下。

表 7.3　ch7_car.csv 的数据集中的变量

变量名	含义	取值范围
normalized_losses	同类汽车每车每年的平均保险损失	65—256
num_of_doors	门的数目	2, 4
wheel_base	轴距（从前轮中心点到后轮中心点之间的距离，英寸）	86.6—120.9
length	车长（英寸）	141.1—208.1
width	车宽（英寸）	60.3—72.3
height	车高（英寸）	47.8—59.8
curb_weight	净重（磅）	1 488—4 066
num_of_cylinders	汽缸的数目	2, 3, 4, 5, 6, 8, 12
engine_size	排量	61—326

3. 数据来源于：http://archive.ics.uci.edu/ml/datasets/Automobile。此处使用时将 num_of_door 和 num_of_cylinders 转换成了数值变量，去除了含有缺失变量的观测，并且只保留了表 7.3 中的 17 个变量。

(续表)

变量名	含义	取值范围
bore	缸径（汽缸本体上用来让活塞做运动的圆筒空间的直径，英寸）	2.54—3.94
stroke	冲程（活塞在汽缸本体内运动时的起点与终点的距离，英寸）	2.07—4.17
compression_ratio	发动机压缩比	7—23
horsepower	汽车功率（马力）	48—288
peak_rpm	最高转速（每分钟多少转）	4 150—6 600
city_mpg	在城市道路行驶时每加仑油的英里数	13—49
highway_mpg	在高速路行驶时每加仑油的英里数	16—54
price	价格（美元）	5 118—45 400

SAS 程序：k 近邻法

```
/**读入数据，生成SAS数据集work.car。**/
proc import datafile="E:\dma\data\ch7_car.csv" out=car dbms=DLM;
  delimiter=',';
  getnames=yes;
run;
```

SAS 软件的企业数据挖掘模块（Enterprise Miner）中，有一个基于记忆的推理（Memory-Based Reasoning）节点能够实现 k 近邻法。具体操作如下：

- 首先在数据流图中添加输入数据源（Input Data Source）节点，在数据（Data）部分将数据集（Source Data）设为 work.car，角色（Role）设为 RAW，在变量（Variables）部分将 price 的模型角色（Model Role）设置为目标（Target），将 16 个自变量的模型角色设置为输入变量（Input）。关闭输入数据源节点。

- 在数据流图中添加数据分割（Data Partition）节点，并使输入数据源节点指向该节点。打开数据分割节点，在分割（Partition）部分将方法（Method）设为简单随机抽样（Simple Random），在比例（Percentages）部分将训练数据（Train）设为 70%，验证数据（Validation）设为 30%，测试数据（Test）设为 0%。关闭数据分割节点。

- 在数据流图中添加基于记忆的推理节点，并使数据分割节点指向该节点。打开基于记忆的推理节点，使用“工具”菜单下的“设置”可以设 k 的值。关闭该节点后运行，察看结果。

表 7.4 列出了不同 k 值对应的模型对训练数据集和验证数据集的均方根误差。要使验证数据集的均方根误差最小，应该选择 $k = 2$。

表 7.4　不同 k 值对应均方根误差

k	训练数据集	验证数据集
1	132.32	2 730.22
2	1 335.91	2 330.41
3	1 688.95	2 730.67
4	1 844.21	2 842.59
...	...	...

我们可以对比一下线性回归和 k 近邻法对 price 的拟合效果。在数据流图中添加回归（Regression）节点，并使数据分割节点指向该节点。运行该节点并察看结果，线性回归模型对训练数据集和验证数据集的均方根误差分别是 1 874.68 和 2 705.64，效果不如使用 $k=2$ 的 k 近邻法。可见，k 近邻法的预测效果可能优于线性回归。但是，k 近邻法的模型由训练数据集中的所有观测给出，比线性模型更加复杂。

相关 SAS 操作教程视频请扫描以下二维码观看：

(推荐在 WIFI 环境下观看)

R 程序：k 近邻法

```
##加载程序包。
library(caret)
#我们将调用caret包中的knnreg函数。

##读入数据集，生成R数据框car。
car <- read.csv("E:/dma/data/ch7_car.csv")

##将数据集随机划分为训练集和验证集。
idtrain <- sample(1:nrow(car),round(0.7*nrow(car)))
#nrow(car)表示car数据集的观测数。
#使用sample函数对观测序号进行简单随机抽样，抽取训练数据的观测序号。
#  round(0.7*nrow(car))表示抽取的训练观测数为所有观测数的70%，
#  round函数取整数。
traindata <- car[idtrain,]
#取出抽样的观测序号对应的数据作为训练数据。
validdata <- car[-idtrain,]
```

```
#取出其他观测序号对应的数据作为验证数据。

##用k邻近法建立回归模型。
knn_car <- knnreg(price~.,data=traindata,k=2)
#使用knnreg函数:
#  公式“price~.”表示因变量为price，其他变量为自变量;
#  data=traindata指定使用数据集traindata;
#  k=2指定使用两个邻居。
##用k邻近法分析结果对验证数据集进行预测。
pre_knn_car<-predict(knn_car,validdata)

##计算对验证数据集的均方根误差。
sqrt(mean((pre_knn_car-validdata$price)^2))

##计算k取值1至10对应的模型对验证数据集的均方根误差。
RMSEs <- rep(0,10)
#记录各个模型均方根误差的向量。
for (i in 1:10)
{
  knn_car <- knnreg(price~.,data=traindata,k=i)
  pre_knn_car <- predict(knn_car,validdata)
  RMSEs[i] <- sqrt(mean((pre_knn_car-validdata$price)^2))
}
#计算各个模型的均方根误差。

##以验证数据集的均方根误差最小为标准，选出最佳k值。
bestk <- which(RMSEs==min(RMSEs))
#min(RMSEs)为最小的均方根误差的值。
#RMSEs==min(RMSEs)给出一个向量，判断RMSEs中每个值是否等于最小值。
#使用which函数取出满足均方根误差的值等于最小值的序号，即最佳的k值。
```

相关 R 操作教程视频请扫描以下二维码观看:

(推荐在 WIFI 环境下观看)

7.4　线性回归

对线性回归的详细介绍可见 Chatterjee and Hadi (2006)。

一、模型假设、估计和理论结果

在线性回归中，我们假设因变量 Y 来自随机分布 $N(\mu,\sigma^2)$，其中 μ 与自变量 $\boldsymbol{x}=(x_1,\cdots,x_p)^{\mathrm{T}}$ 之间的关系为

$$\mu=\alpha+\boldsymbol{x}^{\mathrm{T}}\boldsymbol{\beta}.$$

这里 α 是截距项，$\boldsymbol{\beta}=(\beta_1,\cdots,\beta_p)^{\mathrm{T}}$ 是对 $\boldsymbol{x}$ 的系数，x_r 的值增加一个单位而其他自变量的值不变时，Y 的平均值变化 β_r。设训练数据集为 $\{(\boldsymbol{x}_i,y_i),i=1,\cdots,N\}$，其中 $\boldsymbol{x}_i$ 被看作是给定的，而 y_i 被看作是相互独立的随机变量 Y_i 的观测值。系数 α 和 $\boldsymbol{\beta}$ 由最小二乘法估计，即最小化

$$\sum_{i=1}^{N}(y_i-\alpha-\boldsymbol{x}_i^{\mathrm{T}}\boldsymbol{\beta})^2,\tag{7.1}$$

这等价于使用最大似然估计。令 $\hat{\alpha}$ 和 $\hat{\boldsymbol{\beta}}$ 分别表示 α 和 $\boldsymbol{\beta}$ 的估计值，参数 σ^2 的无偏估计为

$$\hat{\sigma}^2=\frac{\sum_{i=1}^{N}(y_i-\hat{\alpha}-\boldsymbol{x}_i^{\mathrm{T}}\hat{\boldsymbol{\beta}})^2}{N-p-1}.$$

令 $\boldsymbol{X}$ 表示第 i 行是 $(1,\boldsymbol{x}_i^{\mathrm{T}})$ 的设计矩阵，$\boldsymbol{y}=(y_1,\cdots,y_N)^{\mathrm{T}}$ 表示因变量的观测值，$\hat{\boldsymbol{y}}=(\hat{y}_1,\cdots,\hat{y}_N)^{\mathrm{T}}$ 表示因变量的拟合值。线性回归的一些理论结果如下。

（1）系数估计值 $(\hat{\alpha},\hat{\boldsymbol{\beta}}^{\mathrm{T}})^{\mathrm{T}}=\left(\boldsymbol{X}^{\mathrm{T}}\boldsymbol{X}\right)^{-1}\boldsymbol{X}^{\mathrm{T}}\boldsymbol{y}$。

（2）$\hat{\boldsymbol{y}}=\boldsymbol{H}\boldsymbol{y}$，其中 $\boldsymbol{H}=\boldsymbol{X}\left(\boldsymbol{X}^{\mathrm{T}}\boldsymbol{X}\right)^{-1}\boldsymbol{X}^{\mathrm{T}}$ 称为投影矩阵。投影矩阵是对称的幂等矩阵：$\boldsymbol{H}^{\mathrm{T}}=\boldsymbol{H}$，$\boldsymbol{H}^2=\boldsymbol{H}$。

（3）残差为 $\boldsymbol{e}=\boldsymbol{y}-\hat{\boldsymbol{y}}=(\boldsymbol{I}-\boldsymbol{H})\,\boldsymbol{y}$，其中 $\boldsymbol{I}$ 为恒等矩阵。

（4）σ^2 的无偏估计可写成 $\hat{\sigma^2}=\dfrac{\boldsymbol{y}^{\mathrm{T}}(\boldsymbol{I}-\boldsymbol{H})\,\boldsymbol{y}}{N-p-1}$。

（5）残差的协方差矩阵 $\mathrm{Var}(\boldsymbol{e})=\sigma^2(\boldsymbol{I}-\boldsymbol{H})$，其中对角线元素 $\sigma^2(1-H_{ii})$ 为残差 e_i 的方差。由此，定义标准化残差为

$$r_i=\frac{e_i}{\hat{\sigma}\sqrt{1-H_{ii}}},\ i=1,\cdots,N.$$

在回归模型假设成立并且样本大的情况下，标准化残差近似满足标准正态分布，且标准化残差之间的不独立性可忽略。

二、 模型诊断

(一) 标准化残差图

可使用标准化残差的相关图形来检验线性回归的模型假设。

（1）标准化残差对每个自变量的散点图。在回归模型假设下，图中的点应随机散落而没有什么规律。在图 7.1 左边的标准化残差图中，线性假设不成立；在图 7.1 右边的标准化残差图中，同方差假设不成立。

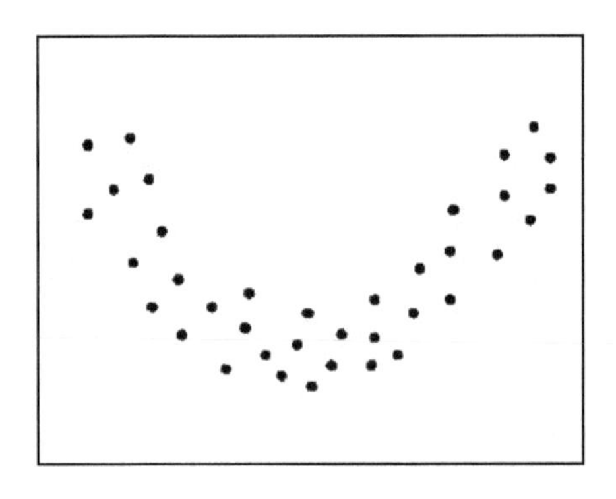

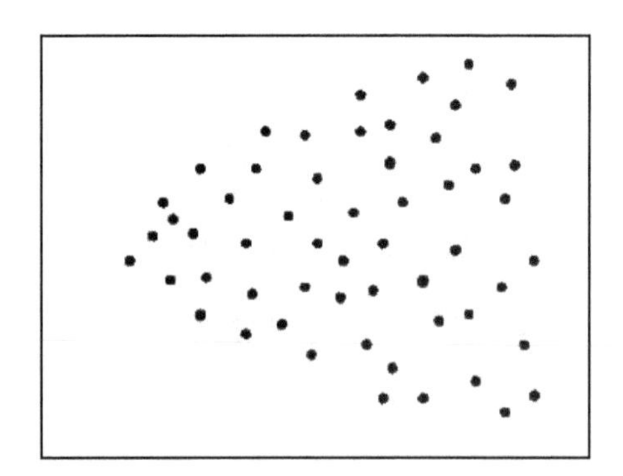

图 7.1　线性回归的标准化残差图示例

（2）标准化残差对因变量拟合值的散点图。在回归模型假设下，图中的点应随机散落而没有什么规律。

（3）标准化残差的正态 QQ 图（Quantile-Quantile Plot）。在正态情况下，图中应近似呈现一条直线。

（4）标准化残差对观测序号的散点图。如果观测序号有时间或空间顺序，这个图可以用来检验独立假设。在独立假设下，图中的点应该随机散落在围绕 0 的水平带中。

(二) 异常点

案例：水污染与土地使用

在 1976 年一项关于水质和土地使用的研究中，研究者收集了纽约州 20 条河流的如表 7.5 所示的一些信息。研究者感兴趣的问题是河流附近的土地使用如何影响以氮浓度衡量的水污染。

考虑对这个数据集的三个子集分别拟合 Y 对 X_1 至 X_4 的线性回归模型:

（1）基于所有 20 条河流的数据;

（2）基于删除了第 4 条河流 Neversink 的数据；

（3）基于删除了第 5 条河流 Hackensack 的数据。

表 7.5　水污染与土地使用案例数据集中的变量

变量名	含义
river	河流名称
Y	平均氮浓度（毫克/升），基于在春季、夏季和秋季月份定期获取的样本
X_1	农业用地的土地面积比例
X_2	森林土地的面积比例
X_3	居住用地的土地面积比例
X_4	商业或工业用地的土地面积比例

表 7.6 展示了这三种情况下所得的回归系数（截距及对 X_1 至 X_4 的斜率）的 t 值。

表 7.6　水污染与土地使用案例线性回归结果

	删除的观测		
检验	无	Neversink	Hackensack
t_0	1.40	1.21	2.08
t_1	0.39	0.92	0.25
t_2	-0.93	-0.74	-1.45
t_3	-0.21	-3.15	4.08
t_4	1.86	4.45	0.66

这三种情形下得到极其不一样的结果。比如考察 X_3 的斜率，基于所有数据时，它不显著（$t_3 = -0.21$）；基于删除了 Neversink 的数据时，它显著为负（$t_3 = -3.15$）；基于删除了 Hackensack 的数据时，它显著为正（$t_3 = 4.08$）。只一个观测就可能导致完全不一样的结论！

[内容来自 Chatterjee and Hadi (2006) 第 4.8 节]

像水污染与土地使用案例中的 Neversink 或 Hackensack 这样的观测被称为异常点。异常点可能来自两个方面。

(1) 因变量上的异常：表现为标准化残差 r_i 的绝对值很大。因为标准化残差应该近似服从均值为 0、标准差为 1 的正态分布，所以其绝对值大于 2 或 3 的观测是异常点。

(2) 自变量上的异常：表现为杠杆值（leverage）H_{ii} 很大。从理论结果 $\hat{\boldsymbol{y}} = \boldsymbol{H}\boldsymbol{y}$ 可以推出 $\hat{y}_i = H_{i1}y_1 + \cdots + H_{ii}y_i + \cdots + H_{iN}y_N$，因此 H_{ii} 说明第 i 个观测的因变

量真实值 y_i 在多大程度上决定了其自身的因变量拟合值，H_{ii} 过大说明这种影响过大。

Cook 距离反映了使用完整数据和使用不包含第 i 个观测的数据所得到的拟合值的差异。令 $\hat{y}_{j(i)}$ 表示去掉第 i 个观测之后所得到的回归方程对 y_j 的拟合值。第 i 个观测的 Cook 距离的定义如下：

$$C_i = \frac{\sum_{j=1}^{N}(\hat{y}_j - \hat{y}_{j(i)})^2}{\hat{\sigma}^2(p+1)} = \frac{r_i^2}{p+1} \times \frac{H_{ii}}{1-H_{ii}},\ i = 1, 2, \cdots, N.$$

可以看出，r_i 的绝对值越大或者 H_{ii} 的值越大，Cook 距离越大。

图 7.2 展示了水污染与土地使用案例中河流数据集中 20 个观测的 Cook 距离。很明显，第 4 个观测（Neversink）和第 5 个观测（Hackensack）的 Cook 距离偏大，是异常点。

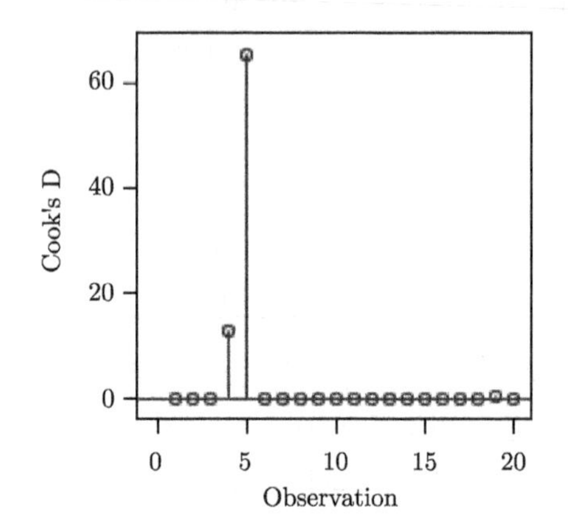

图 7.2 案例数据的 Cook 距离

(三) 示例: 水污染与土地使用 (继续)

假设 E:\dma\data 目录下的 ch7_river.csv 数据集记录了上述案例中 20 条河流的数据。使用该数据建立线性回归模型的 SAS 程序和 R 程序如下。

SAS 程序: 线性回归

```
/** 读入数据, 生成SAS数据集work.river **/
proc import datafile="E:\dma\data\ch7_river.csv" out=river dbms=DLM;
  delimiter=',';
  getnames=yes;
```

```
run;

proc reg data=river;
  /*对river数据集进行线性回归*/
  model Y=X1 X2 X3 X4;
  /*指出Y是因变量，X1、X2、X3和X4是自变量*/
run;

/*删除Neversink，生成SAS数据集work.river_remove_Neversink*/
data river_remove_Neversink;
  set river;
  if compress(river) ne "Neversink";
  /*compress()将河流名称中的空格去掉*/
run;

proc reg data=river_remove_Neversink;
  model Y=X1 X2 X3 X4;
run;

/*删除Hackensack，生成SAS数据集work.river_remove_Hackensack*/
data river_remove_Hackensack;
  set river;
  if compress(river) ne "Hackensack";
run;

proc reg data=river_remove_Hackensack;
  model Y=X1 X2 X3 X4;
run;
```

相关 SAS 操作教程视频请扫描以下二维码观看：

(推荐在 WIFI 环境下观看)

R 程序：线性回归

```
##读入数据, 生成R数据框river。
river <- read.csv("E:/dma/data/ch7_river.csv")

fit <- lm(Y~X1+X2+X3+X4,river)
#对river数据集进行线性回归,
#公式 “Y~X1+X2+X3+X4” 指出Y是因变量, X1、X2、X3和X4是自变量。

summary(fit)
#查看建模结果,包括模型的拟合系数、残差、R方等信息。

##删除Neversink, 生成R数据集river_remove_Neversink
river_remove_Neversink <- river[river$river!="Neversink",]
#取出river数据集中river变量不等于"Neversink"的数据。

fit_remove_Neversink <- lm(Y~X1+X2+X3+X4,river_remove_Neversink)
summary(fit_remove_Neversink)

##删除Hackensack, 生成R数据集river_remove_Hackensack。
river_remove_Hackensack <- river[river$river!="Hackensack",]

fit_remove_Hackensack <- lm(Y~X1+X2+X3+X4,river_remove_Hackensack)
summary(fit_remove_Hackensack)
```

相关 R 操作教程视频请扫描以下二维码观看：

(推荐在 WIFI 环境下观看)

(四) 自相关性

当观测有时间顺序时，误差项有可能存在自相关性。图 7.3 展现了一张标准化残差（Residuals）对观测序号（Index）的散点图，很明显残差之间存在自相关。

在有自相关性的情形下，回归系数的最小二乘估计依然是无偏的，但并不是有效的。残差方差 σ^2 和回归系数的标准误差被严重低估。通常所用的置信区间以及各种显著性检验不再正确。

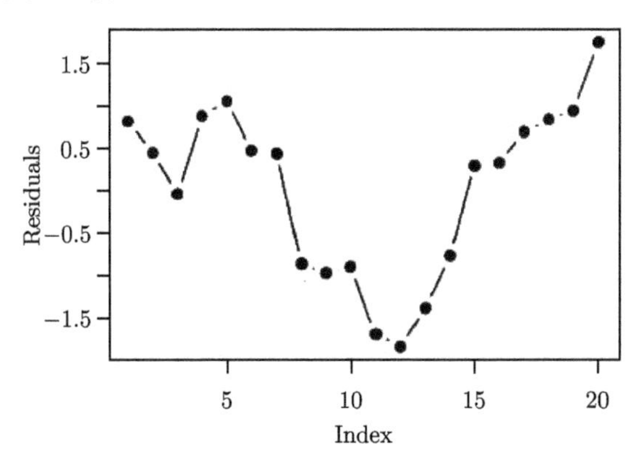

图 7.3　存在自相关性的标准化残差图

Durbin-Watson 统计量（简称 DW 统计量）可用于检验自相关性的存在。它假设回归模型是 $y_t = \alpha + \boldsymbol{\beta}^{\mathrm{T}}\boldsymbol{x}_t + \epsilon_t$，误差项 ϵ_t 满足如下一阶自相关模型：

$$\epsilon_t = \rho\epsilon_{t-1} + \omega_t,\ |\rho| < 1,$$

其中 ρ 是 ϵ_t 和 ϵ_{t-1} 之间的相关系数，ω_t 服从均值为 0、方差为常数的正态分布，并且互相独立。DW 统计量用于检验如下假设：

$$H_0:\ \rho = 0 \quad H_1:\ \rho > 0.$$

其具体定义如下：

$$d = \frac{\sum_{t=2}^{N}(e_t - e_{t-1})^2}{\sum_{t=1}^{N} e_t^2}.$$

令 ρ 的估计为：

$$\hat{\rho} = \frac{\sum_{t=2}^{N} e_t e_{t-1}}{\sum_{t=1}^{N} e_t^2}.$$

DW 统计量与 $\hat{\rho}$ 的关系如下：

$$d \approx 2(1 - \hat{\rho}).$$

具体检验过程如下：首先，根据样本量 N 和自变量数 p 查 DW 统计量临界值表，得到临界值 d_L 和 d_U，再计算样本的 DW 统计量 d。

1. 若 $d < d_L$，拒绝 H_0；
2. 若 $d > d_U$，不拒绝 H_0；
3. 若 $d_L < d < d_U$，检验无定论。

(五) 多重共线性

在线性回归中，如果有一个或者多个自变量能够很好地被其他自变量线性表示，数据中存在多重共线性的问题。多重共线性经常表现在如下方面：

(1) 自变量之间的相关系数很大。

(2) 回归系数的符号与预期或经验不相符。

(3) 预期重要的自变量的系数的标准误差很大（t 值的绝对值很小）。在极端情形下，回归模型的 F 检验是显著的，但是所有斜率的 t 值的绝对值都很小。

可以使用方差膨胀因子来检测多重共线性。对于第 j 个自变量（$j=1,\cdots,p$），其方差膨胀因子的定义为：

$$\mathrm{VIF}_j=\frac{1}{1-R_j^2},$$

其中，R_j^2 是将第 j 个自变量当作因变量，对其他自变量做回归所得到的模型的 R^2。一般而言，方差膨胀因子大于 10（等价于 $R_j^2>0.9$），就认为存在多重共线性。

还可以使用条件数（condition number）来检测多重共线性，其定义为：

$$\kappa=\sqrt{\frac{p\text{ 个自变量的相关系数矩阵的最大特征值}}{p\text{ 个自变量的相关系数矩阵的最小特征值}}}.$$

当条件数大于 15 时，就认为存在多重共线性。从第 5.1 节的主成分分析可以看出，相关系数矩阵的最大特征值是第一个主成分所解释的总方差的比例，最小特征值是第 p 个主成分所解释的总方差的比例。如果最小特征值相对于最大特征值而言很小，第 p 个主成分解释总方差的比例相对就可以忽略，相关系数矩阵的信息用 $p-1$ 维（而不需要 p 维）就能得到较好的表示，因此存在多重共线性。

当多重共线性存在的时候，可采取的方案如下：

(1) 删除一部分自变量，得到一个不存在多重共线性的数据集。

(2) 对自变量进行主成分分析，保留最前面的几个主成分作为自变量。

(3) 使用变量选择方法，选择部分自变量加入回归方程。

三、 变量选择

如第 2.2 节所述，可以采用向前选择法、向后剔除法、逐步回归法（向前选择法和向后剔除法的结合）得到一系列回归模型，再根据 AIC、BIC 等统计准则从中选择最优模型。当自变量数比较少时，还可以使用最优子集回归（best subset regression）考察所有可能的 2^p 个回归模型并从中选择最优模型。

类似于 AIC 和 BIC 的统计准则都考虑了对训练数据的模型拟合度和模型复杂度的权衡。模型复杂度越高，对训练数据的拟合度越高，但可能过度拟合。因此，统计准则对模型复杂度进行惩罚。AIC 和 BIC 的具体形式如下。

1. AIC 的公式是：

$$\mathrm{AIC}_p = -2\ln(\hat{L}_p) + 2p. \tag{7.2}$$

其中，p 是所考察回归模型的自变量个数，$\hat{L}_p$ 是所考察模型拟合训练数据的似然函数的最大值。AIC 对模型中每个自变量的复杂度惩罚是 2。

2. BIC 的公式是：

$$\mathrm{BIC}_p = -2\ln(\hat{L}_p) + p(\log N). \tag{7.3}$$

其中，N 是训练数据的观测数。BIC 对模型中每个自变量的复杂度惩罚是 $\log N$。

通常，BIC 对模型复杂度的惩罚比 AIC 更大，所以 BIC 选出的模型比 AIC 选出的模型更小。统计理论表明，AIC 不是一致的而 BIC 是一致的。也就是说，如果真实模型是因变量对所有自变量的某个子集的线性回归模型，在大样本情况下，AIC 选择不出真实模型而 BIC 能选择出真实模型。

7.5　广义线性模型

广义线性模型对线性回归模型进行了推广，适用于因变量是离散变量、非负连续变量等情形。对广义线性模型的详细介绍可见 McCullagh and Nelder（1989）。广义线性模型有三个成分。

1. 随机成分：因变量 Y 的分布，通常取指数族分布，其均值为 μ。

2. 系统成分：

$$\eta = \alpha + \boldsymbol{x}^{\mathrm{T}}\boldsymbol{\beta}. \tag{7.4}$$

3. 连接函数：随机成分和系统成分通过连接函数 $\eta = g(\mu)$ 连接起来，其中 g 为一对一、连续可导的变换，使得 η 的取值范围变成 $(-\infty, \infty)$。可以得到

$$\mu = g^{-1}(\eta) = g^{-1}(\alpha + \boldsymbol{x}^{\mathrm{T}}\boldsymbol{\beta}),$$

其中 g^{-1} 为 g 的逆转换。

一、指数族分布

两参数指数族分布的表达式如下：

$$f(y|\theta,\psi) = \exp\left[\frac{y\theta - b(\theta)}{\psi} + c(y,\psi)\right]. \tag{7.5}$$

其中，θ 被称作典型参数，与 Y 的均值 μ 有关。满足 $\theta = g^*(\mu)$ 的连接函数 $g^*(\cdot)$ 被称为典型连接。ψ 被称作刻度参数。不是所有指数族分布都有未知的刻度参数。

正态分布、伽马分布、二项分布或多项分布、泊松分布等常见分布都属于指数族分布。对于二项分布，我们考虑如下形式：$Y \sim \text{Binomial}(n, \mu)/n$，表示当某事件发生概率为 μ 时，n 次独立尝试中该事件发生的比例。伽马分布通常被写成：

$$f(y) = \frac{1}{\Gamma(a)} b^a y^{a-1} e^{-by},\ y, a, b > 0,$$

其均值为 $\mu = a/b$。令 $\delta = a$，那么 $a = \delta, b = \delta/\mu$，我们考虑如下形式的伽马分布：

$$f(y) = \frac{1}{\Gamma(\delta)} \left(\frac{\delta}{\mu}\right)^{\delta} y^{\delta-1} \exp\left[\frac{-\delta y}{\mu}\right]. \tag{7.6}$$

上述这些分布下典型参数 θ、函数 $b(\theta)$ 和刻度参数 ψ 的取值见表 7.7。具体推导见附录 7.1。

表 7.7　指数族分布中各种分布下典型参数 θ、函数 $b(\theta)$ 和刻度参数 ψ 的取值

分布	θ	$b(\theta)$	ψ
正态 $\text{N}(\mu, \sigma^2)$	μ	$\frac{\theta^2}{2}$	σ^2
伽马 $\text{Gamma}(\mu, \delta)$	$-\frac{1}{\mu}$	$-\log(-\theta)$	$\frac{1}{\delta}$
二项 $\text{Binomial}(n, \mu)/n$	$\log(\frac{\mu}{1-\mu})$	$\log(1+\exp(\theta))$	$\frac{1}{n}$
泊松 $\text{Poisson}(\mu)$	$\log(\mu)$	$\exp(\theta)$	1

附录 7.1：指数族分布

- **正态分布**

$$\begin{aligned} f(y) &= \frac{1}{\sqrt{2\pi\sigma^2}} \exp\left[-\frac{1}{2\sigma^2}(y-\mu)^2\right] \\ &= \exp\left[-\frac{1}{2}\log(2\pi\sigma^2) - \frac{1}{2\sigma^2}(y^2 - 2y\mu + \mu^2)\right] \\ &= \exp\left[\left(y\mu - \frac{\mu^2}{2}\right)/\sigma^2 + \frac{-1}{2}\left(\frac{y^2}{\sigma^2} + \log(2\pi\sigma^2)\right)\right]. \end{aligned}$$

与公式 (7.5) 对照可得：$\theta = \mu$，$b(\theta) = \frac{\mu^2}{2} = \frac{\theta^2}{2}$，$\psi = \sigma^2$。

- **伽马分布**

  由公式 (7.6) 可得:

$$
\begin{aligned}
f(y) =& \exp\left[-\log(\Gamma(\delta)) + \delta\log(\delta) - \delta\log(\mu) + (\delta-1)\log(y) - \frac{\delta y}{\mu}\right] \\
=& \exp\left[\left(y\left(-\frac{1}{\mu}\right) - \log(\mu)\right) \Big/ \left(\frac{1}{\delta}\right)\right. \\
& \left. - \log(\Gamma(\delta)) + \delta\log(\delta) + (\delta-1)\log(y)\right].
\end{aligned}
$$

  与公式 (7.5) 对照可得: $\theta = -1/\mu$, $b(\theta) = \log(\mu) = -\log(-\theta)$, $\psi = 1/\delta$。

- **二项分布**

$$
\begin{aligned}
f(y) =& \begin{pmatrix} n \\ ny \end{pmatrix} \mu^{ny}(1-\mu)^{n-ny} \\
=& \exp\left[\log\begin{pmatrix} n \\ ny \end{pmatrix} + ny\log(\mu) + (n-ny)\log(1-\mu)\right] \\
=& \exp\left[\left(y\log\left(\frac{\mu}{1-\mu}\right) - (-\log(1-\mu))\right) \Big/ \left(\frac{1}{n}\right) + \log\begin{pmatrix} n \\ ny \end{pmatrix}\right].
\end{aligned}
$$

  与公式 (7.5) 对照可得: $\theta = \log(\mu/(1-\mu))$, $b(\theta) = -\log(1-\mu) = \log(1+\exp(\theta))$, $\psi = 1/n$。因为 n 是已知的，所以没有需要估计的刻度参数。

- **泊松分布**

$$
f(y) = \frac{e^{-\mu}\mu^y}{y!} = \exp\left[y\log(\mu) - \mu - \log(y!)\right].
$$

  与公式 (7.5) 对照可得: $\theta = \log(\mu)$, $b(\theta) = \mu = \exp(\theta)$, $\psi = 1$。没有需要估计的刻度参数。

指数族分布的期望和方差分别为:

$$
\begin{aligned}
E[Y] \equiv \mu &= \frac{\partial}{\partial\theta} b(\theta), \\
\mathrm{Var}[Y] &= \psi \frac{\partial^2}{\partial\theta^2} b(\theta).
\end{aligned}
$$

附录 7.2 以二项分布为例进行了详细说明。

附录 7.2：以二项分布为例说明指数族分布的期望和方差

以二项分布为例，$Y \sim \text{Binomial}(n,\mu)/n$。

1. Y 的期望:

$$
\begin{aligned}
\frac{\partial}{\partial\theta}b(\theta) &= \frac{\partial}{\partial\theta}(\log(1+\exp(\theta))) \\
&= (1+\exp(\theta))^{-1}\exp(\theta)|_{\theta=\log(\mu/(1-\mu))} \\
&= \left(1+\exp\left(\log\left(\frac{\mu}{1-\mu}\right)\right)\right)^{-1}\exp\left(\log\left(\frac{\mu}{1-\mu}\right)\right) \\
&= (1-\mu)\left(\frac{\mu}{1-\mu}\right)=\mu.
\end{aligned}
$$

因此，$E[Y]=\mu$。

2. Y 的方差:

$$
\begin{aligned}
\psi\frac{\partial^2}{\partial\theta^2}b(\theta) &= \frac{1}{n}\frac{\partial^2}{\partial\theta^2}(\log(1+\exp(\theta))) \\
&= \frac{1}{n}\left[(1+\exp(\theta))^{-1}\exp(\theta)-(1+\exp(\theta))^{-2}(\exp(\theta))^2\right]|_{\theta=\log(\mu/(1-\mu))} \\
&= \frac{1}{n}\left[\left(1+\frac{\mu}{1-\mu}\right)^{-1}\left(\frac{\mu}{1-\mu}\right)-\left(1+\frac{\mu}{1-\mu}\right)^{-2}\left(\frac{\mu}{1-\mu}\right)^2\right] \\
&= \frac{\mu(1-\mu)}{n}.
\end{aligned}
$$

因此，$\text{Var}[Y]=\frac{\mu(1-\mu)}{n}$。

因为 θ 是 μ 的一对一函数，指数族分布的方差中的 $\frac{\partial^2}{\partial\theta^2}b(\theta)$ 可以写作均值 μ 的函数 $V(\mu)$，称为方差函数，例如，对于二项分布，

$$\frac{\partial^2}{\partial\theta^2}b(\theta)=\mu(1-\mu),$$

因此 $V(\mu)=\mu(1-\mu)$。各种分布的方差函数见表 7.8。

表 7.8　指数族分布中各种分布的方差函数

分布	方差函数
正态 $\text{N}(\mu,\sigma^2)$	1
伽马 $\text{Gamma}(\mu,\delta)$	μ^2
二项 $\text{Binomial}(n,\mu)/n$	$\mu(1-\mu)$
泊松 $\text{Poisson}(\mu)$	μ

二、 最大似然估计和偏差函数

设训练数据中有 N 个观测 $(\boldsymbol{x}_i, y_i)$，$i = 1, \cdots, N$。令 θ_i 表示第 i 个观测的典型参数 θ 的值。假设对所有观测而言，刻度参数 ψ 的取值相同。令 $l(\theta_i, \psi|y_i)$ 表示基于观测 y_i 的 θ_i 和 ψ 的对数似然函数。由公式 (7.5) 可得：

$$l(\theta_i, \psi|y_i) = \log(f(y_i|\theta_i, \psi)) = \frac{y_i\theta_i - b(\theta_i)}{\psi} + c(y_i, \psi).$$

令 $\boldsymbol{\theta} = (\theta_1, \cdots, \theta_N)^{\mathrm{T}}$，$\boldsymbol{y} = (y_1, \cdots, y_N)^{\mathrm{T}}$。总对数似然函数为

$$l(\boldsymbol{\theta}, \psi|\boldsymbol{y}) = \frac{\sum_{i=1}^{N}[y_i\theta_i - b(\theta_i)]}{\psi} + \sum_{i=1}^{N} c(y_i, \psi). \tag{7.7}$$

在广义线性模型下，典型参数 θ 和系统成分 η 都可以写作 μ 的一对一函数，因此 θ 也可以写作 η 的一对一函数：$\theta = h(\eta) = h(\alpha + \boldsymbol{x}^{\mathrm{T}}\boldsymbol{\beta})$。对观测 i 而言，$\theta_i = h(\alpha + \boldsymbol{x}_i^{\mathrm{T}}\boldsymbol{\beta})$。代入公式 (7.7) 可得，$(\alpha, \boldsymbol{\beta}, \psi)$ 的总对数似然函数为：

$$\frac{\sum_{i=1}^{N}\left[y_i h(\alpha + \boldsymbol{x}_i^{\mathrm{T}}\boldsymbol{\beta}) - b(h(\alpha + \boldsymbol{x}_i^{\mathrm{T}}\boldsymbol{\beta}))\right]}{\psi} + \sum_{i=1}^{N} c(y_i, \psi). \tag{7.8}$$

通过最大化 $\sum_{i=1}^{N}\left[y_i h(\alpha + \boldsymbol{x}_i^{\mathrm{T}}\boldsymbol{\beta}) - b(h(\alpha + \boldsymbol{x}_i^{\mathrm{T}}\boldsymbol{\beta}))\right]$，可以得到系数 α 和 $\boldsymbol{\beta}$ 的最大似然估计 $\hat{\alpha}$ 和 $\hat{\boldsymbol{\beta}}$。如果还需要估计刻度参数 ψ，将 $\hat{\alpha}$ 和 $\hat{\boldsymbol{\beta}}$ 代入公式 (7.8)，可以得到其最大似然估计 $\hat{\psi}$。最大似然估计 $\hat{\alpha}$ 和 $\hat{\boldsymbol{\beta}}$ 具有一致性、渐进正态性等良好性质，因而可以使用 t 检验看系数是否显著。

再考虑对 θ_i 没有任何限制的饱和模型，这时对每个 θ_i 都独立估计。从公式 (7.7) 可以看出，通过最大化 $y_i\theta_i - b(\theta_i)$ 能得到 θ_i 的最大似然估计 $\tilde{\theta}_i^S$。令 $\tilde{\boldsymbol{\theta}}^S = (\tilde{\theta}_1^S, \cdots, \tilde{\theta}_N^S)^{\mathrm{T}}$。比率偏差（Scaled Deviance）定义为在饱和模型下的总对数似然函数与在广义线性模型下的总对数似然函数之差的两倍：

$$\begin{aligned}\widetilde{D}(\boldsymbol{y}; \boldsymbol{\theta}, \psi) &= 2\left[l(\tilde{\boldsymbol{\theta}}^S, \psi|\boldsymbol{y}) - l(\boldsymbol{\theta}, \psi|\boldsymbol{y})\right] \\ &= \frac{2\sum_{i=1}^{N}\left[y_i\tilde{\theta}_i^S - b(\tilde{\theta}_i^S)\right] - 2\sum_{i=1}^{N}[y_i\theta_i - b(\theta_i)]}{\psi}.\end{aligned} \tag{7.9}$$

其中，分子与刻度参数 ψ 无关，被称为偏差（Deviance），记为 $D(\boldsymbol{y}; \boldsymbol{\theta})$。因为饱和模型不依赖于 α 和 $\boldsymbol{\beta}$，通过最小化偏差来估计 α 和 $\boldsymbol{\beta}$ 等价于通过最大化似然函数来估计它们。如果还需要估计刻度参数 ψ，再通过最大似然法估计 ψ。线性模型中最小二乘法所最小化的量 (7.1) 就是偏差的一个特例。

上述讨论不包含如下特殊情形：Y 来自二项分布，不同观测的尝试次数 n 取不同值，因而刻度参数 $\psi = 1/n$ 取不同值。在这种情形下，不需要估计刻度参数，直接最大化总对数似然函数就能得到 α 和 $\boldsymbol{\beta}$ 的估计值。

三、 各种广义线性模型

下面我们根据因变量的不同取值类型讨论各种广义线性模型。

(一) 情景一：因变量为二值变量或比例

设因变量 $Y \sim \text{Binomial}(n, \mu)/n$。常见的一种情形是对所有观测，$n = 1$，$Y$ 的取值为 0 或 1。例如，数据中含有多家在某银行贷款的企业，$Y = 1$ 表示企业贷款违约，$Y = 0$ 表示企业贷款未违约。但也有一种情形，对不同观测 n 的取值可能不同，Y 的取值为比例。例如，数据中含有多个学区，n 表示一个学区的五年级学生人数，Y 表示该学区五年级学生中某项标准考试的成绩超过 80 分的比例。

可采用如下连接函数建立广义线性模型：

1. 逻辑（logit）连接函数（典型连接）

$$\eta = \log[\mu/(1-\mu)] \Longrightarrow \mu = \frac{\exp(\alpha + \boldsymbol{x}^{\mathrm{T}}\boldsymbol{\beta})}{1 + \exp(\alpha + \boldsymbol{x}^{\mathrm{T}}\boldsymbol{\beta})}.$$

对应的广义线性模型称为逻辑回归。

由公式 (7.4) 可得，当 x_r 的值增加一个单位而其他自变量的值不变时，η 的值变化 β_r，从而 $\mu/(1-\mu)$ 是原来的 $\exp(\beta_r)$ 倍。因此，系数 β_r 可做如下解释：x_r 的值增加一个单位而其他自变量的值不变时，事件（例如，企业贷款违约、五年级学生某项标准考试的成绩超过 80 分）发生的概率与事件没有发生的概率的比是原来的 $\exp(\beta_r)$ 倍。

2. Probit 连接函数

$$\eta = \Phi^{-1}(\mu) \Longrightarrow \mu = \Phi(\alpha + \boldsymbol{x}^{\mathrm{T}}\boldsymbol{\beta}),$$

其中 $\Phi(\cdot)$ 是标准正态分布的分布函数。对应的广义线性模型称为 Probit 回归。

3. Complementary log-log 连接函数

$$\eta = \log[-\log(1-\mu)] \Longrightarrow \mu = 1 - \exp[-\exp(\alpha + \boldsymbol{x}^{\mathrm{T}}\boldsymbol{\beta})].$$

(二) 情景二：因变量为多种取值的名义变量

因变量 Y 的取值为 $1, \cdots, K$，各取值之间是无序的。可采用多项逻辑回归。

（1）令 μ_k 表示 Y 取值为 k 的概率（$k = 1, \cdots, K$），它们满足 $\mu_1 + \cdots + \mu_K = 1$。

（2）将第 K 个类别作为参照类别，使用如下连接函数：

$$\eta_k = \log \frac{\mu_k}{\mu_K}, \quad k = 1, \cdots, K-1.$$

令 $\eta_k = \alpha_k + \boldsymbol{x}^{\mathrm{T}}\boldsymbol{\beta}_k$（$k = 1, \cdots, K-1$）。系数 β_{kr} 可做如下解释：x_r 的值增加一个单位而其他自变量的值不变时，Y 取值为 k 的概率与 Y 取值为 K 的概率的比是原来的 $\exp(\beta_{kr})$ 倍。

（3）可以得到：

$$\begin{aligned}\mu_k &= \frac{\exp(\alpha_k + \boldsymbol{x}^{\mathrm{T}}\boldsymbol{\beta}_k)}{1 + \exp(\alpha_1 + \boldsymbol{x}^{\mathrm{T}}\boldsymbol{\beta}_1) + \cdots + \exp(\alpha_{K-1} + \boldsymbol{x}^{\mathrm{T}}\boldsymbol{\beta}_{K-1})},\\ & l = k, \cdots, K-1;\\ \mu_K &= \frac{1}{1 + \exp(\alpha_1 + \boldsymbol{x}^{\mathrm{T}}\boldsymbol{\beta}_1) + \cdots + \exp(\alpha_{K-1} + \boldsymbol{x}^{\mathrm{T}}\boldsymbol{\beta}_{K-1})}.\end{aligned}$$

举例而言，考虑用户对十大空气净化器品牌的选择。上述多项逻辑回归考察的是用户特征 $\boldsymbol{x}$（如性别、年龄、收入等）对品牌选择的影响。以其中某个品牌为基准，其他每个品牌相对于基准品牌有自身的 α_k 和 $\boldsymbol{\beta}_k$，决定了选择该品牌的概率与选择基准品牌概率的比。如果希望同时考察品牌特征 $\boldsymbol{z}_k$ 对品牌选择的影响，需要拓展上述模型，令 $\eta_k = \alpha_k + \boldsymbol{x}^{\mathrm{T}}\boldsymbol{\beta}_k + \boldsymbol{z}_k^{\mathrm{T}}\boldsymbol{\gamma}$。

(三)　情景三：因变量为定序变量

因变量 Y 的取值为 $1, \cdots, K$，但各取值之间是有序的。可采用序次逻辑回归。

（1）令 μ_k 表示 Y 取值小于或等于 k 的概率（$k = 0, 1, \cdots, K$），它们满足 $0 = \mu_0 \leqslant \mu_1 \leqslant \mu_2 \leqslant \cdots \leqslant \mu_{K-1} \leqslant \mu_K = 1$。

（2）使用如下连接函数：

$$\eta_k = \log \frac{\mu_k}{1 - \mu_k}, \quad k = 1, \cdots, K-1,$$

它们须满足 $\eta_1 \leqslant \eta_2 \leqslant \cdots \eta_{K-1}$。

（3）令 $\eta_k = \alpha_k + \boldsymbol{x}^{\mathrm{T}}\boldsymbol{\beta}$（$k = 1, \cdots, K-1$），其中，$\boldsymbol{\beta}$ 不随 k 变化，而 $\alpha_1 \leqslant \alpha_2 \leqslant \cdots \leqslant \alpha_{K-1}$，这样可以保证满足 $\eta_1 \leqslant \eta_2 \leqslant \cdots \eta_{K-1}$。系数 β_r 可做如下解释：x_r 的值增加一个单位而其他自变量的值不变时，对 $k = 1, \cdots, K-1$，Y 取值小于或等于 k 的概率与 Y 取值大于 k 的概率的比是原来的 $\exp(\beta_r)$ 倍。

（4）可以得到：

$$\mu_k = \frac{\exp(\alpha_k + \boldsymbol{x}^{\mathrm{T}}\boldsymbol{\beta})}{1 + \exp(\alpha_k + \boldsymbol{x}^{\mathrm{T}}\boldsymbol{\beta})}, \quad k = 1, \cdots, K-1.$$

Y 取值为 $k(k = 1, \cdots, K)$ 的概率等于 $\mu_k - \mu_{k-1}$。

(四)　情景四：因变量为计数变量

因变量 Y 的取值为 $1, 2, \cdots$，代表某事件发生的次数。可采用泊松回归。设 Y 满足泊松分布：$Y \sim Poisson(\mu)$。使用对数连接函数（典型连接）

$$\eta = \log(\mu) \Longrightarrow \mu = \exp(\alpha + \boldsymbol{x}^{\mathrm{T}}\boldsymbol{\beta}).$$

系数 β_r 可做如下解释：x_r 的值增加一个单位而其他自变量的值不变时，事件发生的平均次数是原来的 $\exp(\beta_r)$ 倍。

(五) 情景五：因变量为非负连续变量

因变量 Y 的取值连续非负（例如，收入、销售额）。根据分布的特性可以使用不同的广义线性模型。

1. 情形五的第一种情况

如果 Y 的均值和自变量的关系是非线性的，而 Y 的方差随着均值的增加而增加，那么可以采用下列几种模型之一：

（1）使用泊松回归，它假设 Y 的方差等于均值。

（2）将 Y 进行对数转换作为新的因变量，再使用一般的线性回归。这种模型假设 Y 满足对数正态分布，其变异系数（标准偏差与均值的比值）为常数。

（3）使用对数线性伽马模型，它也假设 Y 的变异系数为常数。设 $Y \sim Gamma(\mu, \delta)$。使用对数连接函数

$$\eta = \log(\mu) \Longrightarrow \mu = \exp(\alpha + \boldsymbol{x}^{\mathrm{T}}\boldsymbol{\beta}).$$

2. 情形五的第二种情况

如果 Y 和自变量的关系是非线性的，而 Y 的方差大致为常数，那么可以采用下面的模型。

假设 Y 满足均值为 μ、方差为 σ^2 的正态分布。刻度参数为 $\psi = \sigma^2$。

使用对数连接函数

$$\eta = \log(\mu) \Longrightarrow \mu = \exp(\alpha + \boldsymbol{x}^{\mathrm{T}}\boldsymbol{\beta}).$$

注意，这里的广义线性模型不同于将 Y 进行对数转换后再对 $\boldsymbol{x}$ 进行线性回归。前者假设 Y 的均值的对数等于 $\boldsymbol{x}$ 的线性组合，Y 的方差为常数；后者假设 Y 的对数的均值等于 $\boldsymbol{x}$ 的线性组合，Y 的对数的方差为常数。

(六) 情景六：因变量为取值可正可负的连续变量

假设 Y 满足均值为 μ、方差为 σ^2 的正态分布，刻度参数为 $\psi = \sigma^2$。采用恒等连接函数

$$\eta = \mu \Longrightarrow \mu = \alpha + \boldsymbol{x}^{\mathrm{T}}\boldsymbol{\beta},$$

所得模型就是一般的线性模型。

四、残差分析

令 $\hat{\mu}_i = g^{-1}(\hat{\alpha} + \boldsymbol{x}_i^{\mathrm{T}}\hat{\boldsymbol{\beta}})$ 表示对 μ_i 的最大似然估计，令 $\hat{\theta}_i$ 表示相应的 θ_i 的值。令 $\hat{\boldsymbol{\mu}} = (\hat{\mu}_1, \cdots, \hat{\mu}_N)^{\mathrm{T}}$，$\hat{\boldsymbol{\theta}} = (\hat{\theta}_1, \cdots, \hat{\theta}_N)^{\mathrm{T}}$。

广义线性模型的原始残差 $y_i - \hat{\mu}_i$ 通常不满足正态分布。我们希望指定某种形式的残差，使其分布尽量接近于围绕 0 的正态分布。这样就能够画残差图，帮助发现异常点等。

(一) Pearson 残差

考虑到 $E[Y_i] = \mu_i$ 且 $\mathrm{Var}[Y_i] = \psi V(\mu_i)$，Pearson 残差对原始残差进行了标准化，其定义如下：

$$r_{P,i} = \frac{y_i - \hat{\mu}_i}{\sqrt{\mathrm{V}(\hat{\mu}_i)}}.$$

这里不考虑对所有观测都一样的刻度参数 ψ。Pearson 残差的缺点是：如果 Y 的分布不是正态的，那么 $r_{P,i}$ 的分布会明显地呈现偏态。

(二) Anscombe 残差

为了克服 Pearson 残差的缺点，Anscombe 提议选择函数 $A(\cdot)$ 以尽量使 $A(Y)$ 服从正态分布，然后计算残差 $A(y) - A(\mu)$。对广义线性模型而言，$A(\cdot)$ 的形式为

$$A(\mu) = \int \frac{d\mu}{[V(\mu)]^{1/3}}.$$

例如，当随机成分是泊松分布时，$V(\mu) = \mu$，因此

$$A(\mu) = \int \frac{d\mu}{\mu^{1/3}} = \frac{3}{2}\mu^{2/3},$$

Anscombe 残差将基于 $y^{2/3} - \mu^{2/3}$。

根据泰勒展开，$A(Y) \approx A(\mu) + A'(\mu)(Y - \mu)$，因此 $\sqrt{\mathrm{Var}[A(Y)]} \approx A'(\mu)\sqrt{\mathrm{Var}(Y)}$。Anscombe 残差的表达式如下：

$$r_{A,i} = \frac{A(y_i) - A(\hat{\mu}_i)}{A'(\hat{\mu}_i)\sqrt{\mathrm{V}(\hat{\mu}_i)}},$$

它也对残差进行了标准化。

(三) 偏差残差

另一种常用的残差是偏差残差。将最大似然估计 $\hat{\boldsymbol{\theta}}$ 代入公式 (7.9)，可以看出，第 i 个观测对偏差的贡献为

$$d_i = 2\left[y_i\tilde{\theta}_i^S - b(\tilde{\theta}_i^S)\right] - 2\left[y_i\hat{\theta}_i - b(\hat{\theta}_i)\right].$$

因为 $\tilde{\theta}_i^S$ 最大化 $y_i\theta_i - b(\theta_i)$（见本节的第二部分），所以 $d_i \geqslant 0$。定义偏差残差为

$$r_{D,i} = \text{sign}(y_i - \hat{\mu}_i)\sqrt{d_i}.$$

这里 $\text{sign}(\cdot)$ 为符号函数，当 $y_i > \hat{\mu}_i$ 时 $\text{sign}(y_i - \hat{\mu}_i)$ 取值为 1，当 $y_i = \hat{\mu}_i$ 时取值为 0，当 $y_i < \hat{\mu}_i$ 时取值为 -1。偏差残差满足 $\sum_{i=1}^N r_{D,i}^2 = D(\boldsymbol{y};\hat{\boldsymbol{\theta}})$。

(四) 标准化的残差

广义线性模型的回归系数 α 和 $\boldsymbol{\beta}$ 的最大似然估计可以通过迭代加权最小二乘法（Iterated Weighted Least Squares）得到。第 i 个观测的权重为 $w_i = [\psi V(\mu_i)]^{-1}(d\mu_i/d\eta_i)^2$ $(i = 1, \cdots, N)$，其中 $d\mu_i/d\eta_i$ 是 μ_i 对 η_i 的一阶导数。在每次迭代中，代入 α、$\boldsymbol{\beta}$ 和 ψ 的值可以得到 w_i 的值，再以 w_i 为权重用最小二乘法估计 α、$\boldsymbol{\beta}$ 和 ψ 的值；如此循环直至收敛。令 $\boldsymbol{W}$ 表示对角线元素为 w_i 的对角矩阵，$\boldsymbol{X}$ 表示第 i 行是 $(1, \boldsymbol{x}_i^{\mathrm{T}})$ 的设计矩阵。投影矩阵为 $\boldsymbol{H} = \boldsymbol{W}^{1/2}\boldsymbol{X}(\boldsymbol{X}^{\mathrm{T}}\boldsymbol{W}\boldsymbol{X})^{-1}\boldsymbol{X}^{\mathrm{T}}\boldsymbol{W}^{1/2}$，可得 $\boldsymbol{H}$ 是对称的幂等矩阵：$\boldsymbol{H}^{\mathrm{T}} = \boldsymbol{H}$，$\boldsymbol{H}^2 = \boldsymbol{H}$。令 H_{ii} 为 $\boldsymbol{H}$ 的第 i 个对角线元素，H_{ii} 被称为第 i 个观测的杠杆值（leverage）。将最大似然估计 $\hat{\alpha}$、$\hat{\boldsymbol{\beta}}$ 和 $\hat{\psi}$ 代入可获得 H_{ii} 的最大似然估计 $\hat{H}_{ii}$。

根据统计理论，在大样本情况下，$\text{Var}(Y_i - \hat{\mu}_i) = \psi V(\mu_i)(1 - H_{ii})$。因为前面的 Pearson 残差、Anscombe 残差和偏差残差已经考量了方差中的 $V(\mu_i)$ 部分，所以标准化的 Pearson 残差为

$$\widetilde{r}_{P,i} = \frac{r_{P,i}}{\sqrt{\hat{\psi}(1 - \hat{H}_{ii})}},$$

标准化的 Anscombe 残差为

$$\widetilde{r}_{A,i} = \frac{r_{A,i}}{\sqrt{\hat{\psi}(1 - \hat{H}_{ii})}},$$

标准化的偏差残差为

$$\widetilde{r}_{D,i} = \frac{r_{D,i}}{\sqrt{\hat{\psi}(1 - \hat{H}_{ii})}}.$$

(五) 似然残差

另有一种残差叫似然残差（Likelihood Residual）。当第 i 个观测被删除时，Williams（1987）指出比率偏差的减少量可被近似为

$$H_{ii}r_{P,i}^2 + (1 - H_{ii})r_{D,i}^2.$$

似然残差被定义为

$$r_{G,i} = \text{sign}(y_i - \hat{\mu}_i)\sqrt{\frac{\hat{H}_{ii} r_{P,i}^2 + (1 - \hat{H}_{ii}) r_{D,i}^2}{\hat{\psi}(1 - \hat{H}_{ii})}}.$$

虽然广义线性模型的残差并不一定渐进服从均值为 0 的正态分布，但是残差分布若出现系统性的模式，可能仍表明模型设定有误。在做模型诊断的时候，检验残差的分布特性很有帮助。评估残差分布的最好方法是作各种残差图。

五、 衡量和比较模型拟合优度

Pearson 统计量是 Pearson 残差的平方和：

$$X^2 = \sum_{i=1}^{N} r_{P,i}^2 = \sum_{i=1}^{N} \left[\frac{y_i - \hat{\mu}_i}{\sqrt{V(\hat{\mu}_i)}} \right]^2.$$

令 p 为自变量的个数。当样本量足够大的时候，$X^2/\hat{\psi} \sim \chi^2_{N-p-1}$。如果 Pearson 统计量较大，$X^2/\hat{\psi}$ 在卡方分布的尾部，说明广义线性模型对数据拟合得不好。当样本量足够大的时候，也有 $D(\boldsymbol{y};\hat{\boldsymbol{\theta}})/\hat{\psi} \sim \chi^2_{N-p-1}$。如果 $D(\boldsymbol{y};\hat{\boldsymbol{\theta}})/\hat{\psi}$ 较大，也说明广义线性模型对数据拟合得不好。

在比较两个嵌套模型的时候，偏差非常有用。假设我们有两个嵌套模型 M_1 和 M_2，自变量个数分别为 p_1 和 p_2，$p_2 < p_1$。令 $\hat{\boldsymbol{\theta}}_1$ 和 $\hat{\boldsymbol{\theta}}_2$ 分别表示在 M_1 和 M_2 下对 $\boldsymbol{\theta}$ 的最大似然估计，令 $\hat{\psi}_1$ 为在较复杂的模型 M_1 下对 ψ 的最大似然估计。那么似然比统计量

$$\frac{D(\boldsymbol{y};\hat{\boldsymbol{\theta}}_2) - D(\boldsymbol{y};\hat{\boldsymbol{\theta}}_1)}{\hat{\psi}_1}$$

渐进服从 $\chi^2_{p_1-p_2}$ 的分布。

在比较两个或多个广义线性模型的时候（不论它们是否嵌套），可以用 AIC、BIC 等统计准则，它们的具体定义见公式 (7.2) 和公式 (7.3)。

六、 异常点

在广义线性模型下，第 i 个观测的 Cook 距离（Williams，1987）为

$$C_i = \frac{\tilde{r}_{P,i}^2}{p+1} \times \frac{H_{ii}}{1 - H_{ii}},\ i = 1, 2, \cdots, N.$$

标准化 Pearson 残差 $\tilde{r}_{P,i}$ 的绝对值越大或者杠杆值 H_{ii} 越大，Cook 距离越大。

第 i 个观测的 DFBETA 值指的是使用所有观测得到的 α 或 β_j（$j = 1, \cdots, p$）的最大似然估计和把第 i 个观测去掉得到的 α 或 β_j（$j = 1, \cdots, p$）的最大似然估计

的差异。如果对 $i = 1, \cdots, N$ 都拟合去掉第 i 个观测的广义线性模型，计算量太大，所以通常采用近似法估计 DFBETA 的值（Williams，1987）。还可以将 DFBETA 值根据使用所有观测拟合模型得到的标准误差或者去掉第 i 个观测后拟合模型得到的标准误差进行标准化，得到标准化的 DFBETA 值。如果标准化后 DFBETA 值的绝对值较大，说明第 i 个观测是异常点。

七、 广义线性模型建模示例

SAS 中的 GENMOD 过程可用来建立广义线性模型，它的两个选项 dist 和 link 分别指明模型中 Y 的分布和连接函数，它们的取值和本节第三部分广义线性模型中的各种情形的对应关系见表 7.9。对情形二即因变量是名义变量的情形，可使用 SAS 的 CATMOD 过程。对情形一即因变量是二项分布的情形，还可以使用 SAS 的 LOGISTIC 过程。

表 7.9　SAS 的 GENMOD 过程中选项与广义线性模型对应关系

广义线性模型的情形	dist 取值	link 取值
情形一	binomial	logit
情形三	multinomial	cumlogit
情形四	poisson	log
情形五 ①	poisson 或 gamma 或 normal	log
情形六	normal	identity

① 此处不包括将 Y 进行对数转换后再进行线性回归的模型，在这种模型下，将 Y 进行对数转换得到新的因变量后，就归于情形六。

在 R 中，glm 函数实现了因变量的泊松回归、伽马回归，以及因变量满足二项分布时的各种回归；MASS 程序包下的 polr 函数实现了序次逻辑回归；mlogit 程序包下的 mlogit 函数以及 nnet 程序包下的 multinom 函数实现了多项逻辑回归（前者需要对数据进行重新组织，后者不需要）。

(一)　示例：车辆评估

假设目录 E:\dma\data 下的数据集 ch7_CarEvaluation.csv 记录了 1 728 台车如表 7.10 所示的一些信息[1]。将各变量的取值都按照表中所列的顺序转化为 1、2、3 等。因为因变量是定序变量，使用序次逻辑回归进行建模。相关 SAS 程序和 R 程序如下。

1. 数据来源于 http://archive.ics.uci.edu/ml/datasets/Car+Evaluation。

表 7.10 ch7_CarEvaluation.csv 数据集中的变量

变量名	含义	取值范围
buying	购买价格	very high, high, med, low
maint	保养费用	very high, high, med, low
doors	车门数	2, 3, 4, 5 or more
persons	可载人数	2, 4, more
lug_boot	后备箱大小	small, med, big
safety	安全性	low, med, high
classy	可接受程度	unacceptable, acceptable, good, very good

SAS 程序：序次逻辑回归

```
/** 读入数据集 **/
proc import datafile="E:\dma\data\ch7_CarEvaluation.csv" out=CarEvaluation
  dbms=DLM;
  delimiter=',';
  getnames=yes;
run;

/** 使用genmod过程建立序次逻辑回归模型 **/
proc genmod data=CarEvaluation;
  /*使用CarEvaluation数据集建立广义线性模型*/
  model classy = buying maint doors persons lug_boot safety
        / dist=multinomial link=cumlogit;
  /*指明因变量为classy，自变量为buying、maint、doors、persons、
        lug_boot、safety;
    dist和link的取值对应于情形三，即因变量是定序变量的情形*/
run;
```

表 7.11 列出了 SAS 输出的回归系数。表中 Intercept1、Intercept2 和 Intercept3 分别代表情形三中的 α_1、α_2 和 α_3。所有的自变量对车的可接受程度的影响都是显著的，每个自变量取值越高，Y 取值小于或等于 l ($l = 1, 2, 3$) 的概率越低。这意味着购买价格越低、保养费用越低、车门数越多、可载人数越多、后备箱越大、安全性越高，车的可接受程度就越高。

表 7.11　SAS 分析的回归系数

参数	95% 置信区间					
	估计值	标准误差	下限	上限	卡方统计量	p 值
Intercept1	19.9695	0.8487	18.3062	21.6329	553.67	<.0001
Intercept2	23.3879	0.9535	21.5190	25.2568	601.60	<.0001
Intercept3	24.7647	0.9926	22.8192	26.7101	622.47	<.0001
buying	−1.2084	0.0768	−1.3589	−1.0579	247.67	<.0001
maint	−1.0190	0.0727	−1.1615	−0.8765	196.56	<.0001
doors	−0.2756	0.0629	−0.3989	−0.1524	19.21	<.0001
persons	−2.1570	0.1158	−2.3840	−1.9300	346.89	<.0001
lug_boot	−0.9166	0.0911	−1.0951	−0.7380	101.23	<.0001
safety	−2.7429	0.1325	−3.0025	−2.4832	428.72	<.0001

相关 SAS 操作教程视频请扫描以下二维码观看:

(推荐在 WIFI 环境下观看)

R 程序: 序次逻辑回归

```
##加载程序包。
library(MASS)
#我们将调用其中的polr函数。

##读入数据集，生成R数据框CarEvaluation。
CarEvaluation <- read.csv("E:/dma/data/ch7_CarEvaluation.csv")

##将因变量classy转换为因子型。
CarEvaluation$classy<-as.factor(CarEvaluation$classy)

##建立序次逻辑回归模型。
ol_car <- polr(classy~.,data=CarEvaluation)

##查看回归结果。
summary(ol_car)
```

polr 函数实现的模型形式与本节第三部分情形三的描述略有不同，不同之处在于 $\eta_k = \alpha_k - \boldsymbol{x}^{\mathrm{T}}\boldsymbol{\beta}$。所以 polr 函数所得的自变量的回归系数与表 7.11 中的相应回归系数互为相反数。

相关 R 操作教程视频请扫描以下二维码观看：

(推荐在 WIFI 环境下观看)

(二)　示例：美国各州死刑数

假设目录 E:\dma\data 下的数据集 ch7_CapPun.csv 记录了 1997 年美国 17 个州的死刑数及一些自变量的信息，如表 7.12 所示。因为因变量是计数变量，使用泊松回归进行建模。相关 SAS 程序和 R 程序如下。

表 7.12　ch7_CapPun.csv 数据集中的变量

变量名	含义
INC	个人收入的中位数（美元）
POV	贫困人口所占百分比
BLK	黑人所占百分比
LCRI	1996 年每十万居民的犯罪数的对数
SOU	该州是否属于南方
DEG	拥有大学文凭的人口所占比例
EXE	1997 年死刑数

资料来源：Gill（2001）。

SAS 程序：泊松回归

```
/** 读入数据集 **/
proc import datafile="E:\dma\data\ch7_CapPun.csv" out=CapPun dbms=DLM;
  delimiter=‘,’;
  getnames=yes;
run;

/** 使用genmod过程拟合泊松回归模型 **/
proc genmod data=CapPun plots=(CookSD DFBETAS);
  /*使用CapPun数据集建立广义线性模型。
```

```
    画出Cook距离和对各个回归系数的标准化的DFBETA值*/
  model EXE=INC POV BLK LCRI SOU DEG
        /dist=poisson link=log obstats;
  /*指明因变量为EXE, 自变量为INC POV BLK LCRI SOU DEG;
    dist和link的取值对应于情形四, 即因变量是计数变量的情形;
    obstats选项输出一些模型诊断统计量, 包括残差、杠杆值、
      Cook距离、DFBETA值等*/
  ods output ParameterEstimates = CapPun_params ObStats = CapPun_obstats;
  /*将参数估计输出到work.CapPun_params数据集中, 将模型诊断统计量
    输出到work.CapPun_obstats数据集中*/
run;
```

表 7.13 列出了 SAS 输出的回归系数。从中所得的一些结论如下:

- POV 和 LCRI 的回归系数的 95% 置信区间包含 0，说明这两个变量并不显著，即死刑数与贫困人口比例、上一年的犯罪数无关。

- INC、DEG 和 BLK 的回归系数的 95% 置信区间不包含 0。INC 的回归系数估计为正，说明人均收入越高的州死刑数越多。DEG 的回归系数估计为负，说明受教育程度越高的州死刑数越少。BLK 的回归系数估计为负。一个可能的合理解释是，黑人罪犯被判罚死刑的比例与黑人在人口中所占比例不相称。

- SOU 的估计为正，并且系数很大，这符合常理。因为历史原因，南方的州死刑数要更多。

表 7.13　SAS 分析回归系数

参数			95% 置信区间			
	估计值	标准误差	下限	上限	卡方统计量	p 值
Intercept	−6.8015	4.1469	−14.9292	1.3262	2.69	0.1010
INC	0.0003	0.0001	0.0002	0.0004	25.34	< .0001
POV	0.0778	0.0794	−0.0778	0.2334	0.96	0.3271
BLK	−0.0949	0.0229	−0.1399	−0.0500	17.16	< .0001
LCRI	0.2969	0.4375	−0.5606	1.1545	0.46	0.4973
SOU	2.3012	0.4284	1.4616	3.1408	28.86	< .0001
DEG	−18.7221	4.2840	−27.1185	−10.3256	19.10	< .0001

表 7.14 列出了各个观测的标准化 Pearson 残差、标准化偏差残差和似然残差。可以看出，不同残差的符号一致，大小差不多。图 7.4 展示了 Cook 距离，图 7.5 展示了部分标准化的 DFBETA 值。很明显，第一个观测是异常点。

表 7.14　各观测的残差

标准化 Pearson 残差	标准化偏差残差	似然残差
2.125	2.107	2.125
0.880	0.867	0.879
4.357	3.170	3.332
0.223	0.220	0.222
0.732	0.686	0.698
1.183	1.053	1.109
0.065	0.064	0.064
-0.325	-0.335	-0.332
-0.733	-0.804	-0.785
-1.644	-1.902	-1.765
-1.924	-2.247	-2.055
-2.052	-2.414	-2.200
-1.302	-1.485	-1.404
0.131	0.129	0.129
0.023	0.022	0.022
0.664	0.591	0.598
-0.780	-0.862	-0.846

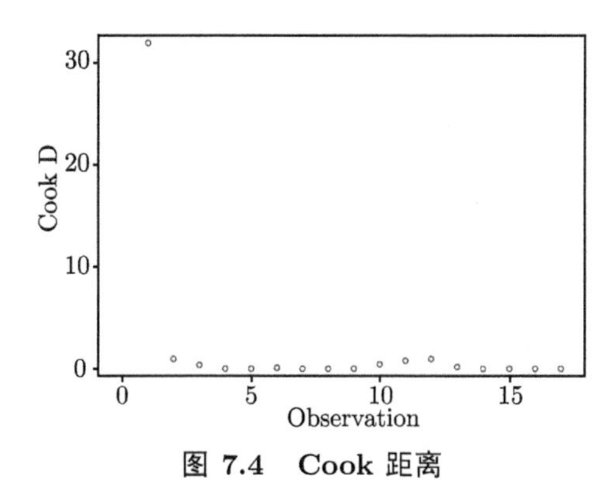

图 7.4　Cook 距离

将第一个观测去掉，再重新拟合泊松回归模型。

```
/** 去掉第一个观测 **/
data CapPun_subset;
  set CapPun;
  if _n_ ne 1;
run;
/** 使用genmod过程重新拟合泊松回归模型 **/
```

```
proc genmod data=CapPun_subset plots=(CookSD DFBETAS);
  model EXE=INC POV BLK LCRI SOU DEG
        /dist=poisson link=log obstats;
run;
```

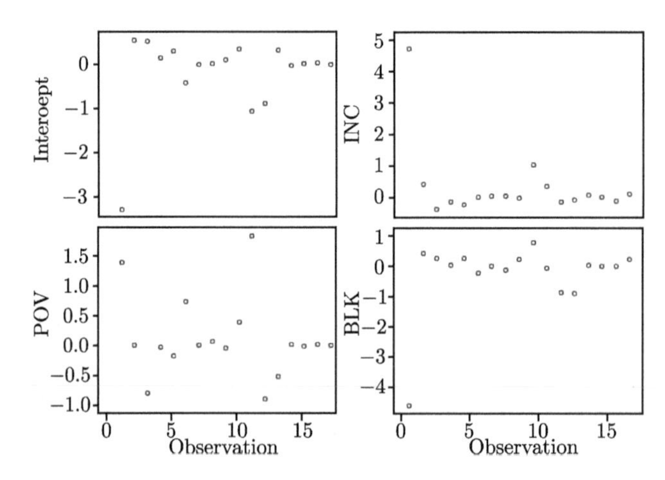

图 7.5 标准化的 DFBETA 值

表 7.15 列出了 SAS 输出的回归系数。可以看出，所有自变量的系数都不再显著。因此，对前面根据所有数据做回归而得到的结论需要谨慎。

表 7.15 SAS 分析中去掉第一个观测后的回归系数

参数			95% 置信区间			
	估计值	标准误差	下限	上限	卡方统计量	p 值
Intercept	5.3413	6.9957	−8.3700	19.0527	0.58	0.4452
INC	0.0000	0.0001	−0.0002	0.0003	0.15	0.6958
POV	−0.0137	0.0926	−0.1952	0.1678	0.02	0.8822
BLK	0.0029	0.0519	−0.0988	0.1047	0.00	0.9551
LCRI	−0.9296	0.7641	−2.4271	0.5680	1.48	0.2237
SOU	0.9122	0.7963	−0.6486	2.4730	1.31	0.2520
DEG	−1.9566	9.2407	−20.0681	16.1549	0.04	0.8323

相关 SAS 操作教程视频请扫描以下二维码观看：

(推荐在 WIFI 环境下观看)

R 程序：泊松回归

```
##读入数据集，生成R数据框CapPun。
CapPun <- read.csv("E:/dma/data/ch7_CapPun.csv")
##建立泊松回归模型。
poi_CapPun <- glm(EXE~.,data=CapPun[,-c(1,6)],family = poisson())
#使用glm函数建立模型。
#  指定CapPun[,-c(1,6)]为建模数据，即将CapPun中第一个变量state和
#  第六个变量CRI剔除。
#  EXE为因变量，其他变量为自变量。
#  family = poisson()指定建模类别为泊松回归。

##查看回归结果。
summary(poi_CapPun)

##模型诊断。
par(mfrow=c(2,2))
#将画图区域分割为2行2列的4块子区域。
plot(poi_CapPun,which = c(1:4))
#从右下角的cook距离图观察到第一个观测为异常观测。

##去掉第一个观测。
CapPun_subset <- CapPun[-1,]

##重新拟合泊松回归。
poi_CapPun_subset <- glm(EXE~.,CapPun_subset[,-1],family = poisson())
summary(poi_CapPun_subset)
```

相关 R 操作教程视频请扫描以下二维码观看：

(推荐在 WIFI 环境下观看)

第8章

回归模型中的规则化和变量选择

在大数据时代，经常能收集到很多变量的值，如果再考虑原始变量之间的交互效应，可加入模型的变量数量就更可观了。在线性回归或广义线性模型中直接使用太多的自变量会造成过拟合，变量之间很可能存在的多重共线性会影响模型的正确估计，模型结果也不容易解释。Lasso（Tibshirani，1996）和 Elastic Net（Zou and Hastie，2005）是两种使用规则化（regularization）并能从大量变量中进行变量选择的方法，前者尤其在近些年深刻影响了统计学的研究和应用。这两种方法还适用于自变量个数超过观测数的情形。本章将介绍这两种方法。

8.1　线性回归中的规则化和变量选择

先考虑线性回归的情形。假设我们的数据为 $\{(\boldsymbol{x}_i, y_i), i=1,\cdots,N\}$，其中 $\boldsymbol{x}_i = (x_{i1},\cdots,x_{ip})^{\mathrm{T}}$ 和 y_i 分别是第 i 个观测的自变量和因变量，$\boldsymbol{x}_i$ 被看作是给定的，而 y_i 被看作是相互独立的随机变量 Y_i 的观测值。假设自变量已经经过标准化，使其均值为 0、长度为 1：

$$\sum_{i=1}^{N} x_{ij} = 0, \quad \sum_{i=1}^{N} x_{ij}^2 = 1.$$

还可以通过变换使自变量均值为 0、标准差为 1。这些变换使各个自变量的尺度可比，相应地，自变量的回归系数的尺度也可比。有时还对因变量进行标准化使其均值为 0：$\sum_{i=1}^{N} y_i = 0$。这样的变换使回归的截距项估计总是 0，因而可以不考虑截距项。

令 $\boldsymbol{\beta} = (\beta_1,\ldots,\beta_p)^{\mathrm{T}}$ 表示对自变量的回归系数，假设对因变量进行了标准化。普通最小二乘法寻求如下参数估计值：

$$\hat{\boldsymbol{\beta}}^{\mathrm{OLS}} = \arg\min\left\{\sum_{i=1}^{N}\left(y_i - \sum_{j=1}^{p}\beta_j x_{ij}\right)^2\right\}. \tag{8.1}$$

传统的岭回归法将回归系数的平方和（L_2 范数的平方）当作模型复杂度的度量，对其进行惩罚，并寻求如下参数估计值：

$$\hat{\boldsymbol{\beta}} = \arg\min\left\{\sum_{i=1}^{N}\left(y_i - \sum_{j=1}^{p}\beta_j x_{ij}\right)^2 + \lambda\sum_{j=1}^{p}\beta_j^2\right\}, \tag{8.2}$$

其中 $\lambda \geqslant 0$ 为调节参数。岭回归不会将任何一个回归系数变为 0，所得模型不易解释。

一、LASSO

(一) LASSO 模型简介

Lasso 将回归系数的绝对值之和（也称为 L_1 范数）当作模型复杂度的度量，对其进行惩罚，并寻求如下参数估计值：

$$\hat{\boldsymbol{\beta}} = \arg\min \left\{ \sum_{i=1}^{N} \left(y_i - \sum_{j=1}^{p} \beta_j x_{ij} \right)^2 + \lambda \sum_{j=1}^{p} |\beta_j| \right\}, \tag{8.3}$$

其中 $\lambda \geqslant 0$ 是调节参数。Lasso 具有模型简约化的特点：给定任何一个 λ 值，只有某些回归系数的估计值不为 0。当 $\lambda = 0$ 时，Lasso 的解就是普通最小二乘法的解。当 λ 逐渐变大时，会有某个回归系数的估计值变为 0，之后一直保持为 0；当 λ 再变大时，会有另一个回归系数的估计值变为 0，之后一直保持为 0；等等。当 $\lambda \to \infty$ 时，每一个回归系数的估计值都为 0。因为 Lasso 能使某些回归系数的估计值正好为 0，它常常被用于变量选择。

我们接下来解释 Lasso 为什么能将回归系数的估计值变为 0，而岭回归不能。Lasso 的一种等价形式为寻求如下参数估计值：

$$\hat{\boldsymbol{\beta}} = \arg\min \left\{ \sum_{i=1}^{N} \left(y_i - \sum_{j=1}^{p} \beta_j x_{ij} \right)^2 \right\}, \quad 使得 \sum_{j=1}^{p} |\beta_j| \leqslant t, \tag{8.4}$$

其中 $t \geqslant 0$ 为调节参数。类似地，岭回归的一种等价形式为寻求如下参数估计值：

$$\hat{\boldsymbol{\beta}} = \arg\min \left\{ \sum_{i=1}^{N} \left(y_i - \sum_{j=1}^{p} \beta_j x_{ij} \right)^2 \right\}, \quad 使得 \sum_{j=1}^{p} \beta_j^2 \leqslant t, \tag{8.5}$$

考察 $p = 2$ 的情形。准则 $\sum_{i=1}^{N} \left(y_i - \sum_{j=1}^{p} \beta_j x_{ij} \right)^2$ 是 $\boldsymbol{\beta} = (\beta_1, \beta_2)^{\mathrm{T}}$ 的二次函数，其等高线由满足 $\sum_{i=1}^{N} \left(y_i - \sum_{j=1}^{p} \beta_j x_{ij} \right)^2$ 等于某个常数 c 的所有 $\boldsymbol{\beta}$ 值组成，呈椭圆形。当 c 等于可能取到的最小值时，等高线收缩为一点，即普通最小二乘估计值 $\hat{\boldsymbol{\beta}}^{\mathrm{OLS}}$。其他等高线以普通最小二乘估计值为中心。图 8.1(a) 展示了这些等高线。Lasso 约束 $\sum_{j=1}^{p} |\beta_j| \leqslant t$ 由图 8.1(a) 中的菱形表示。Lasso 的解是当 c 逐渐变大时等高线第一次与该菱形相交的交点，因为这个交点在满足约束的同时使得 $\sum_{i=1}^{N} \left(y_i - \sum_{j=1}^{p} \beta_j x_{ij} \right)^2$ 的值最小。这个交点可能发生在菱形的顶点，相应地，某个回归系数的估计值为 0（图 8.1(a) 中 β_1 的估计值为 0）。

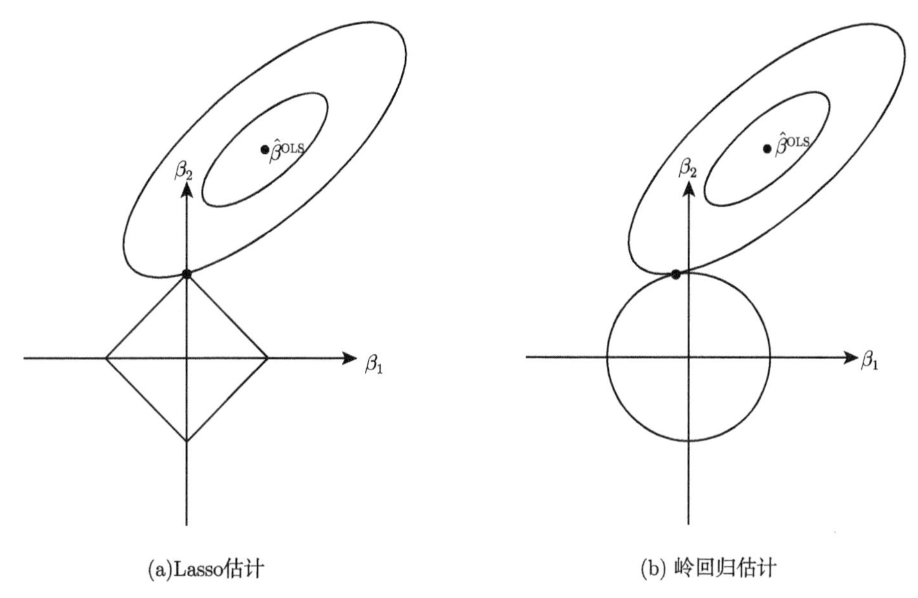

图 8.1　$p=2$ 时 Lasso 估计与岭回归估计

再来看岭回归。它的约束 $\sum_{j=1}^{p}\beta_j^2 \leqslant t$ 由图 8.1(b) 中的圆表示。岭回归的解是当 c 逐渐变大时等高线第一次与该圆的交点。因为圆没有拐角处，这个交点不大可能会使某个系数正好为 0。

公式 (8.3) 中的调节参数 λ，或公式 (8.4) 中的调节参数 t（或者其标准化后的调节参数 $s=t/\sum_{j=1}^{p}|\hat{\beta}_j^{\text{OLS}}|$）通常采用交叉验证法选取。以 10 折交叉验证为例，将数据集随机等分成 10 份，轮流将其中的 9 份作为训练数据训练调节参数不同取值下的 Lasso 模型，将剩余的 1 份作为验证数据集计算各模型对它的预测误差。最后，选取调节参数的值使得对 10 份验证数据集的平均预测误差最小。

值得注意的是，普通最小二乘估计值是无偏的，Lasso 加了约束之后所得的估计值是有偏的。通过 Lasso 进行变量选择之后，如果要得到回归系数的无偏估计，可以根据选择出的变量进行普通最小二乘估计。

案例：谷歌流感趋势

Yang et al. (2015) 根据第 $t-n$ 至第 $t-1$ 周美国疾病控制中心给出的流感患病率和第 t 周的相关关键词在谷歌上的搜索频率估计第 t 周的流感患病率。具体而言，令 $y_t=\exp(p_t)/(1+\exp(p_t))$ 表示疾病控制中心给出的第 t 周的流感患病率 p_t 的 logit 转换，令 $X_{i,t}$ 表示第 t 周关键词 i 在谷歌上的搜索次数的对数。Yang et al. (2015) 给出的模型为

$$y_t = \mu + \sum_{j=1}^{n} \alpha_j y_{t-j} + \sum_{i=1}^{K} \beta_i X_{i,t} + \epsilon_t, \quad \epsilon_t \sim N(0, \sigma^2).$$

Yang et al. (2015) 取 $n = 52$ 以反映一年内流感的季节性，并取 $K = 100$ 个关键词。他们使用两年（即 104 周）的移动窗口数据拟合上述回归模型。因为自变量个数超过观测数，普通最小二乘无法适用。他们使用 Lasso 对回归系数进行 L_1 惩罚。结果表明，在各种评估指标上，他们的模型的预测精度都优于其他方法。

[第一章案例的延续]

(二) 示例: 伊斯坦布尔证券交易所数据

假设 E:\dma\data 目录下的数据集 ch8_stock.csv 中包含自 2009-01-05 至 2011-02-22 这段时间内如表 8.1 所示的各种股票指数的日收益率，包括伊斯坦布尔证券交易国家 100 指数（ISE）以及 7 个国际指数，共计 536 条观测 [1]。我们以 ISE 为因变量，以所有 8 个指数滞后一至两天的值为自变量，使用 Lasso 进行变量选择。下面将介绍一些相关的 SAS 程序和 R 程序。

表 8.1 ch8_stock.csv 数据集中的变量

变量名	含义
ISE	伊斯坦布尔证券交易国家 100 指数的日收益率
SP	标准普尔 500 指数的日收益率
DAX	德国 DAX 指数的日收益率
FTSE	英国富时指数的日收益率
NIKKEI	日经指数的日收益率
BOVESPA	巴西证券交易所指数的日收益率
EU	摩根士丹利资本国际欧洲指数的日收益率
EM	摩根士丹利资本国际新兴市场指数的日收益率

SAS 程序：Lasso

```
/** 读入数据，生成SAS数据集work.stock **/
proc import datafile="E:\dma\data\ch8_stock.csv" out=stock dbms=DLM;
  delimiter=',';
  getnames=yes;
run;
```

1. 数据来源于 https://archive.ics.uci.edu/ml/datasets/ISTANBUL+STOCK+EXCHANGE。

```
/**数据预处理**/
data stock;
  set stock;
  ISE1=lag(ISE);
  ISE2=lag(lag(ISE));
  SP1=lag(SP);
  SP2=lag(lag(SP));
  DAX1=lag(DAX);
  DAX2=lag(lag(DAX));
  FTSE1=lag(FTSE);
  FTSE2=lag(lag(FTSE));
  NIKKEI1=lag(NIKKEI);
  NIKKEI2=lag(lag(NIKKEI));
  BOVESPA1=lag(BOVESPA);
  BOVESPA2=lag(lag(BOVESPA));
  EU1=lag(EU);
  EU2=lag(lag(EU));
  EM1=lag(EM);
  EM2=lag(lag(EM));
  /*创建8个指数滞后一至两天的变量*/
  drop SP DAX FTSE NIKKEI BOVESPA EU EM;
  /*将7个国际指数的原始未滞后的变量删除，因为之后的分析不会用到这些变量*/
run;

/**建立Lasso模型**/
proc glmselect data=stock plots=coefficients;
/*使用glmselect过程对数据集stock进行分析，plots指定输出各自变量的回归系数
  变化的图像*/
  code file='E:\dma\out\file\ch8_code_case8.2_lasso.sas';
  /*将选出的模型对新数据进行预测的程序保存在目录E:\dma\out\file下的
    ch8_code_case8.2_lasso.sas文件中*/
  model ISE=ISE1 ISE2 SP1 SP2 DAX1 DAX2 FTSE1 FTSE2
          NIKKEI1 NIKKEI2 BOVESPA1 BOVESPA2 EU1 EU2 EM1 EM2 /
  /*指定因变量为ISE，自变量为将8个指数滞后一至两天所得的变量*/
        selection=lasso (choose=cv stop=none) cvmethod=random(10);
        /*selection指定变量选择方法为lasso，choose=cv指定使用交叉验证选择
```

```
        调节参数,
        stop=none指定不中途停止变量选择过程,
        cvmethod=random(10)指定在交叉验证中随机将数据分为10份*/;
  output out=stock_out_lasso;
  /*输出到stock_out_lasso数据集:(1)每个观测所属的10份数据集中的数据集序号
   (变量名为_CVINDEX_);(2)选出的模型对整个数据集的预测结果(变量名为p_ISE)
*/
run;
```

图 8.2 为 SAS 程序输出图，给出了各自变量的回归系数及交叉验证平均误差随着调节参数变化而变化的情况。第一个进入模型（系数不为 0）的自变量为 BOVESPA1（将 BOVESP 滞后一天所得的变量），第二个进入模型的自变量为 SP1（将 SP 滞后一天所得的变量），等等。当模型中有 BOVESPA1、SP1、NIKKEI1、EU1、EM1 这 5 个自变量时，模型对应的交叉验证平均误差最小。

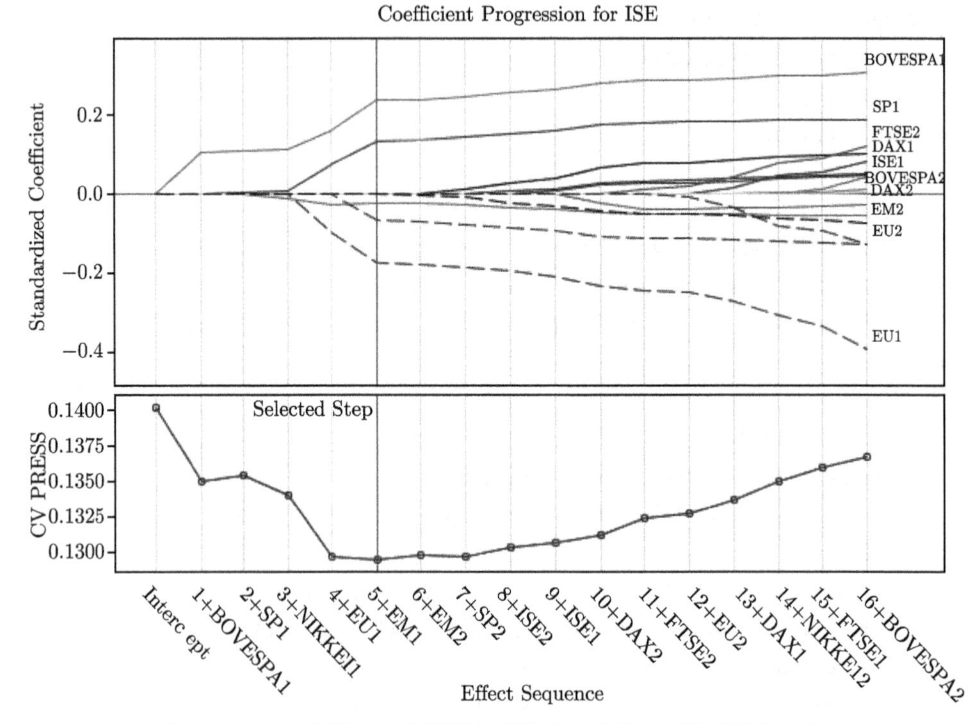

图 8.2　SAS 分析各自变量回归系数及交叉验证平均误差的变化

相关 SAS 操作教程视频请扫描以下二维码观看：

(推荐在 WIFI 环境下观看)

R 程序：LASSO

```
##加载程序包。
library(dplyr)
#我们将调用其中的管道函数和mutate函数。
library(glmnet)
#glmnet是建立Lasso模型和Elastic Net模型的程序包，
#我们将调用其中的glmnet和cv.glmnet函数。

##读入数据，存为R数据框stock。
stock <- read.csv("E:/dma/data/ch8_stock.csv")

##数据预处理。
stock <- stock %>% mutate(ISE1=lag(ISE,1)) %>% mutate (ISE2=lag(ISE,2)) %>%
         mutate(SP1=lag(SP,1)) %>% mutate(SP2=lag(SP,2)) %>%
         mutate(DAX1=lag(DAX,1)) %>% mutate(DAX2=lag(DAX,2)) %>%
         mutate(FTSE1=lag(FTSE,1)) %>% mutate(FTSE2=lag(FTSE,2)) %>%
         mutate(NIKKEI1=lag(NIKKEI,1)) %>% mutate(NIKKEI2=lag(NIKKEI,2)) %>%
         mutate(BOVESPA1=lag(BOVESPA,1)) %>% mutate(BOVESPA2=lag(BOVESPA,2))%>%
         mutate(EU1=lag(EU,1)) %>% mutate(EU2=lag(EU,2)) %>%
         mutate(EM1=lag(EM,1)) %>% mutate(EM2=lag(EM,2))
#创建8个指数滞后一至两天的变量。
#  使用mutate函数加入新的变量。
#  lag(ISE,1)获取将ISE滞后一天的变量，lag(ISE,2)获取将ISE滞后两天的变量，等等。

stock <- stock[ , !(names(stock) %in%
                      c("SP","DAX","FTSE","NIKKEI","BOVESPA","EU","EM"))]
#将7个国际指数的原始未滞后的变量删除，因为之后的分析不会用到这些变量。
#  names(stock)给出stock各变量的名称。
#  names(stock) %in% c("SP","DAX","FTSE","NIKKEI","BOVESPA","EU","EM")
#    得到一个向量，当变量名称属于这7个国际指数时，相应元素取值为TRUE，
#    否则取值为FALSE。
```

```
#  使用!进行反操作，当变量名称不属于7个国际指数时，相应元素取值为TRUE，
#    否则取值为FALSE。
#  最后获取对应值为TRUE的stock中的所有变量。

##建立Lasso模型。
x <- model.matrix(ISE~.,stock[,-1])[,-1]
#glmnet函数要求自变量的格式为矩阵，自变量都是数值型。
#这里用model.matrix函数得到自变量的矩阵，该函数会自动将分类变量转换为哑变量。
#  （如果一个分类变量有k个类别，会生成k-1个哑变量）。
#stock[,-1]指定使用的数据为stock中去除第一个变量（日期）的数据。
#ISE~.指定数据中ISE为因变量，其他变量均为自变量。
#model.matrix函数所得的第一列对所有观测取值都是1，所以去除该列。

y <- stock$ISE[-(1:2)]
#glmnet函数要求因变量的格式为数值向量。
#因变量为ISE。因为第一、二个观测滞后两天的自变量值不存在，所以去除这两个观测。

lassofit <- glmnet(x,y)
#使用glmnet函数建立lasso模型。

##查看建模结果。
print(lassofit)
#屏幕上将显示Lasso每一步的结果摘要。
#  Lamdba表示调节参数λ的值;
#  DF表示给定调节参数λ的值时，所得模型中非零系数的个数;
#  %Dev表示偏差中被所得模型解释的比例。

plot(lassofit,xvar = "lambda",label = T,col="black")
#可视化展示Lasso每一步的结果。
#  xvar="lambda"指定横轴为调节参数λ的对数。
#  图中每条曲线代表一个自变量，展示该变量的估计系数如何随着λ的对数值的变化
#    而变化。
#  上面的横轴表示非零系数的个数。
#  label=T指定在图中标明每条曲线对应的自变量序号。
#  col="black"指定曲线颜色为黑色。
```

图 8.3 展示了各个自变量的估计系数如何随着调节参数 λ 的对数值的变化而变化。当 λ 逐渐变小时，第一个进入模型（系数不为 0）的自变量是第 11 个自变量：将 BOVESPA 滞后一天所得的变量；第二个进入模型的变量是第 3 个自变量：将 SP 滞后一天所得的变量；等等。

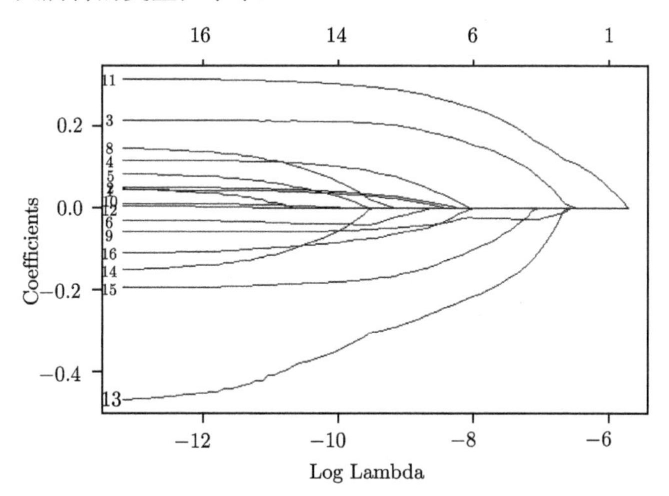

图 8.3　R 程序分析自变量系数估计随 λ 对数值的变化

接下来，我们使用交叉验证选取调节参数 λ 的值，并得到相应的模型。

```
##使用交叉验证法选择最佳模型。
cvfit <- cv.glmnet(x,y)
#cv.glmnet函数使用交叉验证选出调节参数λ的最佳值，
#  得到相应的最佳模型。

plot(cvfit)
#该图展示了交叉验证的平均误差如何随λ的对数值的变化而变化。
#  其中两条虚线对应于λ的如下两个值:
#  （1）使交叉验证的平均误差最小的λ值;
#  （2）使交叉验证的平均误差在其最小值1个标准误差范围内的最大的λ值。

cvfit$lambda.min
#使交叉验证的平均误差最小的λ值。
cvfit$lambda.1se
#使交叉验证的平均误差在其最小值1个标准误差范围内的最大的λ值。
```

```
y.pred <- predict(cvfit,x,s="lambda.min")
#用交叉验证结果给出的λ值对应的模型进行预测。
#  s="lambda.min"表示使用使交叉验证的平均误差最小的λ值。
#  这里自变量的矩阵为对训练观测计算的矩阵，也可以使用其他观测对应的矩阵。

coef(cvfit,s="lambda.min")
#交叉验证结果给出的λ值对应的模型的回归系数，
#  s="lambda.min"表示使用使交叉验证的平均误差最小的λ值。
```

图 8.4 展示了交叉验证的平均误差如何随着调节参数 λ 的对数值的变化而变化。使交叉验证的平均误差最小的 λ 的值为 0.0004226137（其对数值为 -7.769052）。相应的模型中，只有 SP、NIKKEI、BOVESPA、EU、EM 滞后一天所得的自变量的系数不为 0。需要指出的是，因为在交叉验证中数据被随机划分，读者运行上述程序所得到的结果可能与这里给出的结果不一样。

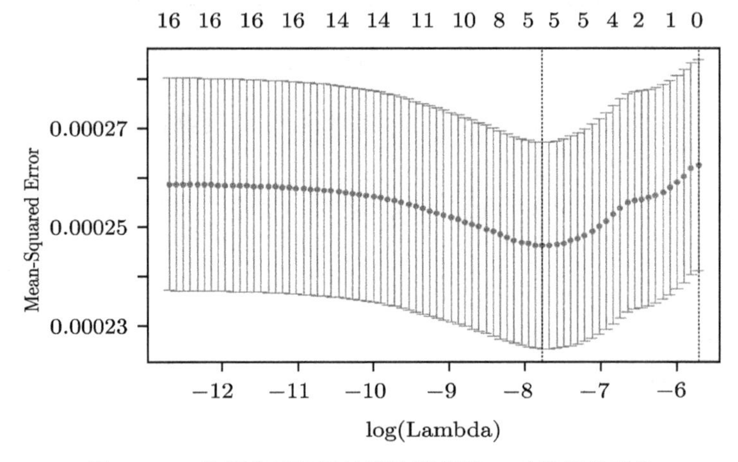

图 8.4　R 分析交叉验证的平均误差随 λ 对数值的变化

相关 R 操作教程视频请扫描以下二维码观看：

(推荐在 WIFI 环境下观看)

二、 Elastic Net

(一) Elastic Net 模型简介

Elastic Net 将回归系数的 L_1 范数和 L_2 范数的平方结合，作为模型复杂度的度量，对其进行惩罚，并寻求如下参数估计值：

$$\hat{\boldsymbol{\beta}} = \arg\min \left\{ \sum_{i=1}^{N} \left(y_i - \sum_{j=1}^{p} \beta_j x_{ij} \right)^2 + \lambda \left(\rho \sum_{j=1}^{p} |\beta_j| + (1-\rho) \left(\frac{1}{2} \sum_{j=1}^{p} \beta_j^2 \right) \right) \right\}. \tag{8.6}$$

其中 $\lambda \geqslant 0$ 和 $0 \leqslant \rho \leqslant 1$ 是调节参数。当 $\rho = 1$ 时，Elastic Net 与 Lasso 等价。当 $\rho = 0$ 时，Elastic Net 与岭回归等价。

Elastic Net 的一种等价形式为寻求如下参数估计值：

$$\hat{\boldsymbol{\beta}} = \arg\min \left\{ \sum_{i=1}^{N} \left(y_i - \sum_{j=1}^{p} \beta_j x_{ij} \right)^2 \right\}, \quad 使得 \rho \sum_{j=1}^{p} |\beta_j| + (1-\rho) \left(\frac{1}{2} \sum_{j=1}^{p} \beta_j^2 \right) \leqslant t. \tag{8.7}$$

其中 $0 \leqslant \rho \leqslant 1$ 和 $t \geqslant 0$ 为调节参数。

图 8.5 展示了当 $p = 2$ 时 Elastic Net 对回归系数的约束。当 $\rho > 0$ 时，Elastic Net 约束有拐角的顶点，因此像 Lasso 一样，Elastic Net 会使某些回归系数的估计值为 0。

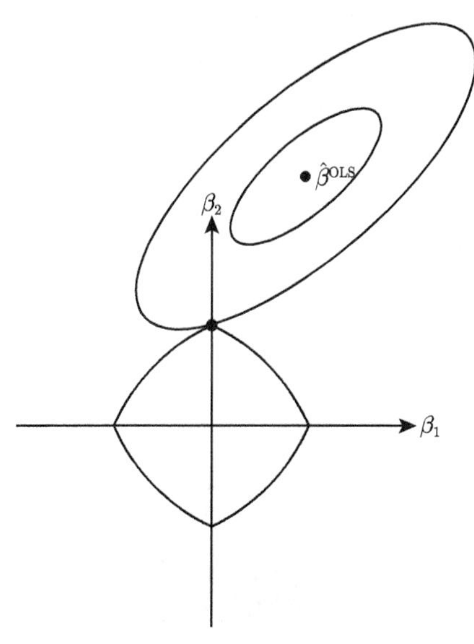

图 8.5　$p = 2$ 时 Elastic Net 约束的示意图（$\rho = 0.5$）

Zou and Hastie（2005）指出，Elastic Net 在如下情形中比 Lasso 更好。

（1）当自变量个数 p 大于观测数 N 时，Lasso 最多选出 N 个自变量，而 Elastic Net 可能选出更多自变量。

（2）当一组自变量两两之间的相关系数非常高时，Lasso 倾向于从这组自变量中只选取一个，并且不关心选出的是哪一个。而在这种情形下，只要这组自变量有一个被选取，Elastic Net 就会把该组自变量全部选取。可以想象，在一些应用场景下，Lasso 更加合适，但在另外一些应用场景下，Elastic Net 更加合适。例如，在分析基因数据时，自变量来自成千上万的基因，一些基因共享同样的生物学通路，它们之间的相关系数可能很高。理想的基因选择方法会将不重要的基因去掉，而只要一组基因中有一个被选中，就将整组基因选中。

（3）在通常的观测数大于自变量个数的情形下，如果自变量之间的相关系数较高，Lasso 的预测效果可能不如岭回归。而在这种情形下 Elastic Net 的预测效果比 Lasso 和岭回归更好。

(二) 示例：伊斯坦布尔证券交易所数据（继续）

使用 Elastic Net 进行变量选择的相关 SAS 程序和 R 程序如下。

SAS 程序：Elastic Net

```
/**建立Elastic Net模型，需要SAS STAT版本13.2**/
proc glmselect data=stock plots=coefficients;
  code file='E:\dma\out\file\ch8_code_case8.2_elasticnet.sas';
  model ISE=ISE1 ISE2 SP1 SP2 DAX1 DAX2 FTSE1 FTSE2
           NIKKEI1 NIKKEI2 BOVESPA1 BOVESPA2 EU1 EU2 EM1 EM2 /
        selection=elasticnet (choose=cv stop=none) cvmethod=random(10);
        /*selection指定变量选择方法为elasticnet，这里使用交叉验证方法选择
          λ1=λ和 λ2=λ(1-ρ)的值*/;
  output out=stock_out_elasticnet;
run;
```

相关 SAS 操作教程视频请扫描以下二维码观看：

(推荐在 WIFI 环境下观看)

R 程序：Elastic Net

```
##建立Elastic Net模型。
foldid <- sample(1:10,size = length(y),replace = T)
#将数据随机划分为10份。
#  从1到10这10个数中可重复地（replace=T）进行随机抽取，
#  得到一个长度为观测个数的向量，
#  每个元素给出了相应观测所属的10份数据集中的数据集序号。
error <- rep(0,11)
for(j in 1:11) {
  fit <- cv.glmnet(x,y,foldid = foldid,alpha=(j-1)/10)
  error[j] <- min(fit$cvm)
}
#cv.glmnet函数中，用alpha表示 ρ的值，需要指定这个值（缺省为1，对应于Lasso）。
#  我们需要自己编写程序寻找 ρ的值。
#    这里考虑 ρ=0,0.1,0.2,  ,1。
#    应保证不同的 ρ对应的是同一份交叉验证数据，因此需提前
#    划分好数据，并传递给foldid参数。
#error向量记录 ρ的每个值对应的最小的交叉验证平均误差。

best.rho <- (which.min(error)-1)/10
#寻找使交叉验证的平均误差最小的 ρ的值。对这个例子而言，
#  恰巧最佳的 ρ值为1，对应于Lasso。
```

相关 R 操作教程视频请扫描以下二维码观看：

(推荐在 WIFI 环境下观看)

8.2　广义线性模型中的规则化和变量选择

(一)　模型简介

Park and Hastie (2007) 将 Lasso 的想法推广到广义线性模型。如同 7.5 节的第二部分，令 α 为截距，$\boldsymbol{\beta}=(\beta_1,\cdots,\beta_p)^{\mathrm{T}}$ 为对自变量的回归系数，ψ 为刻度参数。广义线性模型下的总对数似然函数如公式 (7.8) 所示，通过最大化 $\sum_{i=1}^{N}[y_ih(\alpha+$

$\boldsymbol{x}_i^{\mathrm{T}}\boldsymbol{\beta})-bh(\alpha+\boldsymbol{x}_i^{\mathrm{T}}\boldsymbol{\beta})]$，可以得到系数 α 和 $\boldsymbol{\beta}$ 的最大似然估计。Parkand Hastie（2007）使用 L_1 惩罚项，寻求如下参数估计值：

$$(\hat{\alpha},\hat{\boldsymbol{\beta}})=\arg\min\left\{-\sum_{i=1}^{N}\left[y_i h(\alpha+\boldsymbol{x}_i^{\mathrm{T}}\boldsymbol{\beta})-b(h(\alpha+\boldsymbol{x}_i^{\mathrm{T}}\boldsymbol{\beta}))\right]+\lambda\sum_{j=1}^{p}|\beta_j|\right\}. \tag{8.8}$$

Friedman et al. （2008）将 Elastic Net 的想法推广到逻辑回归和多项逻辑回归，使用的惩罚项为

$$\lambda\left[\rho\sum_{j=1}^{p}|\beta_j|+(1-\rho)\left(\frac{1}{2}\sum_{j=1}^{p}\beta_j^2\right)\right].$$

为了使各个自变量的回归系数可比，也可以对各个自变量进行标准化。

(二) 示例：伊斯坦布尔证券交易所数据（继续）

如果只需要预测 ISE 的日收益率为正或为负，使用 Lasso 进行变量选择的相关 R 程序如下。

R 程序：Lasso，因变量为二值变量

```
##将因变量转换为二值变量，取值1表示大于0，取值-1表示小于0。
y2 <- sign(y)

##使用交叉验证找最佳模型。
cvfit2 <- cv.glmnet(x,y2,family = "binomial",type.measure = "class")
#family = "binomial"指定因变量分布为二项分布。
#type.measure="class"指定交叉验证的准则为错误分类率。

plot(cvfit2)

table(y2,predict(cvfit2,x,s = "lambda.min",type = "class"))
#查看当λ值使交叉验证的平均误差最小时，模型的混淆矩阵。
#  y2为因变量的真实值;
#  使用predict函数获取因变量的预测值。

coef(cvfit2,s="lambda.min")
```

相关 R 操作教程视频请扫描以下二维码观看：

(推荐在 WIFI 环境下观看)

第9章

神经网络的基本方法

9.1　神经网络架构及基本组成

一、 神经网络模型简介

人的大脑中有很多神经元细胞，如图 9.1 所示。每个神经元都伸展出一些短而逐渐变细的分支（称为树突）和一根长的纤维（称为轴突）。一个神经元的树突通过突触从其他神经元那里接收信号并将其汇集起来。如果信号足够强，该神经元将产生一个新的信号，并沿着轴突将这一信号传递给其它神经元。

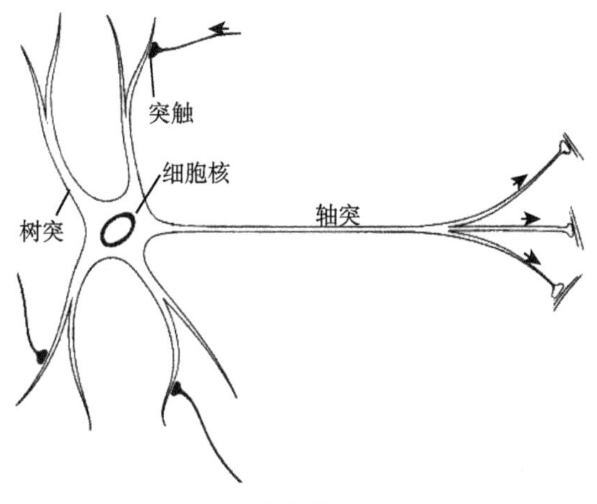

图 9.1　生物神经元示例

人工神经元的结构如图 9.2 所示，它试图模拟生物神经元的活动。$v_1, \cdots, v_s$ 为输入“树突”的信号，它们按照连接权 $w_{1j}, \cdots, w_{sj}$ 通过神经元内的组合函数 $\Sigma_j(\cdot)$ 组合成 u_j，再通过神经元内的激活函数 $A_j(\cdot)$ 得到输出 z_j，沿“轴突”传送给其它神经元。

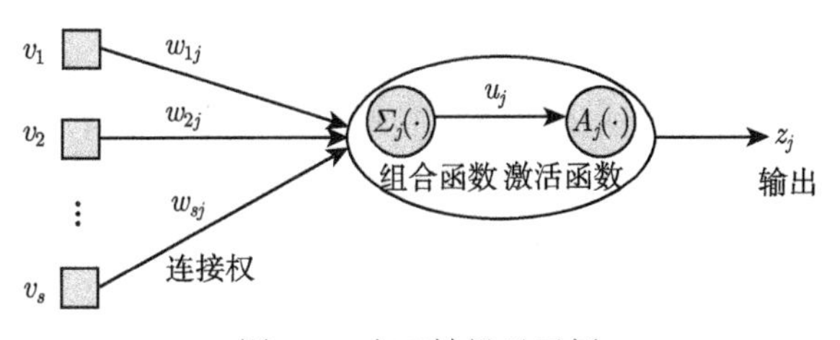

图 9.2　人工神经元示例

多个人工神经元连接在一起，就形成神经网络。最常用的神经网络是如图 9.3 所示的多层感知器。各个自变量通过输入层的神经元输入到网络，输入层的各个神经元和第一层隐藏层的各个神经元连接，每一层隐藏层的各个神经元和下一层（可能是隐藏层也可能是输出层）的各个神经元相连接。输入的自变量通过各隐藏层的神经元进行转换后，在输出层形成输出值。

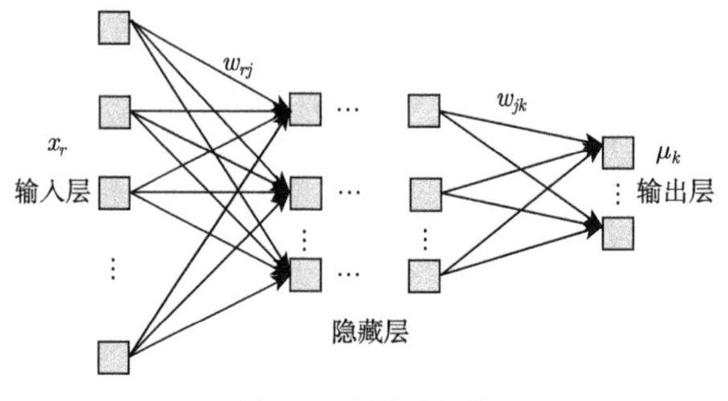

图 9.3　多层感知器

神经网络可以对一个或多个因变量进行建模。例如，如果因变量是有 K 种取值（$K > 2$）的分类变量，在输出层可使用 K 个神经元。再如，因变量可以是多个相关联的连续变量，甚至是不同类型的变量。可以根据训练数据中神经网络输出值和因变量的真实值定义误差函数，并通过调整连接权等参数的值来最优化误差函数。

我们先来详细看看单个神经元的组合函数和激活函数，在此基础上再讨论整个网络的输出，之后再讨论误差函数以及如何调整参数的值。

二、 单个神经元的组合函数和激活函数

单个神经元（如图 9.2 所示）常用的组合函数为线性组合函数

$$u_j = \Sigma_j(\cdot) = b_j + \sum_{r=1}^{s} w_{rj} v_r,$$

其中 b_j 是神经元 j 的偏差项。也可以假设对同一层的 J 个神经元而言，对 v_r 的连接权 w_{rj} 的值都一样，而只有偏差项 b_j 不一样（$j = 1, \cdots, J$）。

单个神经元最常用的激活函数是 S 型函数，它们能将组合函数产生的可能无限的值通过单调连续的非线性转换变成有限的输出值，这也是试图模拟生物神经元的结果。常用的 S 型函数列举如下：

- Logistic 函数（最常用）：$z = A(u) = \dfrac{1}{1+\exp(-u)} \in (0,1)$。
- Tanh 函数：$z = A(u) = 1 - \dfrac{2}{1+\exp(2u)} \in (-1,1)$。
- Elliott 函数：$z = A(u) = \dfrac{u}{1+|u|} \in (-1,1)$。

- Arctan 函数：$z = A(u) = \dfrac{2}{\pi}\arctan(u) \in (-1, 1)$。

它们的图形如图 9.4 和 9.5 所示。Logistic 函数的输出范围在 0 到 1 之间，而其他三个函数的输出范围在 -1 到 1 之间。对各函数而言，输入变量的有效范围也不一样：当 u 的值偏离 0 时，Tanh 函数很快就达到边界值，Logistic 函数相对而言更慢达到边界值，而 Eliott 和 Arctan 函数的变化更加缓慢。

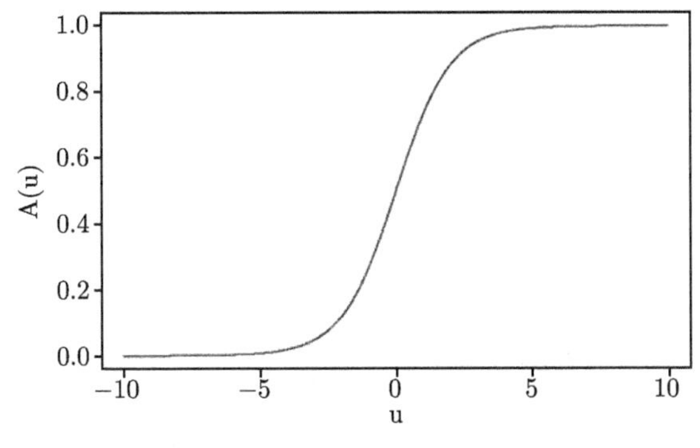

图 9.4　Logistic 函数

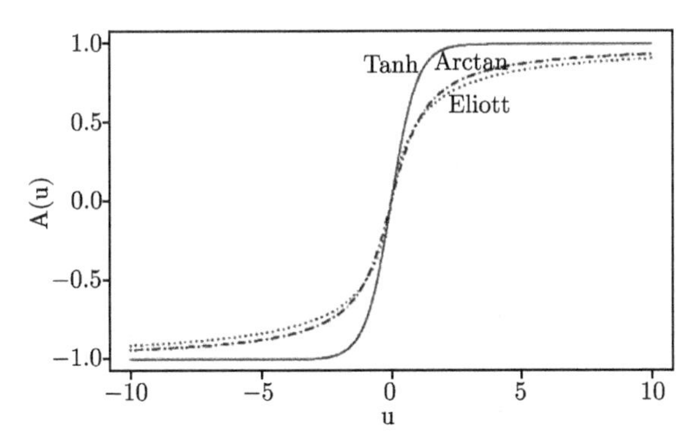

图 9.5　Tanh、Eliott 和 Arctan 函数

其他一些常用的激活函数有：

- 指数函数：$z = A(u) = \exp(u) \in (0, \infty)$。
- Softmax 函数：对同一层的 J 个神经元而言，对 $j = 1, \cdots, J$，

$$z_j = \frac{\exp(u_j)}{\sum_{j'=1}^{J}\exp(u_{j'})} \in (0, 1).$$

  Softmax 函数保证了同一层的 J 个神经元的输出值之和为 1。
- 恒等函数：$z = A(u) = u \in (-\infty, \infty)$。

三、两类常用的神经网络模型

(一) 多层感知器

多层感知器通常在隐藏层使用线性组合函数和 S 型激活函数，在输出层使用线性组合函数和与因变量相适应的激活函数。多层感知器可以形成很复杂的非线性模型。例如，在图 9.6 中，如果隐藏层使用线性组合函数和 Logistic 激活函数，那么两个隐藏神经元的输出为

$$h_1 = \frac{1}{1+\exp(-b_1 - w_{11}x_1 - w_{21}x_2)},$$

$$h_2 = \frac{1}{1+\exp(-b_2 - w_{12}x_1 - w_{22}x_2)}.$$

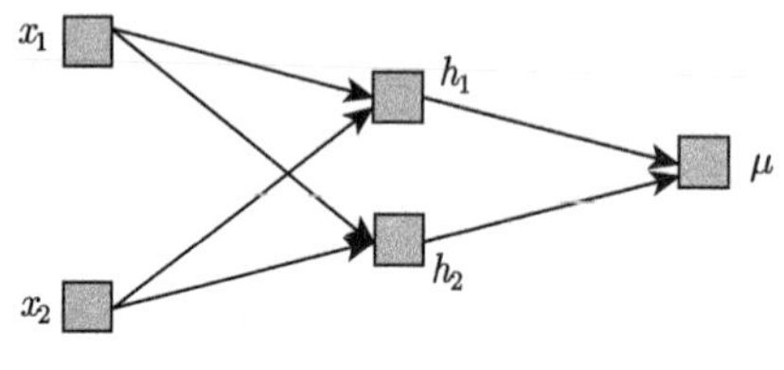

图 9.6 简单网络示例

如果输出层使用线性组合函数和指数激活函数，那么整个网络的输出为

$$\begin{aligned}\mu &= \exp(\alpha + \beta_1 h_1 + \beta_2 h_2)\\ &= \exp\left[\alpha + \frac{\beta_1}{1+\exp(-b_1 - w_{11}x_1 - w_{21}x_2)} + \frac{\beta_2}{1+\exp(-b_2 - w_{12}x_1 - w_{22}x_2)}\right].\end{aligned}$$

多层感知器是一种通用的近似器（Universal Approximator）。只要给予足够的数据、隐藏神经元和训练时间，含一层隐藏层的多层感知器就能够以任意精确度近似自变量和因变量之间几乎任何形式的函数。使用更多的隐藏层可能用更少的隐藏神经元和参数就能形成复杂的非线性模型，提高模型对训练数据之外的数据的可推广性。

(二) 径向基函数网络

径向基函数网络（Radio Basis Network Function，简称 RBNF）是另一种常用的神经网络。它通常只含有一层隐藏层，其中各隐藏神经元使用径向组合函数

$$\Sigma_j(\cdot) = \log(a_j) - \tau_j \sum_{r=1}^{s}(v_r - w_{rj})^2,$$

其中 $(w_{1j},\cdots,w_{sj})$ 是第 j 个隐藏神经元的中心，a_j 和 τ_j 是高度和精度参数。也可以假设对各隐藏神经元而言，a_j 或 τ_j 的取值都一样。

各隐藏单元的激活函数为指数函数或 Softmax 函数。

- 若使用指数函数，隐藏神经元 j 的输出值为

$$\exp\left[\log(a_j)-\tau_j\sum_{r=1}^{s}(v_r-w_{rj})^2\right]=a_j\exp\left[-\tau_j\sum_{r=1}^{s}(v_r-w_{rj})^2\right],$$

  这正比于一个多元正态分布的概率密度函数；

- 若使用 Softmax 函数，这些输出值在隐藏层进行了正则化，使得各隐藏神经元的输出值之和为 1。

径向基函数网络的输出层通常采用线性组合函数和与因变量相适应的激活函数。

径向基函数网络也可以形成很复杂的非线性模型，它近似函数的功能和多层感知器类似。例如，在图 9.6 中，如果隐藏层使用径向组合函数和 Softmax 激活函数，那么两个隐藏神经元的输出为

$$h_1=\frac{a_1\exp\left[-\tau_1\left((x_1-w_{11})^2+(x_2-w_{21})^2\right)\right]}{a_1\exp\left[-\tau_1\left((x_1-w_{11})^2+(x_2-w_{21})^2\right)\right]+a_2\exp\left[-\tau_2\left((x_1-w_{12})^2+(x_2-w_{22})^2\right)\right]},$$

$$h_2=\frac{a_2\exp\left[-\tau_2\left((x_1-w_{12})^2+(x_2-w_{22})^2\right)\right]}{a_1\exp\left[-\tau_1\left((x_1-w_{11})^2+(x_2-w_{21})^2\right)\right]+a_2\exp\left[-\tau_2\left((x_1-w_{12})^2+(x_2-w_{22})^2\right)\right]}.$$

如果输出层使用线性组合函数和指数激活函数，那么整个网络的输出为

$$\begin{aligned}\mu=&\exp(\alpha+\beta_1h_1+\beta_2h_2)\\=&\exp\left\{\alpha+\frac{\beta_1a_1\exp\left[-\tau_1\left((x_1-w_{11})^2+(x_2-w_{21})^2\right)\right]}{a_1\exp\left[-\tau_1\left((x_1-w_{11})^2+(x_2-w_{21})^2\right)\right]+a_2\exp\left[-\tau_2\left((x_1-w_{12})^2+(x_2-w_{22})^2\right)\right]}\right.\\&\left.+\frac{\beta_2a_2\exp\left[-\tau_2\left((x_1-w_{12})^2+(x_2-w_{22})^2\right)\right]}{a_1\exp\left[-\tau_1\left((x_1-w_{11})^2+(x_2-w_{21})^2\right)\right]+a_2\exp\left[-\tau_2\left((x_1-w_{12})^2+(x_2-w_{22})^2\right)\right]}\right\}.\end{aligned}$$

隐藏层使用指数激活函数的径向基函数网络被称为普通径向基函数网络（Ordinary RBNF，简称 ORBNF），其中各隐藏神经元不应使用高度参数 a_j，否则它们与隐藏神经元到输出单元的连接权就形成冗余参数。举例而言，如果图 9.6 中的隐藏单元的激活函数为带高度参数的指数函数，那么两个隐藏神经元的输出

为

$$h_1 = a_1 \exp\left[-\tau_1\left((x_1 - w_{11})^2 + (x_2 - w_{21})^2\right)\right],$$
$$h_2 = a_2 \exp\left[-\tau_2\left((x_1 - w_{12})^2 + (x_2 - w_{22})^2\right)\right].$$

整个网络的输出为

$$\begin{aligned}\mu &= \exp(\alpha + \beta_1 h_1 + \beta_2 h_2)\\ &= \exp\left\{\alpha + \beta_1 a_1 \exp\left[-\tau_1\left((x_1 - w_{11})^2 + (x_2 - w_{21})^2\right)\right]\right.\\ &\quad \left. + \beta_2 a_2 \exp\left[-\tau_2\left((x_1 - w_{12})^2 + (x_2 - w_{22})^2\right)\right]\right\}.\end{aligned}$$

很明显，我们只能估计 $\beta_1 a_1$（或 $\beta_2 a_2$）而根本无法单独估计 β_1 和 a_1（或 β_2 和 a_2），它们形成冗余。

隐藏层使用 Softmax 函数的径向基函数网络被称为正则化径向基函数网络（Normalized RBNF，简称 NRBNF），这时可以使用高度参数 a_j。

神经网络模型的结构具有很大的灵活性。每一层的各个神经单元并非一定要全部连接到下一层的各个神经单元，可以去掉一些连接；输入神经元也并非一定要连接到隐藏神经元再连接到输出神经元，可以跳过隐藏层直接连接到输出神经元。如前所述，神经网络模型的一大优点是能够很好地近似自变量与因变量之间的任意函数关系。但是，因为自变量与因变量之间的关系是复杂而非线性的，神经网络模型的一大缺点是很难进行解释。

9.2 误差函数

一些典型的神经网络模型可以看作是广义线性模型的推广。令 μ 表示因变量 Y 分布的位置参数。广义线性模型中的系统成分使用连接函数 $\eta = g(\mu)$，再令 $\eta = \alpha + \boldsymbol{x}^{\mathrm{T}}\boldsymbol{\beta}$。在神经网络模型中，如果在输出层使用线性组合函数，可令 η' 为组合之后的值：

$$\eta' = \alpha + \boldsymbol{h}^{\mathrm{T}}\boldsymbol{\beta}, \tag{9.1}$$

其中 $\boldsymbol{h}$ 为最后一层隐藏层各神经元的输出值组成的向量。设输出层的激活函数为 A，并令神经网络的输出值为 $\mu = A(\eta')$。如果让 A 等于 g 的逆函数，那么 $\eta' = A^{-1}(\mu) = g(\mu) = \eta$。神经网络模型相当于与广义线性模型使用了同样的连接函数，但却用 $\boldsymbol{x}$ 的非线性函数的线性组合替代了广义线性模型中 $\boldsymbol{x}$ 的线性组合（注意到方程 (9.1) 中向量 $\boldsymbol{h}$ 所含的每一个隐藏神经元的输出值都是输入 $\boldsymbol{x}$ 的非线性函数）。与广义线性模型类似，神经网络模型中因变量 Y 的分布也可以多种多样。

设数据集为 $\{(\boldsymbol{x}_i, y_i), i = 1, \cdots, N\}$，$o_i$ 为与将 $\boldsymbol{x}_i$ 输入神经网络后得到的输出值（o_i 多数情况下等于 μ_i）。根据 o_i 与 y_i 可定义误差函数 $E(\cdot)$，误差函数越小，模型拟合效果越好。一种常用的误差函数是对数似然函数的负值；当 Y 的分布属于指数族分布时，还可使用偏差来定义误差函数。

下面我们根据因变量的不同取值类型讨论神经网络模型输出层的常见情形，它们可与 7.5 节第三部分中广义线性模型的各种情形对照着看。

情形一: 因变量为二值变量或比例

设因变量 $Y \sim \text{Binomial}(n, \mu)/n$。与逻辑回归相对应，神经网络的输出为 μ，输出层的激活函数采用 Logistic 函数，也就是逻辑连接函数的逆函数：

$$\mu = \frac{1}{1 + \exp(-\eta')} \Longleftrightarrow \eta' = \log \frac{\mu}{1 - \mu}.$$

情形二: 因变量为多种取值的名义变量

因变量 Y 的取值为 $1, \cdots, K$，各取值之间是无序的。令 μ_k 表示 Y 取值为 k 的概率（$k = 1, \cdots, K$），它们满足 $\mu_1 + \cdots + \mu_K = 1$。

方案一：与多项逻辑回归相对应。神经网络的输出层含 $K-1$ 个输出单元，输出值 η'_k（$k = 1, \cdots, K-1$）为

$$\eta'_k = \log \frac{\mu_k}{\mu_K}.$$

输出层的激活函数采用恒等函数。

方案二：输出层含有 K 个输出单元，采用 Softmax 激活函数，输出值为 μ_k（$k = 1, \cdots, K$）。

情形三: 因变量为定序变量

因变量 Y 的取值为 $1, \cdots, K$，但各取值之间是有序的。与定序逻辑回归相对应。

神经网络的输出层含 $K-1$ 个输出单元，输出值 μ_k 表示 Y 取值小于或等于 k 的概率（$k = 1, \cdots, K-1$），它们满足 $0 = \mu_0 \leqslant \mu_1 \leqslant \mu_2 \leqslant \cdots \leqslant \mu_{K-1} \leqslant \mu_K = 1$。

输出层的组合函数为斜率相等的线性组合函数：

$$\eta'_k = \alpha_k + \boldsymbol{h}^{\mathrm{T}} \boldsymbol{\beta} \ (k = 1, \cdots, K-1), \quad \alpha_1 \leqslant \alpha_2 \leqslant \cdots \leqslant \alpha_{K-1}.$$

输出层的激活函数采用 Logistic 函数，也就是逻辑连接函数的逆函数：

$$\mu_k = \frac{1}{1+\exp(-\eta'_k)} \Longleftrightarrow \eta'_k = \log \frac{\mu_k}{1-\mu_k}.$$

情形四：因变量为计数变量

因变量 Y 的取值为 $1, 2, \cdots$，代表某事件发生的次数。与泊松回归相对应。设 Y 满足泊松分布：$Y \sim \text{Poisson}(\mu)$。神经网络的输出为 μ。输出层的激活函数采用指数函数，也就是对数连接函数的逆函数：

$$\mu = \exp(\eta') \Longleftrightarrow \eta' = \log \mu.$$

情形五：因变量为非负连续变量

因变量 Y 的取值连续非负（例如，收入、销售额）。类似于 7.5 节第三部分中广义线性模型的各种情况，Y 的分布可能是泊松、伽马或正态分布。神经网络的输出 μ 代表 Y 的均值。输出层的激活函数采用指数函数，也就是对数连接函数的逆函数：

$$\mu = \exp(\eta') \Longleftrightarrow \eta' = \log \mu.$$

情形六：因变量为取值可正可负的连续变量

输出层的输出值 μ 都代表 Y 的分布的位置参数，激活函数都采用恒等函数，但对 Y 的分布可有多种假设（不限于广义线性模型中所使用的正态假设）。

- 可假设 Y 满足正态分布，即 $Y \sim N(\mu, \sigma^2)$；等价地，$W = \frac{Y-\mu}{\sigma}$ 满足标准正态分布。
- 可假设 $W = \frac{Y-\mu}{\sigma}$ 满足标准柯西（Cauchy）分布。因为柯西分布不属于指数族分布，误差函数只能采用对数似然函数的负值，而不能采用偏差。对数似然函数的负值为

$$\sum_{i=1}^{N} \log \left\{ \sigma \left[1 + \left(\frac{y_i - \mu_i}{\sigma} \right)^2 \right] \right\}.$$

- 可假设 $W = \frac{Y-\mu}{\sigma}$ 满足标准 logistic 分布。因为 logistic 分布不属于指数族分布，误差函数只能采用对数似然函数的负值，而不能采用偏差。对数似然函数的负值为

$$-\sum_{i=1}^{N} \log \left\{ \frac{\exp\left(\frac{y_i-\mu_i}{\sigma}\right)}{\sigma \left[1+\exp\left(\frac{y_i-\mu_i}{\sigma}\right)\right]^2} \right\}.$$

图 9.7 绘出了标准正态分布、标准柯西分布和标准 logistic 分布的概率密度函数，它们都关于零点对称，但是峰值和尾部特性都不一样。相比正态分布而言，因为柯西分布或 logistic 分布为厚尾分布，它们对异常值更加稳健。

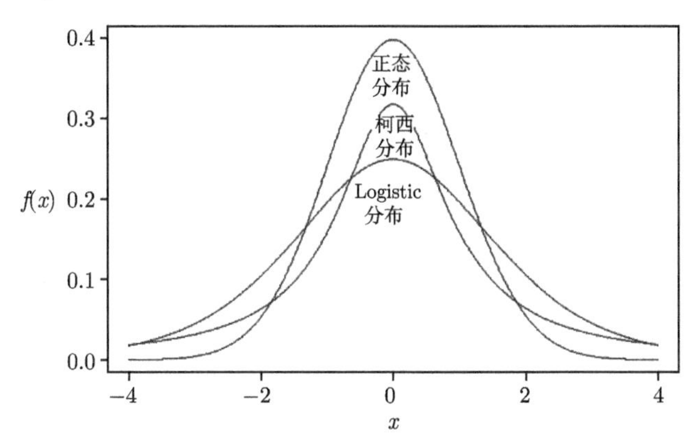

图 9.7　标准正态分布、标准柯西分布和标准 logistic 分布

9.3　神经网络训练算法

神经网络中有诸多参数，如 b_j、w_{rj}、a_j、τ_j，需要搜寻它们的最优值以最小化误差函数，这一搜寻过程被称为“训练”。通常，首先随机初始化各参数的值，再通过迭代搜寻最优值。下面介绍一些常用的神经网络的训练算法。

一、 向后传播算法（Back-Propagation）

向后传播算法，也称反向传播算法，是神经网络领域最常用的训练算法。在第 t 步，令 $\boldsymbol{\theta}^{(t)}$ 表示参数向量 $\boldsymbol{\theta}$ 的值，使用链式规则可以计算误差函数的梯度向量 $\boldsymbol{\gamma}^{(t)} = \left.\frac{\partial E}{\partial \boldsymbol{\theta}}\right|_{\boldsymbol{\theta}=\boldsymbol{\theta}^{(t)}}$，它给出了误差函数上升最快的方向，那么它的负值就给出了误差函数下降最快的方向。因此，可使用如下规则更新 $\boldsymbol{\theta}$：

$$\boldsymbol{\theta}^{(t+1)} = \boldsymbol{\theta}^{(t)} + \Delta\boldsymbol{\theta}^{(t)},$$
$$\Delta\boldsymbol{\theta}^{(t)} = -\rho\boldsymbol{\gamma}^{(t)},$$

其中 $\rho > 0$ 被称为学习速率（Learning Rate），它给出了沿着梯度方向更新 $\boldsymbol{\theta}$ 的步长。如果 ρ 太小，训练过程会很慢，可能在固定时间内无法达到最优值；但如果 ρ 太大，$\boldsymbol{\theta}$ 可能围着最优值反复振荡而无法达到最优值，甚至会跳出最优值附近的范围。然而，ρ 的最佳值依赖于具体的问题，除反复试验之外没有更有效的方法来设置 ρ。向后传播算法是梯度下降（Gradient Descent）算法的一个特例。

在向后传播算法中，还可以使用以前参数变化量的指数平均来引导当前的参数变化，以增加算法的稳定性。此时更新 $\boldsymbol{\theta}$ 的规则变为：

$$\begin{aligned}\boldsymbol{\theta}^{(t+1)} &= \boldsymbol{\theta}^{(t)} + \Delta\boldsymbol{\theta}^{(t)},\\ \Delta\boldsymbol{\theta}^{(t)} &= \xi\Delta\boldsymbol{\theta}^{(t-1)} + (1-\xi)[-\rho\boldsymbol{\gamma}^{(t)}],\end{aligned}$$

其中 $0 \leqslant \xi \leqslant 1$ 称为动量（momentum）。如果 $\xi = 0$，当前的参数变化量完全由当前梯度值决定；如果 $\xi = 1$，当前的参数变化量完全由过去的参数变化量决定。通常，ξ 在 0 到 1 之间，因此过去的参数变化量和当前梯度值结合起来影响当前的参数变化量。注意到

$$\begin{aligned}\Delta\boldsymbol{\theta}^{(t)} &= \xi\Delta\boldsymbol{\theta}^{(t-1)} - (1-\xi)\rho\boldsymbol{\gamma}^{(t)},\\ \Delta\boldsymbol{\theta}^{(t-1)} &= \xi\Delta\boldsymbol{\theta}^{(t-2)} - (1-\xi)\rho\boldsymbol{\gamma}^{(t-1)},\\ &\cdots\\ \Delta\boldsymbol{\theta}^{(0)} &= -(1-\xi)\rho\boldsymbol{\gamma}^{(0)}.\end{aligned}$$

递归地将相关的 $\Delta\boldsymbol{\theta}$ 的值代入，可以得到

$$\Delta\boldsymbol{\theta}^{(t)} = -\xi^t(1-\xi)\rho\boldsymbol{\gamma}^{(0)} - \xi^{t-1}(1-\xi)\rho\boldsymbol{\gamma}^{(1)} - \cdots - (1-\xi)\rho\boldsymbol{\gamma}^{(t)}.$$

因此，过去的梯度值和当前的梯度值都影响当前的参数变化量，而更近的梯度值对当前参数变化量的影响更大。如果过去平均梯度的方向和当前梯度方向相似，引入动量可以使变化更快；而如果两者不同，引入动量将使参数变化的速度减慢，避免 $\boldsymbol{\theta}$ 围着最优值反复振荡。因此，引入动量可以增加算法的稳定性。

向后传播算法的名字来源于对梯度向量的计算过程。根据链式规则，在计算梯度向量时由输出层开始，一层层反过来计算。在计算误差函数对输出层参数的导数时，先计算误差函数对网络输出值的导数，再乘以网络输出值对输出层参数的导数；在计算误差函数对最后一层隐藏层（即最靠近输出层的隐藏层）的参数的导数时，先计算误差函数对网络输出值的导数，再乘以网络输出值对该隐藏层输出值的导数，再乘以该隐藏层输出值对该层参数的导数；等等。例如，在图 9.6 中，误差函数对输出层参数 β_1 的导数为 $\dfrac{\partial E}{\partial \mu}\cdot\dfrac{\partial \mu}{\partial \beta_1}$，误差函数对隐藏层参数 w_{11} 的导数为 $\dfrac{\partial E}{\partial \mu}\cdot\dfrac{\partial \mu}{\partial h_1}\cdot\dfrac{\partial h_1}{\partial w_{11}}$。

在向后传播算法中，可以设置每批次（batch）训练样本的大小。一个批次的训练样本最少为单个样本，最多为所有训练样本。每批次训练样本输入神经网络后，

参数都进行更新，此时使用基于该批次观测的误差函数，即对该批次每个观测所计算的对数似然函数负值或偏差的总和。训练数据反复使用，训练数据集中的所有样本每遍历一次称为一次全迭代（epoch）。如果每批次观测过少，因为训练数据的随机性，每个批次可能对参数进行随机的更新而把原来的更新抵消掉，导致更多振荡和不稳定，训练时间也更长。

学习速率和动量对向后传播算法是否收敛以及神经网络拟合数据的性能都有很大影响，通常需要通过反复试验仔细地设置它们的值。

二、 最速下降法（Steepest Descent Method）

与向后传播算法类似，最速下降法同样尝试沿着 $\boldsymbol{\gamma}^{(t)}$ 的反方向对参数进行更新

$$\boldsymbol{\theta}^{(t+1)} = \boldsymbol{\theta}^{(t)} - \rho^{(t)}\boldsymbol{\gamma}^{(t)}.$$

与向后传播算法不同的是，学习速率 ρ 不是一个固定的数。在第 t 步，首先为 $\rho^{(t)}$ 设定一个初始值，如果所得的 $\boldsymbol{\theta}^{(t+1)}$ 的值使误差函数减小，就进入第 $t+1$ 步，否则不断尝试减小 $\rho^{(t)}$ 的值，直到误差函数减小，或者所得误差函数与当前误差函数的差值小于某个阈值，或者 $\rho^{(t)}$ 的值小于某个阈值。在后两种情况下，算法达到收敛，可停止；否则进入第 $t+1$ 步。

三、 共轭梯度算法（Conjugate Gradient Method）

最速下降法的每一步都使用当前梯度向量的反方向作为搜寻方向，这些搜寻方向可能重复而浪费搜寻时间。共轭梯度算法使用相互共轭（共轭的一种特殊情形是正交）的搜寻方向，以便更快达到收敛。

具体而言，共轭梯度算法的步骤如下：

1. 设初始化的参数向量为 $\boldsymbol{\theta}^{(0)}$。可计算初始梯度向量 $\boldsymbol{\gamma}^{(0)}$ 和初始搜寻方向 $\boldsymbol{d}^{(0)} = -\boldsymbol{\gamma}^{(0)}$。算法在该搜寻方向上寻找最优的步长 $\rho^{(0)}$，使得 $\boldsymbol{\theta}^{(1)} = \boldsymbol{\theta}^{(0)} + \rho^{(0)}\boldsymbol{d}^{(0)}$ 最小化误差函数。

2. 在第 t 步，设参数向量为 $\boldsymbol{\theta}^{(t)}$，梯度向量为 $\boldsymbol{\gamma}^{(t)}$。

（1）寻找搜寻方向 $\boldsymbol{d}^{(t)}$ 使得：

（i）$\boldsymbol{d}^{(t)}$ 是以前所有搜寻方向 $\boldsymbol{d}^{(0)}, \cdots, \boldsymbol{d}^{(t-1)}$ 和当前梯度向量 $\boldsymbol{\gamma}^{(t)}$ 的线性组合；

（ii）$\boldsymbol{d}^{(t)}$ 与以前所有的搜寻方向都共轭。

（2）在该搜寻方向上寻找最优的步长 $\rho^{(t)}$ 使得 $\boldsymbol{\theta}^{(t+1)} = \boldsymbol{\theta}^{(t)} + \rho^{(t)}\boldsymbol{d}^{(t)}$ 最小化误差函数。

四、 Newton-Raphson 算法

考虑一个二阶连续可导的一维函数 $f(x)$。根据泰勒展开可得：

$$f(x+g) \approx f(x) + f'(x)g + \frac{1}{2}f''(x)g^2.$$

若要使 $f(x+g)$ 的值达到最小，g 的值应满足一阶条件：

$$0 = \frac{\partial f(x+g)}{\partial g} \approx f'(x) + f''(x)g,$$

即 $g \approx -\frac{f'(x)}{f''(x)}$。

Newton-Raphson 算法把这个想法推广到二阶连续可导的多维函数，可以用来最小化神经网络中的误差函数。在第 t 步，设参数向量为 $\boldsymbol{\theta}^{(t)}$，梯度向量为 $\boldsymbol{\gamma}^{(t)}$，而误差函数对所有参数的二阶偏导 $\left.\frac{\partial^2 E}{\partial\boldsymbol{\theta}\partial\boldsymbol{\theta}^{\mathrm{T}}}\right|_{\boldsymbol{\theta}=\boldsymbol{\theta}^{(t)}}$ 构成 Hessian 矩阵 $\boldsymbol{H}^{(t)}$。对参数更新的规则为：

$$\boldsymbol{\theta}^{(t+1)} = \boldsymbol{\theta}^{(t)} - [\boldsymbol{H}^{(t)}]^{-1}\boldsymbol{\gamma}^{(t)}.$$

我们也可以对 Newton-Raphson 算法进行如下修改，在每一步，使用

$$\boldsymbol{\theta}^{(t+1)} = \boldsymbol{\theta}^{(t)} - \rho^{(t)}[\boldsymbol{H}^{(t)}]^{-1}\boldsymbol{\gamma}^{(t)}$$

更新参数。先为 $\rho^{(t)}$ 设定一个初始值，如果所得的 $\boldsymbol{\theta}^{(t+1)}$ 的值使得误差函数减小，就进入第 $t+1$ 步，否则不断尝试减小 $\rho^{(t)}$ 的值，直到误差函数减小，或者所得误差函数与当前误差函数的差值小于某个阈值，或者 $\rho^{(t)}$ 的值小于某个阈值。在后两种情况下，算法达到收敛，可停止；否则进入第 $t+1$ 步。

五、 Levenberg-Marquardt 算法

如果 Newton-Raphson 算法中的 Hessian 矩阵不是正定矩阵，算法可能不收敛。Levenberg-Marquardt 算法克服了这一缺点，在每一步使用如下规则更新参数：

$$\boldsymbol{\theta}^{(t+1)} = \boldsymbol{\theta}^{(t)} - [\boldsymbol{H}^{(t)} + \lambda^{(t)}\boldsymbol{I}]^{-1}\boldsymbol{\gamma}^{(t)},$$

其中 $\boldsymbol{I}$ 是单位矩阵，$\lambda^{(t)} > 0$，只要 $\lambda^{(t)}$ 足够大，$\boldsymbol{H}^{(t)} + \lambda^{(t)}\boldsymbol{I}$ 一定成为正定矩阵。$\lambda^{(t)}$ 取较小的初始值，如果所得的 $\boldsymbol{\theta}^{(t+1)}$ 的值使得误差函数减小，就进入第 $t+1$ 步，否则不断尝试增加 $\lambda^{(t)}$ 的值，直到误差函数减小，或者所得误差函数与当前误差函数的差值小于某个阈值，或者 $\lambda^{(t)}$ 的值大于某个阈值。在后两种情况下，算法停止；否则进入第 $t+1$ 步。

可以看出，如果在 t 步最后采用的 $\lambda^{(t)}$ 的值比较小，那么 $[\boldsymbol{H}^{(t)}+\lambda^{(t)}\boldsymbol{I}]^{-1}$ 的值接近于 $[\boldsymbol{H}^{(t)}]^{-1}$，因而 Levenberg-Marquardt 算法的步骤接近于 Newton-Raphson 算法的步骤；而如果 $\lambda^{(t)}$ 的值比较大，那么 $[\boldsymbol{H}^{(t)}+\lambda^{(t)}\boldsymbol{I}]^{-1}$ 的值接近于 $1/\lambda^{(t)}\boldsymbol{I}$，因而 Levenberg-Marquardt 算法的步骤接近于最速下降法的步骤。因此，Levenberg-Marquardt 算法结合了 Newton-Raphson 算法和最速下降法。

向后传播算法、最速下降法、共轭梯度法等方法只使用梯度，被称为一阶方法（First-order Methods）；而 Newton-Raphson 算法和 Levenberg-Marquardt 算法都需要用到 Hessian 矩阵，被称为二阶方法（Second-order Methods）。通常二阶方法达到收敛所需的迭代次数更少，但它们每次迭代的计算成本更高。此外，二阶方法中有时给 Hessian 矩阵取逆会导致数值不稳定性（Numerical Instability），这时它们的性能可能不令人满意，而一阶方法却会比较有效。

六、 拟牛顿法（Quasi-Newton Method）

拟牛顿法不直接计算 Hessian 矩阵，而是使用当前和以前的梯度向量逐渐地近似 Hessian 矩阵的逆矩阵，得到 $\widetilde{\boldsymbol{G}}^{(t)} \approx [\boldsymbol{H}^{(t)}]^{-1}$，然后在每一步使用

$$\boldsymbol{\theta}^{(t+1)} = \boldsymbol{\theta}^{(t)} - \widetilde{\boldsymbol{G}}^{(t)}\gamma^{(t)}$$

来更新参数。

七、 Quickprop 算法

考虑到 Newton-Raphson 算法中需要计算 Hessian 矩阵，既费时间又费存储空间，Quickprop 使用一个对角矩阵来近似 Hessian 矩阵，因而每个参数可以单独更新。对于任意一个参数 θ 而言，在第 t 步，误差函数对 $\theta^{(t)}$ 的二阶导数为

$$H^{(t)} \equiv \left.\frac{\partial^2 E}{\partial \theta^2}\right|_{\theta=\theta^{(t)}} = \left.\frac{\partial\left(\frac{\partial E}{\partial \theta}\right)}{\partial \theta}\right|_{\theta=\theta^{(t)}},$$

$H^{(t)}$ 被近似为

$$\tilde{H}^{(t)} \equiv \frac{\left.\frac{\partial E}{\partial \theta}\right|_{\theta=\theta^{(t)}} - \left.\frac{\partial E}{\partial \theta}\right|_{\theta=\theta^{(t-1)}}}{\theta^{(t)} - \theta^{(t-1)}} = \frac{\gamma^{(t)} - \gamma^{(t-1)}}{\theta^{(t)} - \theta^{(t-1)}}.$$

对 θ 的更新规则为

$$\theta^{(t+1)} = \theta^{(t)} - \gamma^{(t)}/\tilde{H}^{(t)}.$$

神经网络的误差函数通常有很多局部最优值和鞍点（Saddle Point；误差函数在鞍点的梯度为 0，但鞍点而在一些方向上是误差函数的极小值点而在另一些方向上是误差函数的极大值点)，而上述训练算法若达到收敛，通常也只能收敛到局部最优值或鞍点而不是全局最优值。减轻这个问题的一种有效方法是预训练（Preliminary Training)：为参数随机选取多个初始值，每个初始值都进行少数迭代，再从所得的多个参数估计中选取最优（使误差函数最小）的参数估计作为之后训练的初始值。

9.4 提高神经网络模型的可推广性

神经网络模型的复杂度和隐藏单元的数目、各神经单元之间的连接数和参数值的大小有关。隐藏单元越多、连接数越多、参数的绝对值越大，模型越复杂。这里参数值大小与模型复杂度的关系可以这样来看：如果参数值接近 0，去除与该参数相关的连接可能对模型的预测效果没有太大影响；而如果参数的绝对值较大，就无法做这样的简化。我们需要足够复杂的模型来拟合自变量与因变量之间的关系，避免拟合不足；但如果模型过于复杂，会将训练数据集中的噪音也学习进来，造成过度拟合，导致模型不适用于其他数据。

一、 几种常用方法

下列几种常用的方法可以提高神经网络模型对训练数据之外的数据的可推广性，它们都需要使用验证数据集。

1. 穷尽搜索（Exhaustive Search）

穷尽搜索是最简单但也最费时的方法。通过反复试验设置不同数目的隐藏单元，察看相应的不同模型对验证数据集的误差函数值，从而选择最优的隐藏单元数。

2. 早停止法（Early Stopping）

早停止法采用比较多的隐藏单元，但在训练过程中不断监测各次迭代的参数所对应模型的误差函数值。训练数据集的误差函数值会持续下降，而验证数据集的误差函数值最初也会下降，但在某次迭代达到最小值后反而会上升。我们需要取这次迭代所得的参数估计（而不是训练算法收敛后所得的参数估计）作为最后的参数估计。需要注意的是，验证数据集的误差函数值可能不是简单地先持续下降至最低点再持续上升，而可能出现多次反复，因此不能看到验证数据集的误差函数值一上升就马上停止训练过程，而要等到训练算法收敛或训练时间达到某个预先设定的阈值后再选择各次迭代中最优的参数。

3. 规则化法（Regularization）

规则化法同样采用比较多的隐藏单元，但在训练时不直接使用误差函数作为目标函数，而是使用

$$E(\cdot)+\delta\sum_q \theta_q^2$$

作为目标函数，其中 δ 被称为权衰减常数（weight decay constant），θ_q 为参数向量 $\boldsymbol{\theta}$ 的分量。加了惩罚项 $\delta\sum\theta_q^2$ 后，可以使那些对误差函数没有什么影响的参数取值更接近于 0，限制模型的复杂度。通常，会选取不同的 δ 值分别进行训练，挑选对验证数据集预测误差最小的模型。

二、 对神经网络的修剪

为了适当降低模型的复杂度而又保证模型的预测性能变化不大，还可以考虑对神经网络的某些连接甚至某些神经单元进行修剪。最简单的一种想法是将对应参数绝对值比较小的连接进行修剪，但这种做法不完全妥当。举例而言，假设有一个输入 x，它的取值范围是 $[0,1]$，它连接的某个隐藏单元使用线性组合函数和 Logistic 激活函数，该隐藏单元的输出值为

$$z=\frac{1}{1+\exp(9.5+10x)}.$$

尽管上式中 x 的系数为 10，绝对值比较大，但实际上线性组合 $9.5+10x$ 的取值范围 [9.5，19.5] 属于激活函数对输入不敏感的区域，上述隐藏单元的输出值范围是 $[3.4\times10^{-9},7.5\times10^{-5}]$，可能对模型的最终输出根本没有什么影响。

下面介绍两种常用的修剪神经网络的方法：Optimal Brain Damage（简写为 OBD）（LeCun and et al.,1990）和 Optimal Brain Surgeon（简写为 OBS）（Hassibi and et al.,1993）。它们都将参数的重要性定义为将参数值设为 0 所带来的成本。如果对目标函数 $O(\boldsymbol{\theta})$（可能包含惩罚项）进行泰勒展开，可以得到：

$$\Delta O\equiv O(\boldsymbol{\theta}+\Delta\boldsymbol{\theta})-O(\boldsymbol{\theta})\approx\left(\frac{\partial O}{\partial\boldsymbol{\theta}}\right)^{\mathrm{T}}\Delta\boldsymbol{\theta}+\frac{1}{2}[\Delta\boldsymbol{\theta}]^{\mathrm{T}}\boldsymbol{H}\Delta\boldsymbol{\theta},$$

其中 $\boldsymbol{H}=\dfrac{\partial O}{\partial\boldsymbol{\theta}\partial\boldsymbol{\theta}^{\mathrm{T}}}$ 为 Hessian 矩阵。设网络经过训练达到目标函数的局部最小，那么 $\dfrac{\partial O}{\partial\boldsymbol{\theta}}$ 近似为 0，因此 $\dfrac{1}{2}[\Delta\boldsymbol{\theta}]^{\mathrm{T}}\boldsymbol{H}\Delta\boldsymbol{\theta}$ 大致等于目标函数的变化。如果把某个参数 θ_q 设为 0，可计算目标函数的增加值，选择使之最小的那些参数进行修剪。

OBD 只将参数 θ_q 设为 0，而保持其他参数的值不变，相应的参数变化向量 $\Delta\boldsymbol{\theta}$ 中第 q 个元素为 $-\theta_q$，而其它元素为 0，代入 $\dfrac{1}{2}[\Delta\boldsymbol{\theta}]^{\mathrm{T}}\boldsymbol{H}\Delta\boldsymbol{\theta}$，可得相应目标函

数的增加值即参数 θ_q 的重要性为

$$s_q = \frac{\boldsymbol{H}_{qq}\theta_q^2}{2},$$

其中 $\boldsymbol{H}_{qq}$ 是 $\boldsymbol{H}$ 的对角线上的第 q 个元素。

OBS 在将参数 θ_q 设为 0 的同时考虑改变其他参数的值，以使目标函数的增加值最小。换句话说，OBS 在保证参数变化向量 $\Delta\boldsymbol{\theta}$ 中第 q 个元素为 $-\theta_q$ 的条件下，最小化 $\frac{1}{2}[\Delta\boldsymbol{\theta}]^\top\boldsymbol{H}\Delta\boldsymbol{\theta}$。可得相应目标函数的增加值即参数 θ_q 的重要性为

$$s_q' = \frac{\theta_q^2}{2[\boldsymbol{H}^{-1}]_{qq}},$$

其中 $[\boldsymbol{H}^{-1}]_{qq}$ 是 $\boldsymbol{H}$ 的逆矩阵的对角线上的第 q 个元素。因为需要对 Hessian 矩阵求逆，OBS 的计算量比 OBD 更大。

对神经网络的修剪过程简述如下：首先训练一个比较复杂的网络模型，再计算每个参数的重要性，尝试删除那些重要性比较低的参数，这意味着删除它们对应的神经元之间的连接甚至是整个神经元。对简化后的网络，取当前的参数估计值作为初始值，重新训练。如果简化网络的预测性能和原来的网络不相上下，那么保留简化网络并尝试进行进一步的修剪；否则终止修剪，仍然采用原来的网络。

9.5 数据预处理

数据标准化和数据转换能大大提高神经网络模型的性能。通常需要事先对自变量进行标准化，使每个连续自变量的均值为 0、方差为 1，或最小值为 0（或 -1）、最大值为 1；有时也把因变量进行标准化，使网络的参数不至于变得过大而给训练过程带来困难。在建立神经网络模型的过程中，还需要仔细察看各个变量的分布并进行适当的转换，选择使模型预测性能最佳的转换。

自变量之间的多重共线性会导致冗余参数并使参数之间的相关性变强。举例而言，假设有两个相关系数较高的自变量 x_1 和 x_2，$x_1 \approx 1 + 2x_2$，若在某隐藏神经元对它们进行线性组合 $b + w_1x_1 + w_2x_2$，组合系数 (b, w_1, w_2) 取值 (b^*, w_1^*, w_2^*)、$(b^* + w_1^*, 0, 2w_1^* + w_2^*)$、$(b^* - \frac{1}{2}w_2^*, w_1^* + \frac{1}{2}w_2^*, 0)$ 所得的结果都差不多。这既给训练算法带来多余的计算量，又使目标函数有更多局部最优值和鞍点而给优化带来困难。主成分分析是消除多重共线性的一种有效方法，因为各个主成分互不相关；此外，主成分分析还能大幅减少自变量的个数，降低网络的复杂度并减少训练时间。

和广义线性模型类似，神经网络无法处理自变量的缺失数据。如果在模型中希望包含自变量缺失的观测，需要事先对缺失值进行插补。另外，和广义线性模型类

似，神经网络也不能直接处理自变量中的类别变量，因此需要事先将这些变量转换为哑变量。

9.6 神经网络建模示例

（一） 示例：波士顿住房数据

假设 E:\dma\data 目录下的 ch9_housing.csv 记录了 1978 年美国波士顿市 506 处郊区如表 9.1 所示的一些信息 [1] 。需要建立对 MEDV 进行预测的神经网络模型。

表 9.1　ch9_housing.csv 数据集中的变量

变量名	含义
CRIM	所处镇的人均犯罪率
ZN	超过 2.5 万平方英尺的住宅地的比例
INDUS	所处镇的非零售商业用地的比例
CHAS	所处地带是否包含查尔斯河（0—1 变量）
NOX	一氧化氮浓度
RM	平均每个住所的房间数
AGE	1940 年前建造的自住房的比例
DIS	距离波士顿市五个雇佣中心的加权平均距离
RAD	接近高速公路的指数
TAX	每 1 万美元的财产税率
PTRATIO	所处镇的学生和老师的比例
B	$1000(Bk-0.63)^2$，其中 Bk 是所处镇的黑人比例
LSTAT	低收入人口的比例
MEDV	自住房价值的中位数（单位：1 000 美元）

SAS 程序：神经网络建模

首先读入数据并对数据进行一些预处理。

```
/** 读入数据集 **/
proc import datafile="E:\dma\data\ch9_housing.csv" out=housing dbms=DLM;
  delimiter=',';
  getnames=yes;
run;

data housing;
```

1. 数据来源于 https://github.com/selva86/datasets/blob/master/BostonHousing.csv。

```
  set housing;
  logMEDV=log(MEDV);
  /* 对因变量进行对数转换 */
  if MEDV ne .;
  /* 删除因变量缺失的观测 */
run;
```

SAS 软件的企业数据挖掘模块（Enterprise Miner）中的 Neural Network 节点可用来建立对 MEDV 的预测模型，具体过程如下：

- 首先在数据流图中添加输入数据源（Input Data Source）节点，在数据（Data）部分将数据集（Source Data）设为 work.housing，角色（Role）设为原始（RAW），在变量（Variables）部分将 MEDV 的模型角色（Model Role）设置为拒绝（reject），将 logMEDV 的模型角色设置为目标（target），将 MEDV 和 logMEDV 之外的其他变量的模型角色设置为输入（input）。关闭输入数据源节点。
- 在数据流图中添加数据分割（Data Partition）节点，并使输入数据源节点指向该节点。打开数据分割节点，在分割（Partition）部分将方法（Method）设为简单随机抽样（Simple Random），在比例（Percentages）部分将训练数据（Train）设为 70%，验证数据（Validation）设为 30%，测试数据（Test）设为 0。关闭数据分割节点。
- 在数据流图中添加 Neural Network 节点，并使数据分割节点指向该节点。运行 Neural Network 节点。

可察看 Neural Network 节点的运行结果，看缺省的网络模型对训练数据集和验证数据集的预测效果。还可在 Neural Network 节点中改变网络模型的设置，运行之后察看不同网络模型的预测效果。在 Neural Network 节点的基本（Basic）部分可做一些简单设置，在概要（General）部分还可选择高级用户接口（Advanced User Interface），从而在高级（Advanced）部分进行更多的设置。这里不赘述。

相关 SAS 操作教程视频请扫描以下二维码观看：

(推荐在 WIFI 环境下观看)

R 程序：神经网络建模

```
##加载程序包
library(nnet)
#nnet包建立具有一层隐藏层的神经网络模型
```

```
##读入数据，生成R数据框
housing housing <-read.csv("E:/dma/data/ch9_housing.csv")

housing <- na.omit(housing)
#housing数据集中包含缺失值，na.omit函数将有缺失值的行删除以便后续分析

##对数值自变量进行标准化，使其均值为0，标准差为1
housing[,c(1:3,5:13)] <- scale(housing[,c(1:3,5:13)])
#第四个自变量CHAS是二值变量，不需要标准化

##将数据集随机划分为训练集和验证集
idtrain <- sample(1:nrow(housing),round(0.7*nrow(housing)))
#nrow(housing)表示housing数据集的观测数。
#使用sample函数对观测序号进行简单随机抽样，抽取训练数据的观测序号。
#  round(0.7*nrow(housing))表示抽取的训练观测数为所有观测数的70%，
#  round函数取整数。
traindata <- housing[idtrain,]
#取出抽样的观测序号对应的数据作为训练数据
validdata <- housing[-idtrain,]
#取出其他观测序号对应的数据作为验证数据

##建立神经网络模型
nnet_housing <- nnet(log(MEDV)~.,traindata,maxit=300,size=5,linout=T)
#根据标准化以后的训练数据集建立有一层隐藏层的神经网络模型。
#  log(MEDV)对因变量MEDV进行对数转换，其它变量为自变量。
#  maxit=300指定最大迭代次数为300，size=5指定隐藏单元数为5，
#  linout=T说明输出单元是线性的，即使用线性组合函数和恒等激活函数
#    （因为这里因变量为连续型）。

##显示建模结果
summary(nnet_housing)
#输出结果的第一行展示了模型类型：输入层13个节点，隐藏层5个节点，
#  输出层1个节点，一共有76个权重。
#  第二行说明模型的输出单元是线性的。
```

```
#  从第三行开始给出模型的参数估计，其中b表示神经元的偏差项，
#    i1-i13表示13个输入单元，h1-h5表示5个隐藏单元，o表示输出单元。
#    例如，“b->h1”给出了第一个隐藏单元的偏差项，“i1->h1”
#      给出了从第一个输入单元到第一个隐藏单元的连接权。

##用神经网络模型对训练数据集进行预测
pre_train_MEDV <- exp(predict(nnet_housing,traindata))
#predit函数得到的预测值是取对数后的值。
#  为了方便与原数据的对比，需要将其还原为原来的形式。

##计算对训练数据集的均方根误差
rmse_train <- sqrt(mean((pre_train_MEDV-traindata$MEDV)^2))

##用神经网络模型对验证数据集进行预测
pre_valid_MEDV <- exp(predict(nnet_housing,validdata))

##计算对验证数据集的均方根误差
rmse_valid <- sqrt(mean((pre_valid_MEDV-validdata$MEDV)^2))
```

相关 R 操作教程视频请扫描以下二维码观看：

(推荐在 WIFI 环境下观看)

(二) 示例: 德国信用数据

假设 E:\dma\data 目录下的 ch9_germancredit.csv 记录了德国 1 000 位贷款客户如表 9.2 所示的一些信息 [2]。

需要建立预测 Var21 的信用风险模型。模型预测可能出现两类错误：第一类错误将信用好的客户预测为信用差；第二类错误将信用差的客户预测为信用好。后者带来的损失是前者的 5 倍。如果模型预测准确，损失为 0。

假设对于某个数据集 $\mathcal{D}$ 而言，模型预测观测 i 信用好的概率为 $\hat{p}_{i1}$，信用差的概率为 $\hat{p}_{i2}$，它们满足 $\hat{p}_{i1}+\hat{p}_{i2}=1$。在确定模型对观测 i 的分类时，如果将该观测预测为信用好，所得的期望损失为 $\hat{p}_{i1}\times 0+\hat{p}_{i2}\times 5=5\hat{p}_{i2}$；如果将该观测预测为信

2. 数据来源于 http://archive.ics.uci.edu/ml/datasets/Statlog+(German+Credit+Data)。

用差，所得的期望损失为 $\hat{p}_{i1}\times 1+\hat{p}_{i2}\times 0=\hat{p}_{i1}$。当后者小于前者时，即当 $\hat{p}_{i2}>1/6$ 时，将该观测预测为信用差。应用模型进行分类时，总损失越小越好。

表 9.2　ch9_germancredit.csv 数据集中的变量

变量名	含义
Var1	现有支票账户状况
Var2	开户月数
Var3	信用历史
Var4	申请贷款目的
Var5	信用额度
Var6	现有储蓄账户状况
Var7	工作的年数
Var8	分期付款额占可支配收入的比例
Var9	性别及婚姻状况
Var10	其他债务人/担保人
Var11	在现居住地居住的年数
Var12	财产
Var13	年龄
Var14	其他分期付款项目
Var15	住房状况
Var16	在本银行的信用数
Var17	工作状况
Var18	有责任提供维护的人数
Var19	电话状况
Var20	是不是为外籍工作人员
Var21	信用好（Var21=1）或差（Var21=2）

SAS 程序：神经网络建模

我们希望采取神经网络模型的多种设置，建立多个模型并选取预测总损失最小的模型。通过 Neural Network 节点来实现这种想法会过于繁琐，因此我们通过 SAS 编程使用 neural 过程来实现。

```
%let dir=E:\dma\out\file;
/* 宏变量dir记录将要生成的神经网络相关文件所存放的目录 */
```

```
/** 读入数据集 **/
proc import datafile="E:\dma\data\ch9_germancredit.csv" out=germancredit
dbms=DLM;
  delimiter=',';
  getnames=yes;
run;

/*** 将germancredit按照70%和30%的比例分层随机分为训练数据集和验证数据集 ***/
data germancredit;
  set germancredit;
  indic=_n_;
  /* 首先产生变量indic记录观测号 */
run;

proc sort data=germancredit;
  by var21;
run;

proc surveyselect noprint data=germancredit
  method=srs rate=0.7 out=traindata;
  strata var21;
  /* 按照因变量var21的取值（1或2）进行分层抽样，从germancredit中随机
       选取70%放入训练数据集traindata;
     因为分层抽样需要ticdata数据集按照分层变量var21的取值进行排列，
       所以前面使用了sort过程 */
run;
proc sql;
  create table validdata as
  select * from germancredit
    where indic not in (select indic from traindata);
  /* 从germancredit中选出观测号不在traindata中的观测放入验证数据集validdata */
quit;
```

```
data traindata;
  set traindata;
  drop SelectionProb SamplingWeight indic;
  /* 将训练数据集中不必要的变量删除（SelectionProb和SamplingWeight
       变量都是由前面surveyselect过程产生的）*/
run;

data validdata;
  set validdata;
  drop indic;
  /* 将验证数据集中不必要的变量删除 */
run;

/* DMDB（Data Mining Database）是SAS中的一种数据格式，
   能够优化数据挖掘建模过程的性能；
   在NEURAL过程之前通常要使用DMDB过程创建DMDB目录 */
proc dmdb data=traindata dmdbcat=dmcdata;
  /* 创建的DMDB目录名为dmcdata */
  class var1 var3 var4 var6 var7 var9 var10 var12 var14 var15 var17
    var19 var20 var21;
  /* 指明var1等变量为分类变量 */
  var var2 var5 var8 var11 var13 var16 var18;
  /* 指明var2等变量为连续变量 */
run;

proc dmdb data=validdata dmdbcat=dmcdata;
  /* 使用的DMDB目录名为dmcdata */
  class var1 var3 var4 var6 var7 var9 var10 var12 var14 var15 var17
    var19 var20 var21;
  /* 指明var1等变量为分类变量 */
  var var2 var5 var8 var11 var13 var16 var18;
  /* 指明var2等变量为连续变量 */
run;

/* 创建决策矩阵，To_1和To_2为两个备择决策的名字，
   它们分别代表模型预测的类别为1和2 */
```

```
data decisionmatrix;
  var21=1; /* 设因变量var21的真实值为1 */
  To_1=0;  /* 若var21的真实值为1，选择决策为To_1所带来的损失为0 */
  To_2=1;  /* 若var21的真实值为1，选择决策为To_2所带来的损失为1 */
  output;  /* 将第一行各变量的取值输出到表示决策矩阵的数据集中 */
  var21=2; /* 设因变量var21的真实值为2 */
  To_1=5;  /* 若var21的真实值为2，选择决策为To_1所带来的损失为5 */
  To_2=0;  /* 若var21的真实值为2，选择决策为To_2所带来的损失为0 */
  output;  /* 将第二行各变量的取值输出到表示决策矩阵的数据集中 */
run;

/*** 使用神经网络建立广义线性模型（没有隐藏层） ***/
proc neural data=traindata validdata=validdata
  dmdbcat=dmcdata ranscale=.1 random=0;
  /* 训练数据集为traindata，验证数据集为validdata，DMDB目录为dmcdata;
     参数的初始值从均值为0、标准偏差为0.1的正态分布随机选取;
     random选项指定随机种子，random=0指根据机器时间产生随机种子 */

  input var1 var3 var4 var6 var7 var9 var10 var12 var14 var15
    var17 var19 var20 / level=nom;
  /* 指明自变量var1等为名义变量 */
  input var2 var5 var8 var11 var13 var16 var18 / level=int;
  /* 指明自变量var2等为定距变量 */
  target var21 / level=nom;
  /* 指明因变量var21为名义变量 */

  decision decdata=decisionmatrix (type=loss) decvars=To_1 To_2;
  /* 指出决策矩阵为decisionmatrix，类型为损失矩阵，矩阵中决策变量为To_1和To_2*/

  archi glim;
  /* 指出网络的架构为广义线性模型，即没有隐藏层 */

  nloptions maxiter=300;
  /* 最大循环次数为300 */
  train;
  /* 训练网络 */
```

```
  code file="&dir.\nncode_germancredit_glim.sas";
  /* 产生使用该模型对任意数据集进行预测的SAS程序，存放在dir指定目录下的
     nncode_germancredit_glim.sas程序文件中 */

  score data=traindata nodmdb out=traindata_GLIM outfit=trainfit_GLIM
    role=TRAIN;
  /* 使用该模型对训练数据集traindata进行预测，
     预测结果存储在traindata_GLIM数据集中，
     预测结果的统计量存储在trainfit_GLIM数据集中，
     nodmdb选项说明数据格式不是DMDB格式 */
  score data=validdata nodmdb out=validdata_GLIM outfit=validfit_GLIM
    role=VALID;
  /* 使用该模型对验证数据集validdata进行预测，
     预测结果存储在validdata_GLIM数据集中，
     预测结果的统计量存储在validfit_GLIM数据集中，
     nodmdb选项说明数据格式不是DMDB格式 */
run;

/* 产生数据集alltrainfit记录当前模型及以后各种神经网络模型
   对训练数据集预测结果的统计量 */
data alltrainfit;
  set trainfit_GLIM;
  length archi $4.;
  length generalization $20.;
  format nhidden best32.;
  format cdecay best32.;
  archi="GLIM";
  /* 记录网络的架构，此处取值为"GLIM" */
  generalization="";
  /* 记录增强网络可推广性的方法，此处为空值 */
  nhidden=0;
  /* 记录隐藏单元的个数，此处为0 */
  cdecay=0;
  /* 记录权衰减常数，此处为0 */
  if _name_="OVERALL";
  /* 前面NEURAL过程中的score语句产生的数据集trainfit_GLIM中
```

```
    会记录对各个因变量的预测效果以及对所有因变量综合的预测效果;
    因为这个例子中只有一个因变量，数据集trainfit_GLIM中有
    重复的两行信息，但我们只需要其中一行 */
  run;

/* 类似地，产生数据集allvalidfit记录当前模型及以后各种神经网络模型
   对验证数据集预测结果的统计量 */
data allvalidfit;
  set validfit_GLIM;
  length archi $4.;
  length generalization $20.;
  format nhidden best32.;
  format cdecay best32.;
  archi="GLIM";
  generalization="";
  nhidden=0;
  cdecay=0;
  if _name_="OVERALL";
run;


/*** 定义宏函数MLPs，建立各种多层感知器模型 */
%macro MLPs();

  /* 一层隐藏层，选用1至3个隐藏单元 */
  %let nhidden=1;
  %do %until (&nhidden.>3);

    /*** 使用早停止法建立多层感知器模型 ***/
    proc neural data=traindata validdata=validdata dmdbcat=dmcdata graph;

      input var1 var3 var4 var6 var7 var9 var10 var12 var14 var15
        var17 var19 var20 / level=nom;
      input var2 var5 var8 var11 var13 var16 var18 / level=int;
      target var21 / level=nom;

      decision decdata=decisionmatrix (type=loss) decvars=To_1 To_2;
```

```
  archi MLP hidden=&nhidden.;
  /* 指出网络的架构为多层感知器，隐藏神经元数为nhidden宏变量所取的值 */

  nloptions maxiter=300;

  train estiter=1 outest=weights_MLP&nhidden._ES
    outfit=assessment_MLP&nhidden._ES;
  /* 训练网络；
     estiter选项的值缺省为0，表明只记录最后一次循环的结果，
       此处大于0，表明要记录下每次循环的结果；
     每次循环的参数值记录在weights_MLP1_ES、weights_MLP2_ES等数据集中；
     每次循环对训练数据集和验证数据集的预测效果记录在assessment_MLP1_ES、
       assessment_MLP2_ES等数据集中 */
run;

proc sort data=assessment_MLP&nhidden._ES;
  by _VALOSS_;
  /* 按照验证数据集的平均损失从小到大对各次循环进行排序 */
run;

data bestiter;
  set assessment_MLP&nhidden._ES;
  if _n_=1;
  /* bestiter数据集记录了对应验证数据集平均损失最小的循环的预测效果 */
run;

proc sql;
  select _ITER_ into :bestiter from bestiter;
  /* bestiter宏变量记录了对应验证数据集平均损失最小的循环的号 */
quit;
data bestweights;
  set weights_MLP&nhidden._ES;
  if _TYPE_="PARMS" and _iter_=&bestiter;
  /* bestweights数据集记录了bestiter宏变量记录的循环所对应的参数值 */
  drop _TECH_ _TYPE_ _NAME_ _DECAY_ _SEED_ _NOBJ_ _OBJ_ _OBJERR_
    _AVERR_ _VNOBJ_ _VOBJ_ _VOBJERR_ _VAVERR_ _P_NUM_ _ITER_;
```

```
  /* 删除不必要的变量 */
run;

proc neural data=traindata validdata=validdata dmdbcat=dmcdata graph;

  input var1 var3 var4 var6 var7 var9 var10 var12 var14 var15
    var17 var19 var20 / level=nom;
  input var2 var5 var8 var11 var13 var16 var18 / level=int;
  target var21 / level=nom; * ordinal target variable;

  decision decdata=decisionmatrix (type=loss) decvars=To_1 To_2;

  archi MLP hidden=&nhidden.;

  initial inest=bestweights;
  /* 取bestweights记录的参数值作为初始值 */

  train tech=none;
  /* tech选项指明使用的训练算法，tech=none指出不进行训练，
     直接使用初始值作为最终参数值用于下面的操作 */

  code file="&dir.\nncode_germancredit_MLP&nhidden._ES.sas";
  /* 产生使用该模型对任意数据集进行预测的SAS程序，存放在dir指定目录下的
     nncode_germancredit_MLP1_ES.sas、nncode_germancredit_MLP1_ES.sas
     等程序文件中 */

  score data=traindata nodmdb out=traindata_MLP&nhidden._ES
    outfit=trainfit_MLP&nhidden._ES role=TRAIN;
 /* 使用该模型对训练数据集traindata进行预测,
    预测结果存储在traindata_MLP1_ES、traindata_MLP2_ES等数据集中,
    预测结果的统计量存储在trainfit_MLP1_ES、trainfit_MLP2_ES等数据集中,
    nodmdb选项说明数据格式不是DMDB格式 */
  score data=validdata nodmdb out=validdata_MLP&nhidden._ES
    outfit=validfit_MLP&nhidden._ES role=VALID;
 /* 使用该模型对验证数据集validdata进行预测,
    预测结果存储在validdata_MLP1_ES、validdata_MLP2_ES等数据集中,
    预测结果的统计量存储在validfit_MLP1_ES、validfit_MLP2_ES等数据集中,
```

```
    nodmdb选项说明数据格式不是DMDB格式 */
run;

/* 产生数据集trainfit记录当前模型对训练数据预测结果的统计量 */
data trainfit;
  set trainfit_MLP&nhidden._ES;
  length archi $4.;
  length generalization $20.;
  format nhidden best32.;
  format cdecay best32.;
  archi="MLP";
  /* 记录网络的架构，此处取值为"MLP" */
  generalization="Early Stopping";
  /* 记录增强网络可推广性的方法，此处为"Early Stopping" */
  nhidden=&nhidden.;
  /* 记录隐藏神经元的个数 */
  cdecay=0;
  /* 记录权衰减常数，此处为0 */
  if _name_="OVERALL";
run;

/* 把trainfit数据集附加到记录所有模型对训练数据集预测结果统计量的
   alltrainfit数据集中 */
proc append base=alltrainfit data=trainfit;
run;

/* 产生数据集validfit记录当前模型对验证数据集预测结果的统计量 */
data validfit;
  set validfit_MLP&nhidden._ES;
  length archi $4.;
  length generalization $20.;
  format nhidden best32.;
  format cdecay best32.;
  generalization="Early Stopping";
  archi="MLP";
  nhidden=&nhidden.;
```

```
  cdecay=0;
  if _name_="OVERALL";
run;

/* 把validfit数据集附加到记录所有模型对验证数据集预测结果统计量的
   allvalidfit数据集中 */
proc append base=allvalidfit data=validfit;
run;

/*** 再考虑使用规则化方法建立多层感知器模型，考虑权衰减常数的
     四种取值 ***/
%let idecay=1;
%do %until (&idecay>4);

  /* 权衰减常数的四种取值为：0.1，0.01，0.001，0.0001，
     每次循环具体取值记录在宏变量cdecay中 */
  %if &idecay=1 %then %let cdecay=0.1;
  %else %if &idecay=2 %then %let cdecay=0.01;
  %else %if &idecay=3 %then %let cdecay=0.001;
  %else %if &idecay=4 %then %let cdecay=0.0001;

  proc neural data=traindata validdata=validdata dmdbcat=dmcdata graph;

    input var1 var3 var4 var6 var7 var9 var10 var12 var14 var15
      var17 var19 var20 / level=nom;
    input var2 var5 var8 var11 var13 var16 var18 / level=int;
    target var21 / level=nom;

    decision decdata=decisionmatrix (type=loss) decvars=To_1 To_2;

    archi MLP hidden=&nhidden.;

    netoptions decay=&cdecay;
    /* 说明权衰减常数的取值为宏变量cdecay的取值 */

    nloptions maxiter=300;
```

```
  prelim 5 maxiter=10;
  /* 进行5次预训练，每次训练10个迭代，取最优参数值作为之后
     训练的初始值 */

  train;

  code file="&dir.\nncode_germancredit_MLP&nhidden._WD&idecay..sas";
  /* 产生使用该模型对任意数据集进行预测的SAS程序，存放在dir指定目录下的
     nncode_germancredit_MLP1_WD1.sas、nncode_germancredit_MLP1_WD2.sas
     等程序文件中 */

  score data=traindata nodmdb out=traindata_MLP&nhidden._WD&idecay
    outfit=trainfit_MLP&nhidden._WD&idecay role=TRAIN;
  /* 使用该模型对训练数据集traindata进行预测，预测结果存储在
     traindata_MLP1_WD1、traindata_MLP2_WD2等数据集中，预测结果的统计量
     存储在trainfit_MLP1_WD1、trainfit_MLP2_WD2等数据集中，nodmdb选项
     说明数据格式不是DMDB格式 */

  score data=validdata nodmdb out=validdata_MLP&nhidden._WD&idecay
    outfit=validfit_MLP&nhidden._WD&idecay role=VALID;
  /* 使用该模型对验证数据集validdata进行预测，预测结果存储在
     validdata_MLP1_WD1、validdata_MLP2_WD2等数据集中，预测结果的统计量
     存储在validfit_MLP1_WD1、validfit_MLP2_WD2等数据集中，nodmdb选项
     说明数据格式不是DMDB格式 */
run;

/* 产生数据集trainfit记录当前模型对训练数据预测结果的统计量 */
data trainfit;
  set trainfit_MLP&nhidden._WD&idecay;
  length archi $4.;
  length generalization $20.;
  format nhidden best32.;
  format cdecay best32.;
  archi="MLP";
  /* 记录网络的架构，此处取值为"MLP" */
  generalization="Weight Decay";
```

```
      /* 记录增强网络可推广性的方法，此处为"Weight Decay" */
      nhidden=&nhidden.;
      /* 记录隐藏单元的个数 */
      cdecay=&cdecay;
      /* 记录连接权衰减常数 */
      if _name_="OVERALL";
    run;

    /* 把trainfit数据集附加到记录所有模型对训练数据集预测结果统计量的
       alltrainfit数据集中 */
    proc append base=alltrainfit data=trainfit;
    run;

    /* 产生数据集validfit记录当前模型对验证数据预测结果的统计量 */
    data validfit;
      set validfit_MLP&nhidden._WD&idecay;
      length archi $4.;
      length generalization $20.;
      format nhidden best32.;
      format cdecay best32.;
      archi="MLP";
      generalization="Weight Decay";
      nhidden=&nhidden.;
      cdecay=&cdecay;
      if _name_="OVERALL";
    run;

    /* 把validfit数据集附加到记录所有模型对验证数据集预测结果统计量的
       allvalidfit数据集中 */
    proc append base=allvalidfit data=validfit;
    run;
  %let idecay=%eval(&idecay+1);
  %end;

%let nhidden=%eval(&nhidden.+1);
%end;
```

```
%mend;

/*** 调用MLPs宏函数建立各神经网络模型 ***/
%MLPs();
```

表 9.3 列出了 allvalidfit 数据集的部分内容。通过比较各模型对验证数据集预测的总损失可知，使用早停止法建立的有两个隐藏神经元的多层感知器效果最好，对应的总损失为 143。可使用这个模型对将来的数据集进行预测，相关的 SAS 程序存放在 dir 指定目录下的 nncode_germancredit_MLP2_ES.sas 文件中。

表 9.3 各神经网络模型对验证数据集的预测效果

总损失	架构（archi）	增强可推广性的方法（generalization）	隐藏神经元数（nhidden）	权衰减常数（cdecay）
153	GLM		0	0
154	MLP	Early Stopping	1	0
196	MLP	Weight Decay	1	0.1
208	MLP	Weight Decay	1	0.01
223	MLP	Weight Decay	1	0.001
209	MLP	Weight Decay	1	0.0001
143	**MLP**	**Early Stopping**	**2**	**0**
192	MLP	Weight Decay	2	0.1
177	MLP	Weight Decay	2	0.01
178	MLP	Weight Decay	2	0.001
162	MLP	Weight Decay	2	0.0001
158	MLP	Early Stopping	3	0
209	MLP	Weight Decay	3	0.1
195	MLP	Weight Decay	3	0.01
192	MLP	Weight Decay	3	0.001
195	MLP	Weight Decay	3	0.0001

相关 SAS 操作教程视频请扫描以下二维码观看：

(推荐在 WIFI 环境下观看)

R 程序：神经网络建模

```
##加载程序包
library(RSNNS)
```

```
#RSNNS是R到Stuttgart Neural Network Simulator(SNNS)的接口,
#含有许多神经网络的常规程序
library(dplyr)
#我们将调用其中的setdiff函数和管道函数
library(sampling)
#sampling包含有各种抽样函数，这里我们将调用其中的strata函数

##读入数据，生成R数据框germancredit
germancredit <- read.csv("E:/dma/data/ch9_germancredit.csv")

##指明VAR1等变量为分类变量
germancredit$VAR1 <- factor(germancredit$VAR1)
germancredit$VAR3 <- factor(germancredit$VAR3)
germancredit$VAR4 <- factor(germancredit$VAR4)
germancredit$VAR6 <- factor(germancredit$VAR6)
germancredit$VAR7 <- factor(germancredit$VAR7)
germancredit$VAR9 <- factor(germancredit$VAR9)
germancredit$VAR10 <- factor(germancredit$VAR10)
germancredit$VAR12 <- factor(germancredit$VAR12)
germancredit$VAR14 <- factor(germancredit$VAR14)
germancredit$VAR15 <- factor(germancredit$VAR15)
germancredit$VAR17 <- factor(germancredit$VAR17)
germancredit$VAR19 <- factor(germancredit$VAR19)
germancredit$VAR20 <- factor(germancredit$VAR20)
germancredit$VAR21 <- factor(germancredit$VAR21)

##对数据集中的VAR2等数值变量进行标准化,
##使其均值为0，标准差为1
germancredit[,c(2,5,8,11,13,16,18)] <- scale(germancredit[,c(2,5,8,11,13,
    16,18)])

##将germancredit按照70%和30%的比例分层随机分为训练数据集和验证数据集
germancredit <- germancredit[order(germancredit$VAR21),]
#分层抽样需要将数据集按照分层变量VAR21的取值进行排列
sampsize <- 0.7*table(germancredit$VAR21) %>% as.vector()
#计算因变量var21的取值1或2的两种情形下，训练数据集的样本大小
idtrain <- strata(germancredit,stratanames="VAR21",size = sampsize,
```

```
                method = "srswor")$ID_unit
#使用strata函数按照因变量VAR21的取值（1或2）分层抽取训练数据的观测序号。
#  stratanames="VAR21"指定VAR21为分层变量
#size=sampsize指定各层的样本大小为之前计算的sampsize
#  method="srswor"指定在每层内采用无放回的简单随机抽样
#strata函数输出结果中，ID_unit表示观测序号
traindata<-germancredit[idtrain,]
#将训练数据的观测序号对应的数据取出，放在traindata中
validdata <-setdiff(germancredit,traindata)
#在原数据集germancredit中取traindata的补集放入验证数据集中

##获取自变量矩阵和因变量矩阵
x_train <- model.matrix(VAR21~.,traindata)[,-1]
#这里用model.matrix函数得到训练数据集自变量的矩阵，该函数会自动将分类变量转换
#    为哑变量
#  （如果一个分类变量有k个类别，会生成k-1个哑变量）。
#  VAR21~.指定数据中VAR21为因变量，其他变量均为自变量。
#model.matrix函数所得的第一列对所有观测取值都是1，所以去除该列。
x_valid <- model.matrix(VAR21~.,validdata)[,-1]
#验证数据集中自变量的矩阵
y_train <- decodeClassLabels(traindata$VAR21)
#训练数据集中因变量的矩阵:
#  一个观测的VAR21取值为1时，y_train中相应行的取值为(1,0);
#  一个观测的VAR21取值为2时，y_train中相应行的取值为(0,1)。
#之后调用的mlp函数要求分类因变量采用这样的格式。
y_valid <- decodeClassLabels(validdata$VAR21)
#验证数据集中因变量的矩阵

##初始化记录所有模型对训练数据集预测结果统计量的数据框
Alltrainfit <- data.frame(nhidden=rep(0,12),cdecay=rep(0,12),
    totalloss=rep(0,12))
#一共有12个模型。
#  rep函数将一个数重复多次，形成一个向量。
#  nhidden变量记录隐藏单元数，初始化时每个观测取值都是0;
#  cdecay变量记录权衰减常数，初始化时每个观测取值都是0;
#  totalloss变量记录总损失，初始化时每个观测取值都是0。
```

```
##初始化记录所有模型对验证数据集预测结果统计量的数据框
Allvalidfit<- data.frame(nhidden=rep(0,12),cdecay=rep(0,12),
    totalloss=rep(0,12))

count <- 1
#说明是第几个模型
for (nhidden in 1:3)
#一层隐藏层，选用1至3个隐藏单元
{
  ##考虑使用规则化方法建立多层感知器模型，考虑权衰减常数的四种取值
  for (idecay in 1:4)
  {
    cdecay <- 0.1^idecay
    #权衰减常数为0.1的幂，幂的指数为idecay

    mlp_model <- mlp(x_train,y_train,
                    inputsTest=x_valid,targetsTest=y_valid,
                    maxit=300,size=c(nhidden),
                    learnFunc ="BackpropWeightDecay",
                    learnFuncParams=c(0.1,cdecay,0,0))
    #使用mlp函数建立多层感知器模型。
    #  learnFunc ="BackpropWeightDecay"指定训练方法为带权衰减的向后传播算法。
    #  learnFuncParams的第一个元素为学习速率，这里指定为0.1；第二个元素为权
       衰减常数。

    pred_prob_train <- mlp_model$fitted.values
    pred_class_train <- rep(1,length(traindata$VAR21))
    pred_class_train[pred_prob_train[,2]>1/6] <- 2

    Alltrainfit$nhidden[count] <- nhidden
    Alltrainfit$cdecay[count] <- cdecay
    Alltrainfit$totalloss[count] <-
      5*length(pred_class_train[traindata$VAR21==2 & pred_class_train==1])+
      1*length(pred_class_train[traindata$VAR21==1 & pred_class_train==2])

    pred_prob_valid <- mlp_model$fittedTestValues
    pred_class_valid <- rep(1,length(validdata$VAR21))
```

```
    pred_class_valid[pred_prob_valid[,2]>1/6] <- 2

    Allvalidfit$nhidden[count] <- nhidden
    Allvalidfit$cdecay[count] <- cdecay
    Allvalidfit$totalloss[count] <-
      5*length(pred_class_valid[validdata$VAR21==2 & pred_class_valid==1])+
      1*length(pred_class_valid[validdata$VAR21==1 & pred_class_valid==2])

    assign(paste("germancredit_MLP",nhidden,"_WD",idecay,sep=""),mlp_model)
    #将模型记录在指定名称（germancredit_MLP1_WD1等）的对象中。

    count <- count+1
  }
}

germancredit_MLP_models <- list(germancredit_MLP1_WD1,germancredit_MLP1_WD2,
                                germancredit_MLP1_WD3,germancredit_MLP1_WD4,
                                germancredit_MLP2_WD1,germancredit_MLP2_WD2,
                                germancredit_MLP2_WD3,germancredit_MLP2_WD4,
                                germancredit_MLP3_WD1,germancredit_MLP3_WD2,
                                germancredit_MLP3_WD3,germancredit_MLP3_WD4)
#将12个模型放在列表germancredit_MLP_Models中

saveRDS(germancredit_MLP_models,"E:/dma/out/file/germancredit_MLP_models.rds")
#将该列表保留在文件中，以后可以用readRDS函数从文件中读取

predict(germancredit_MLP2_WD4,x_train,type="prob")
#使用predict函数获取模型germancredit_MLP2_WD4预测的类别概率。
#  这里自变量的矩阵为对训练观测计算的矩阵，也可以使用其他观测对应的矩阵。
```

相关 R 操作教程视频请扫描以下二维码观看：

(推荐在 WIFI 环境下观看)

9.7 自组织图

自组织图（Self-Organizing Map，简称 SOM）是一种无监督神经网络模型，只含有输入层和输出层。输入层包含各输入变量，而输出层由排列成一维直线（见图 9.8）或二维网格（见图 9.9）的神经元组成，输入层的每个神经元都连接到输出层的每个神经元。自组织图常用于聚类分析，它的学习目标是通过对参数的调整，将高维的输入数据投射到一维或二维的输出神经元，使每个输出神经元代表输入数据的一个聚类。每个输出神经元对应一个参数向量，其维度与输入变量的维度一样，代表相应类别的中心。为了避免方差大的变量比方差小的变量更影响聚类结果，通常需要事先将连续变量标准化。与第六章讨论的聚类方法不同的是，自组织图可以使输出层保持输入数据的拓扑特征，即在输入空间比较接近的数据被投射到比较接近的输出神经元。

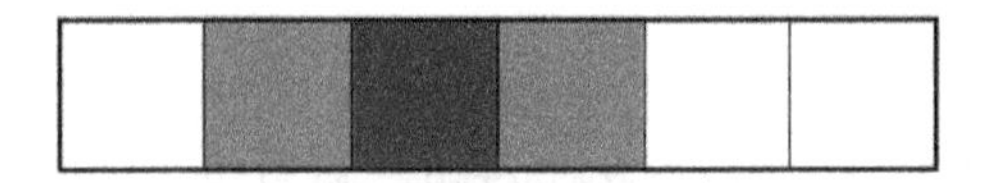

图 9.8　自组织图一维输出层示例

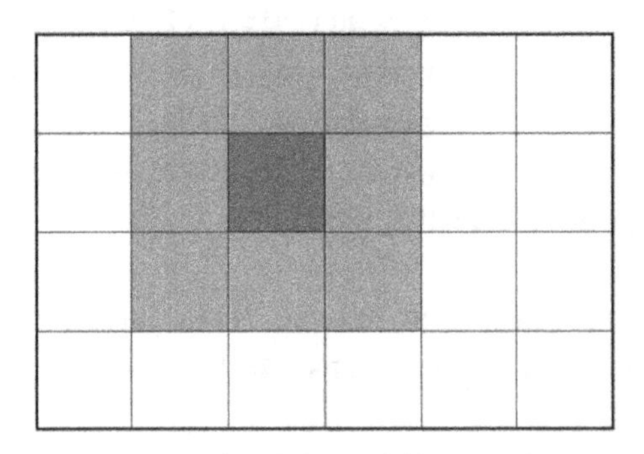

图 9.9　自组织图二维输出层示例

一、递增学习模式

我们首先讨论自组织图训练的递增学习模式，即每读入一个训练观测，就对参数进行更新。

(一)　基本思路

自组织图学习的基本思路描述如下。首先初始化各参数向量。例如，可以随机将训练数据划分为几组，并使用每组的中心作为参数向量的初始值；也可随机选用几个训练观测作为参数向量的初始值。之后，循环读入各个训练观测，每读入一个训练观测，找到参数向量离该观测最近的输出神经元，我们称其为获胜神经元，获胜神经元和其邻近区域内输出神经元的参数向量都得到调整。持续循环直到参数向量收敛或者达到事先设定的最大循环次数。

(二)　邻近区域

邻近区域可使用距获胜神经元的距离来定义。设 k^* 为获胜神经元，k 为任一输出神经元。在一维图中，k 和 k^* 之间的距离 $d(k,k^*)$ 可定义为 k 和 k^* 之差的绝对值。在二维图中，设 k 处于第 i_k 行第 j_k 列，而 k^* 处于第 i_{k^*} 行第 j_{k^*} 列，k 和 k^* 之间的距离 $d(k,k^*)$ 可定义为 Minkowski 距离：

$$d(k,k^*) = [|i_k - i_{k^*}|^m + |j_k - j_{k^*}|^m]^{1/m},$$

其中 m 是一个正数。$m=1$ 对应于街区距离；$m=2$ 对应于欧式距离；$m=\infty$ 所对应的距离为 $\max(|i_k - i_{k^*}|, |j_k - j_{k^*}|)$，称为 Chebychev 距离。邻近区域包含距获胜神经元距离不超过指定大小的所有神经元。例如，在图 9.8 中，大小为 1 的邻近区域包含获胜神经元以及它左边和右边的输出神经元；在图 9.9 中，如果使用 Chebychev 距离，大小为 1 的邻近区域包括获胜神经元以及它周围的一圈神经元（深灰色的单元为获胜神经元，浅灰色的单元为邻近区域内的其他神经元）。

(三)　调整规则

设一共有 K 个输出神经元，即要把数据分为 K 类。在第 t 次循环中，设读入的训练观测为 $\boldsymbol{x}^{(t)}$，设当前各输出神经元对应的参数向量为 $\boldsymbol{w}_k^{(t)}$（$k=1,\cdots,K$）。那么获胜神经元 k^* 应满足：

$$||\boldsymbol{x}^{(t)} - \boldsymbol{w}_{k^*}^{(t)}|| = \min_{1\leqslant k\leqslant K} ||\boldsymbol{x}^{(t)} - \boldsymbol{w}_k^{(t)}||.$$

各参数向量的调整规则如下：

$$\boldsymbol{w}_k^{(t+1)} = \boldsymbol{w}_k^{(t)} + \rho^{(t)} h^{(t)}(k,k^*)(\boldsymbol{x}^{(t)} - \boldsymbol{w}_k^{(t)}),$$

其中 $0 < \rho^{(t)} \leqslant 1$ 为学习速率，$h^{(t)}(k,k^*) \geqslant 0$ 为核函数，满足 $h^{(t)}(k^*,k^*) = 1$，且 $h^{(t)}(k,k^*)$ 是 k 和 k^* 之间距离 $d(k,k^*)$ 的非递增函数。在 $\rho^{(t)} = 1$ 和 $h^{(t)}(k,k^*) = 1$ 的极端情形下，参数向量 $\boldsymbol{w}_k^{(t+1)}$ 的值就等于当前训练观测 $\boldsymbol{x}^{(t)}$。一般而言，参数向量 $\boldsymbol{w}_k^{(t+1)}$ 朝着 $\boldsymbol{x}^{(t)}$ 的方向而调整，距离获胜神经元越近的输出神经元，其参数向量朝着 $\boldsymbol{x}^{(t)}$ 调整的强度越大。自组织图就是通过这种方式保持数据的拓扑特征的。

(四) 常用核函数

核函数 $h^{(t)}(k,k^*)$ 与邻近区域的大小 $S^{(t)}$ 有关。常用的一些核函数有：

1. $h^{(t)}(k,k^*)=\left[1-\left(\frac{d(k,k^*)}{S^{(t)}}\right)^2\right]^{2a}\mathcal{I}[d(k,k^*)\leqslant S^{(t)}]$

这里 $\mathcal{I}$ 为一般示性函数，当括号中的条件成立时取值为 1，否则取值为 0。当 $d(k,k^*)>S^{(t)}$ 时，$h^{(t)}(k,k^*)=0$，从而 $\boldsymbol{w}_k^{(t+1)}=\boldsymbol{w}_k^{(t)}$。因此，只有落在获胜神经元邻近区域内的输出神经元的参数向量才得到调整。a 为非负数；$a=0$ 时，$h^{(t)}(k,k^*)=\mathcal{I}[d(k,k^*)\leqslant S^{(t)}]$，称为一致核函数，此时获胜神经元邻近区域内的所有输出神经元参数向量的调整强度是一样的；$a=1$ 时，对应的核函数称为 Epanechnikov 核函数。

2. 指数核函数 $h(k,k^*)=\exp[-\lambda d(k,k^*)]\mathcal{I}[d(k,k^*)\leqslant S^{(t)}]$

同样，只有落在获胜神经元邻近区域内的输出单元的参数向量才得到调整。λ 是一个常数；λ 越大，随着距获胜神经元的距离 $d(k,k^*)$ 增加，输出神经元 k 的参数向量的调整强度减小得越快。

3. 高斯核函数 $h(k,k^*)=\exp\left\{-\frac{[d(k,k^*)]^2}{2[\sigma^{(t)}]^2}\right\}$

$\sigma^{(t)}$ 是宽度参数；$\sigma^{(t)}$ 越小，随着距获胜神经元的距离 $d(k,k^*)$ 的增加，输出神经元 k 的参数向量的调整强度减小得越快。这里使用的是平滑的邻近区域，所有输出单元的参数向量都得到调整，但对距离获胜神经元太远的输出神经元，调整强度实际为 0。

(五) 常用邻近区域函数

通常，自组织图的输出神经元数最初设置得比实际要聚成的类别数更多，这样模型更加灵活，输出神经元的各参数向量可以找到所有可能的类中心，而对聚类结果没有什么用处的输出神经元之后可以很容易地被删除。

邻近区域的大小 $S^{(t)}$ 最初通常设置得比较大，可能包含几乎所有的输出神经元。这样，在最初阶段的训练中，每次循环都调整比较多的输出神经元，以便迅速提取输入数据大体上的拓扑特征，使输出神经元合起来大致能代表输入数据的分布，也可避免训练过程陷入局部最优值。随着训练过程的进行，邻近区域的大小逐渐收缩，每次循环都调整少量的输出神经元，以保证训练算法收敛，并使输出神经元能更精细化地代表输入数据的分布。常用的邻近区域大小的函数为：

1. 线性衰减函数 $S^{(t)}=\max[S^{(0)}(1-t/T),0]$

当 $t=0$ 时，$S^{(t)}=S^{(0)}$；当 $t=T$ 时，$S^{(t)}=0$。因此，T 表示使邻近区域大小从初始值收缩到 0（即只包含获胜神经元）所需要的循环次数。

2. 指数衰减函数 $S^{(t)} = S^{(0)} \exp(-t/T)$

其中 T 是一个常数。随着循环次数 t 的增加，$\exp(-t/T)$ 的值变得非常小，邻近区域的大小也能实际上收缩到 0。

使用平滑的邻近区域时，宽度参数 $\sigma^{(t)}$ 的设置和 $S^{(t)}$ 的设置类似。

(六) 常用学习速率函数

学习速率 $\rho^{(t)}$ 最初通常也设置得比较高，随着训练过程的进行逐渐减至比较小的值 ρ^*（常用 $\rho^* \geqslant 0.01$），以便训练算法收敛。常用的学习速率的函数为：

1. 线性衰减函数 $\rho^{(t)} = \max[\rho^{(0)} - (\rho^{(0)} - \rho^*) \times t/T), \rho^*]$

当 $t = 0$ 时，$\rho^{(t)} = \rho^{(0)}$；当 $t = T$ 时，$\rho^{(t)} = \rho^*$。因此，T 表示使学习速率从初始值衰减到 ρ^* 所需要的循环次数。

2. 指数衰减函数 $\rho^{(t)} = \max[\rho^{(0)} \exp(-t/T), \rho^*]$

其中 T 是一个常数。随着循环次数 t 的增加，$\exp(-t/T)$ 的值变得非常小，则 $\rho^{(t)}$ 就会达到 ρ^* 并保持下去。

二、 批学习模式

自组织图的训练也可采用批学习模式，在每次迭代中：

（1）读入所有的训练数据，并将每个观测分配到参数向量离其最近的输出神经元。

（2）建立非线性回归模型。自变量是输出神经元在输出图中的坐标；例如，在图 9.9 中，输出神经元的坐标为 (i, j)，$i = 1, \cdots, 4$，$j = 1, \cdots, 6$，行坐标 i 和列坐标 j 就是自变量。因变量是输出神经元对应的所有训练观测的均值向量。在回归中，输出神经元对应的所有训练观测的个数作为权重，$h^{(t)}(k, k^*)$ 作为核函数。拟合非线性回归模型之后，每个输出神经元对应的参数向量调整为模型的预测值。

批学习模式通常都会收敛，也不需要设置学习速率。

三、 进一步分析

自组织图训练完成之后，还可进行进一步的分析。例如：

（1）可以对输出神经元的各参数向量再次进行聚类，从而获得对输入数据更加简洁的聚类。

（2）如果知道每个训练观测所属的真实类别，还可以使用如下方法之一获得有监督的分类模型：

- 把每个训练观测都分配到参数向量离其最近的输出神经元。对于新的观测，可找到其对应的获胜神经元，再用下列两种方式之一预测该观测所属的类别：

(i) 考察获胜神经元对应的所有训练观测，察看它们所属的真实类别，选取比例最大的类别作为预测值。

(ii) 考察获胜神经元适当大小的邻近区域内所有输出神经元对应的所有训练观测，察看它们所属的真实类别，选取加权比例最大的类别作为预测值。可以对邻近区域内所有输出神经元赋予相同的权重，也可根据距获胜神经元的距离来对邻近区域内的输出神经元定义权重，距离越近权重越大。

- 使用训练观测所对应的获胜神经元的参数向量作为自变量，训练观测所属的真实类别作为因变量，建立分类模型。对于新的观测，可找到其对应的获胜神经元，然后使用分类模型，根据获胜神经元的参数向量预测该观测所属的类别。

四、 示例：车型聚类

我们仍使用第六章示例中车型聚类的数据来说明 SOM 的分析过程，数据中记录了 38 种车型的 mpg（每加仑油的英里数）、weight（车重）、drive_ratio（传动比）、horsepower（马力）、displacement（排量）。

SAS 程序：自组织图

SAS 软件的企业数据挖掘模块（Enterprise Miner）中的 SOM/Kohonen 节点可用来根据这五个变量进行自组织图分析，具体过程如下：

(1) 首先在数据流图中添加输入数据源（Input Data Source）节点，在数据（Data）部分将数据集（Source Data）设为 cars，角色（Role）设为原始（RAW），在变量（Variables）部分将上述五个变量的模型角色（Model Role）设置为输入（input），其他变量的角色设为拒绝（rejected）。关闭输入数据源节点。

(2) 在数据流图中添加 SOM/Kohonen 节点并使输入数据源节点指向该节点。打开 SOM/Kohonen 节点。

- 在变量（Variables）部分将标准化方法（Standardization）设为标准化（Standardize），即把每一个变量标准化成均值为 0，方差为 1。
- 在概要（General）部分将方法设置为批模式自组织图（Batch Self-Organizing Map，这是缺省方法），将行数（Rows）和列数（Columns）都设为 3。
- 在输出（Output）部分可以看企业数据挖掘模块产生的临时数据集的名字，这些临时数据集记录了聚类结果（Clustered Data）和各类别统计量（Statistics Data Sets）等（前者在 emdata 逻辑库中，后者在 emproj 逻辑库中）。

关闭 SOM/Kohonen 节点后运行。

相关 SAS 操作教程视频请扫描以下二维码观看：

(推荐在 WIFI 环境下观看)

自组织图的聚类结果见表 9.4 最后一列，表 9.4 还显示了第五章 k 均值的聚类结果，以便进行对比。k 均值聚类所得的类别之间没有排序，但自组织图的类别之间却有一定的联系。图 9.10 绘出了所得的自组织图，其中神经元 2、3 分别对应于 k 均值聚类所得的类别 4 和类别 3，相邻的神经元 1、4 合起来对应于 k 均值聚类所得的类别 5，相邻的神经元 5、7、8 合起来对应于 k 均值聚类所得的类别 2，相邻的神经元 6、9 合起来对应于 k 均值聚类所得的类别 1。可以看出，自组织图的结果确实保持了拓扑性质，在输出图中邻近的神经元对应的输入数据也比较相近。

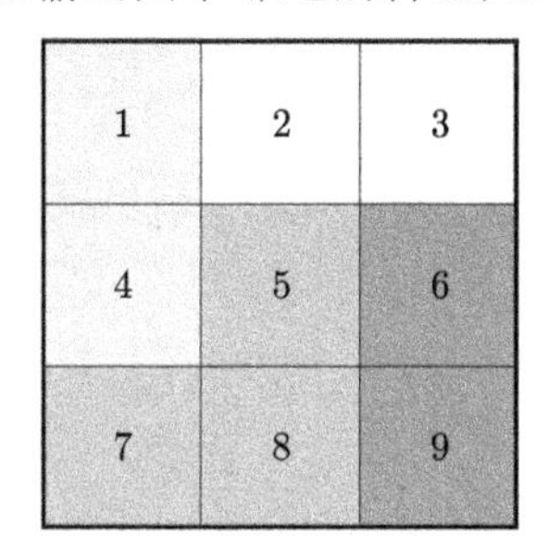

图 9.10　SAS 程序所得的自组织图

表 9.4　k 均值聚类和自组织图聚类结果

出产国	车型	k 均值聚类结果	自组织图聚类结果
美国	Buick Estate Wagon	1	9
美国	Chevy Caprice Classic	1	6
美国	Chrysler LeBaron Wagon	1	6
美国	Dodge St Regis	1	6
美国	Ford Country Squire Wagon	1	6
美国	Ford LTD	1	6
美国	Mercury Grand Marquis	1	6
法国	Peugeot 694 SL	2	8
德国	Audi 5000	2	7
德国	BMW 320i	2	7
日本	Datsun 810	2	7
瑞典	Saab 99 GLE	2	7
瑞典	Volvo 240 GL	2	8
美国	Ford Mustang Ghia	2	5
美国	Mercury Zephyr	2	5

续表

出产国	车型	k 均值聚类结果	自组织图聚类结果
美国	AMC Concord D/L	3	3
美国	Buick Century Special	3	3
美国	Chevy Malibu Wagon	3	3
美国	Dodge Aspen	3	3
日本	Toyota Corona	4	2
美国	AMC Spirit	4	2
美国	Buick Skylark	4	2
美国	Chevy Citation	4	2
美国	Ford Mustang 4	4	2
美国	Olds Omega	4	2
美国	Pontiac Phoenix	4	2
德国	VW Dasher	5	4
德国	VW Rabbit	5	4
德国	VW Scirocco	5	4
意大利	Fiat Strada	5	1
日本	Datsun 210	5	4
日本	Datsun 510	5	4
日本	Dodge Colt	5	1
日本	Honda Accord LX	5	1
日本	Mazda GLC	5	4
美国	Chevette	5	4
美国	Dodge Omni	5	1
美国	Plymouth Horizon	5	1

R 程序：自组织图

```
##加载程序包。
library(kohonen)
#kohonen是专用于自组织图分析的包，我们将调用其中的som函数。

##读入数据，生成R数据框cars。
cars <- read.csv("E:/dma/data/ch6_cars.csv")

##将MPG、Weight、Drive_Ratio、Horsepower、Displacement这五个变量设置为输入。
input <- cars[,3:7]

##对输入数据进行标准化。
input <- scale(input)

##用自组织图方法进行聚类。
```

```
output <- som(input,grid=somgrid(xdim=3,ydim=3))
#用som函数建立自组织图。 #
grid参数设置自组织图的行（xdim）和列（ydim）都含3个单元。
##模型预览。 summary(output) #屏幕上将显示以下信息: #  SOM of size
3x3 with a rectangular topology and a bubble neighbourhood
   function.
#  Training data included of 38 objects
#  The number of layers is 1
#  Mean distance to the closest unit in the map: 0.3938862
#其解释如下:
#  size 3x3表示SOM的网络结构,
#0.3938862表示终止迭代时每个观测到距其最近的神经元的平均距离（越小越好）。

##聚类结果。
clustercars <- data.frame(cars[,1:2],SOM = output$unit.classif)
#cars数据集的第一个变量表示国家，第二个变量表示车型。
#output$unit.classif表示自组织图模型给每个观测分配的类别。
#将这些信息放入同一个数据框clustercars中。

##可视化展示自组织图的结果。
##kohonen包中提供了丰富的可视化选择，这里仅展示其中两种图形。
par(mfrow=c(1,2))
#将画图区域分为横向的两块。
plot(output,type = "codes")
#展示各输出神经元对应的参数向量。
#  一个输入变量对应的弧形面积越大，表示在相应的参数向量中与该输入变量对应的值
   越大。
plot(output,type = "counts")
#展示了归入各输出神经元代表的类别的观测个数。
```

相关 R 操作教程视频请扫描以下二维码观看：

(推荐在 WIFI 环境下观看)

第10章

卷积神经网络

10.1　深度神经网络

若神经网络中的隐藏层使用 S 型激活函数，神经网络层数多的时候，存在梯度不稳定性，即最初几层神经元的参数的梯度会消失（绝对值小）或爆炸（绝对值大），其中梯度消失现象更常见。当使用向后传播等算法对神经网络进行训练时，梯度消失会导致最初几层的参数几乎不更新，训练算法无法找到好的参数组合。我们下面对这种现象进行详细说明。

图 10.1 展示了一个有三层隐藏层的神经网络中从某个输入单元到某个输出单元的一条路径。x 是一个输入单元，通过连接权 w_1 连接到第一层隐藏层的某个隐藏单元，该隐藏单元先把与之连接的输入单元的值进行线性组合得到 u_1，再通过某个 S 型激活函数 $A(\cdot)$ 得到输出值 $h_1 = A(u_1)$。隐藏单元 h_1 通过连接权 w_2 连接到第二层隐藏层的某个隐藏单元，该隐藏单元先把与之连接的第一层隐藏单元的值进行线性组合得到 u_2，再应用 $A(\cdot)$ 得到输出值 $h_2 = A(u_2)$。隐藏单元 h_2 通过连接权 w_3 连接到第三层隐藏层的某个隐藏单元，该隐藏单元先把与之连接的第二层隐藏单元的值进行线性组合得到 u_3，再应用 $A(\cdot)$ 得到输出值 $h_3 = A(u_3)$。隐藏单元 h_3 通过连接权 w_4 连接到输出层的某个输出单元，该输出单元先把与之连接的第三层隐藏单元的值进行线性组合得到 u_4，再应用某个与因变量相适应的激活函数 $\widetilde{A}(\cdot)$ 得到输出值 $\mu = \widetilde{A}(u_4)$。

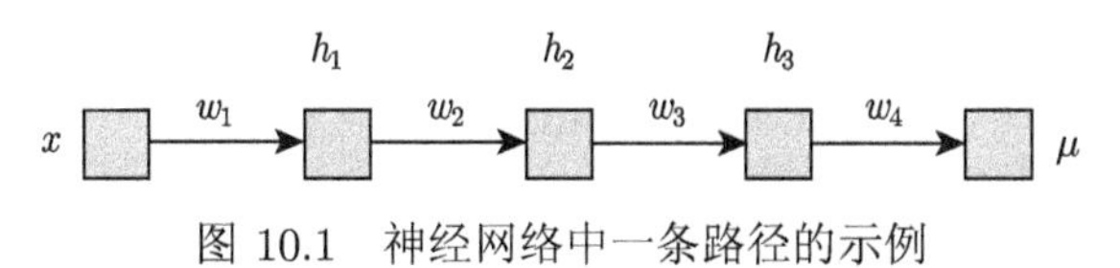

图 10.1　神经网络中一条路径的示例

根据计算梯度的链式规则，目标函数 $O(\cdot)$ 对第一层隐藏层参数 w_1 的梯度为

$$\begin{aligned}\frac{\partial O}{\partial w_1} &= \frac{\partial O}{\partial \mu}\cdot\frac{\partial \mu}{\partial u_4}\cdot\frac{\partial u_4}{\partial h_3}\cdot\frac{\partial h_3}{\partial u_3}\cdot\frac{\partial u_3}{\partial h_2}\cdot\frac{\partial h_2}{\partial u_2}\cdot\frac{\partial u_2}{\partial h_1}\cdot\frac{\partial h_1}{\partial u_1}\cdot\frac{\partial u_1}{\partial w_1}\\ &= \frac{\partial O}{\partial \mu}\widetilde{A}'(u_4)w_4A'(u_3)w_3A'(u_2)w_2A'(u_1)x.\end{aligned}\tag{10.1}$$

其中，$\widetilde{A}'(\cdot)$ 和 $A'(\cdot)$ 分别表示 $\widetilde{A}(\cdot)$ 和 $A(\cdot)$ 的一阶导数。式 (10.1) 中出现了好几个 $A'(\cdot)$ 的连乘。图 10.2 展现了常用的 S 型函数的一阶导数。除了 Tanh 和 Elliot 函数在 $u=0$ 处一阶导数为 1，其他所有情况下函数的一阶导数都小于 1。多个小于 1 的项连乘很快就能逼近零，这是梯度消失现象的根源。式 (10.1) 中还含有一些连接权的连乘项，当连接权的绝对值很大时，相应的 u 的绝对值也容易变得很大，从图 10.2 中可见，当 u 的绝对值很大时，$A'(u)$ 的值会接近零，依然会产生梯度消失现象。（当连接权的绝对值很大，而相应的 u 的绝对值恰好不大时，会产生梯度爆

炸现象。梯度爆炸现象相对比较好应对，此处不赘述。）

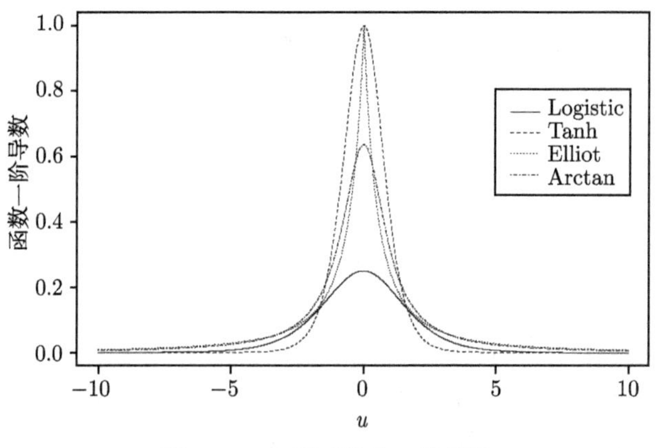

图 10.2　S 型函数的一阶导数

梯度消失现象使得传统的神经网络无法达到深度（即使用较多隐藏层），相应地无法提升预测效果。但是，自 Hinton et al. （2006）开始，研究者发现了一系列使神经网络变得更加深度的方法，应用这些方法，各个领域的预测效果都得到很大的提升，尤其在图像、视频、语音、文本等领域。这些方法被称为深度学习，它们以及伴之而来的人工智能革命对整个人类社会产生了巨大影响。

在本章的剩余部分，我们将以图像分类为背景，介绍一种重要的深度神经网络——卷积神经网络（Convolutional Neural Network，简称 CNN）。正式提出卷积神经网络这一概念的最早文献为 Lecun et al. （1989）。2012 年，卷积神经网络 AlexNet（Krizhevsky et al.,2012）在 ImageNet 竞赛中获得第一名，对图像的正确分类率超出第二名近 10%，激发了卷积神经网络的研究和应用。

10.2　卷积神经网络架构

在计算机中，一幅图像由一系列像素值构成。用神经网络处理图像的传统方法是将这一系列像素值拉长成一个输入向量，作为神经网络的输入层。这种做法有两个缺点：第一，将像素值拉长当作向量，忽略了像素之间的空间结构；第二，输入单元的数量众多，如果每一层的各个神经单元全部连接到下一层的各个神经单元，神经网络的参数很多，非常容易造成过拟合。

卷积神经网络保持像素之间的空间结构，并减少参数的个数。一般而言，卷积神经网络由输入层、卷积层（Convolution Layer）、池化层（Pooling Layer）、全连接层（Fully-connected Layer）和输出层组成。输入层对应于图像各像素的值。

一、 卷积层

(一)　过滤器

先来看卷积层的基本组成单位——过滤器。考察一张白色背景的灰度图像，每个像素的取值为 0 至 255，0 代表白色，255 代表黑色，0 至 255 之间的值代表不同灰度。(注：计算机表示灰度图像时，通常 0 代表黑色，255 代表白色，这里为了展示更清晰，对灰度值做了一个线性变换。) 考察如图 10.3 所示的一个尺寸为 3×3 的过滤器，它给出了对像素取值进行线性组合的系数及偏差。对线性组合系数值作图，可以看出该过滤器代表了一条倾斜 45 度的线段。

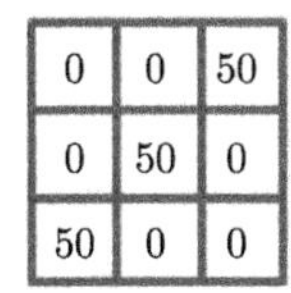

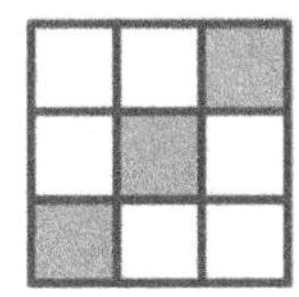

偏差: 40

图 10.3　过滤器示例

图 10.4 的最左边给出了一张灰度图像。当把上述过滤器应用于图像左上角尺寸为 3×3 的方块内的子图时，将每个像素的灰度值与过滤器中对应的系数相乘，加总之后再加偏差项。所得的卷积后的值为

$$3 \times (80 \times 50) + 40 = 12\,040.$$

这个值之所以很大，是因为子图中的图案与过滤器代表的图案类似。

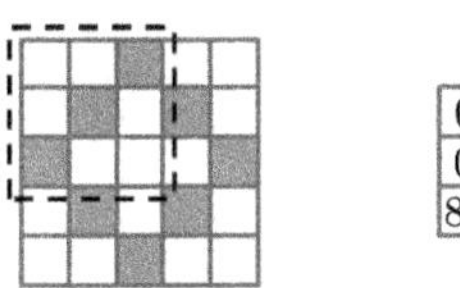
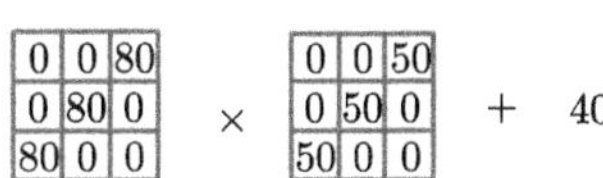

图 10.4　应用过滤器进行卷积 (示例 1)

图 10.5 展示了将同样的过滤器应用于图像中间上方尺寸为 3×3 的方块内的子图的情况。所得的卷积后的值为

$$0 + 40 = 40.$$

这个值之所以很小，是因为子图中的图案与过滤器代表的图案没有任何相似之处。

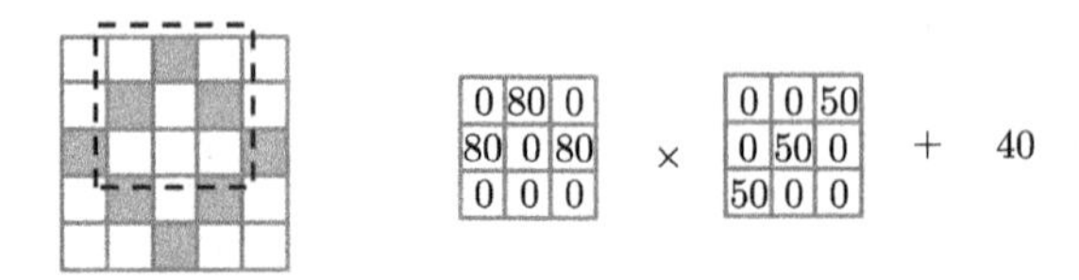

图 10.5　应用过滤器进行卷积（示例 2）

由此，可以将过滤器看作特征提取器。从图像左上角出发，一个过滤器在图像上向右和向下移动时，能计算图像各个局部与过滤器所表达特征的吻合程度。图 10.6 展示了将一个尺寸为 3×3 的过滤器向右和向下逐步移动，应用于尺寸为 5×5 的图像的过程。输出特征图的尺寸为 3×3。

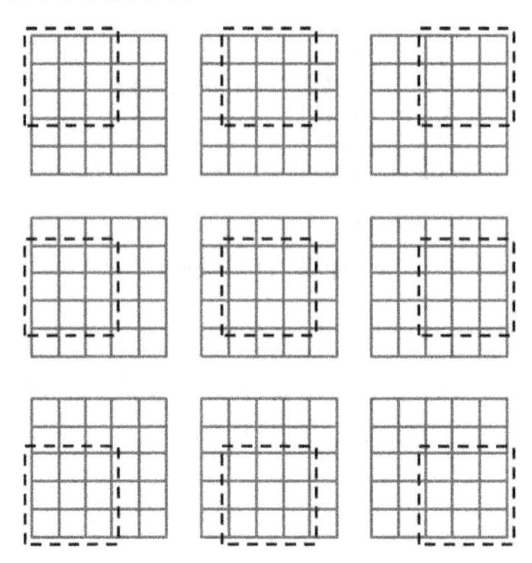

图 10.6　过滤器通过移动应用于图像各个局部的示例

这种提取信息的方式保持了像素之间的空间特征。而且，过滤器的尺寸小于图像的尺寸，在应用于图像各个局部时，过滤器中各个系数的值保持不变，大幅减少了参数个数。

一层卷积层通常包含多个过滤器，每个过滤器提取一种特征，应用多个过滤器能提取图像各个局部的多种特征。

(二)　ReLU 激活函数

卷积操作是线性的，需要通过非线性激活函数转换为输出。卷积层一般采用 ReLU（Rectified Linear Units）激活函数 $A(u)=\max(0,u)$。当 $u>0$ 时，ReLU 函数的导数为 1；当 $u<0$ 时，ReLU 函数的导数为 0。相比于 S 型激活函数，ReLU 激活函数有几个优点。第一，S 型激活函数的求导相对复杂，计算目标函数的梯度时计算量很大，而 ReLU 激活函数的求导相对简单，梯度很容易计算。第二，S 型

激活函数会造成梯度消失现象，而 ReLU 激活函数的导数在不为 0 时取值为 1，连乘多项不为 0 的导数也不会逼近 0，不会造成梯度消失现象。第三，ReLU 激活函数会使一些神经元的输出正好为 0，所得网络具有稀疏性，减轻了过拟合问题。

（三）卷积层示例

计算机用 RGB 颜色模式表示彩色图像时，每个像素对应三个值，分别是红色值（R）、绿色值（G）和蓝色值（B）。我们称其深度为 3。相应地，提取图像特征的过滤器的深度也需要为 3。

图 10.7 展示了输入为彩色图像的卷积层的示例。假设图像的尺寸为 $5\times5\times3$，即长和宽都为 5，深度为 3。如果将一个尺寸为 $3\times3\times3$ 的过滤器向右和向下逐步移动，应用于图像各个局部，输出特征图的尺寸为 3×3。如果使用两个尺寸为 $3\times3\times3$ 的过滤器，输出特征图的尺寸为 $3\times3\times2$，深度为 2。

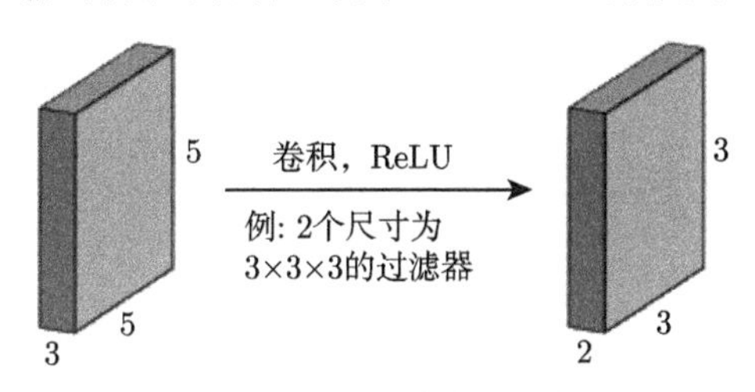

图 10.7　一层卷积层示例

图 10.8 展示了使用两层卷积层的示例。图像的尺寸为 $28\times28\times3$，第一层卷积层使用 6 个尺寸为 $3\times3\times3$ 的过滤器，输出特征图的尺寸为 $26\times26\times6$，深度为 6。第一层卷积层的输出特征图为第二层卷积层的输入特征图，第二层卷积层使用 4 个尺寸为 $3\times3\times6$ 的过滤器（深度为 6，与第一层卷积层输出特征图的深度一致），输出特征图的尺寸为 $24\times24\times4$，深度为 4。

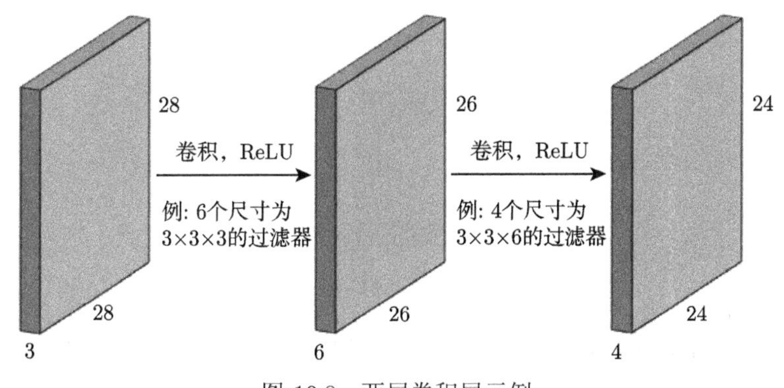

图 10.8　两层卷积层示例

第一层卷积层提取的是原始图像中各个局部的特征，第二层卷积层提取的是第一层卷积层输出特征图中各个局部的特征，对原始图像而言是更高层次的特征。例如，忽略深度不计，从图 10.9 可以看出，第二层卷积层输出特征图左上角的单元对应于将第二层的过滤器应用于第一层输出特征图左上角尺寸为 3×3 的局部，对应的是原始图像左上角尺寸为 5×5 的局部。以此类推，当有多层卷积层时，越后面的卷积层提取的是原始图像越高层次的特征。

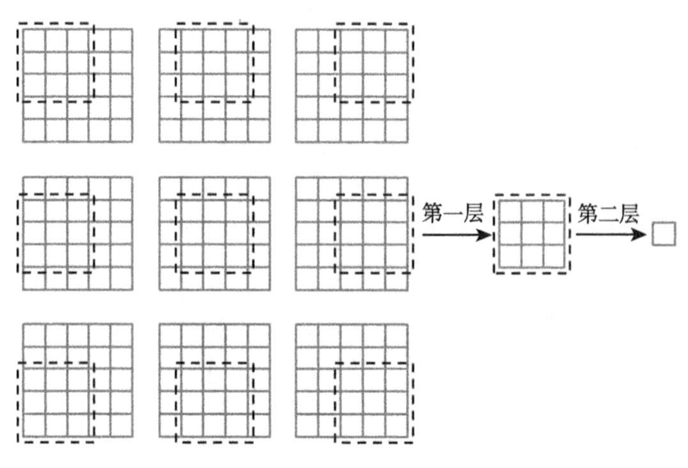

图 10.9　两层卷积层的一个输出特征示例

(四)　填充(Padding)和步长(Stride)

如前所述，将尺寸为 3×3 的过滤器应用于尺寸为 5×5 的图像时，输出尺寸为 3×3，比原始图像要小。如果希望输出尺寸保持与原始图像一致，常用的方法是在输入图像四周填充 0 边界。图 10.10 给出了一个示例，在尺寸为 5×5 的图像四周填充一圈 0 之后，图像尺寸变为 7×7，应用尺寸为 3×3 的过滤器之后，很容易计算输出尺寸变为 5×5。

0	0	0	0	0	0	0
0						0
0						0
0			5×5			0
0						0
0						0
0	0	0	0	0	0	0

图 10.10　填充示例

在图 10.6 中，过滤器每次向右或向下移动一个像素，我们称步长为 1。在实际应用中，还可以使用大于 1 的步长。图 10.11 展示了步长为 2 时，将尺寸为 3×3

的过滤器应用于尺寸为 5×5 的图像的情形，输出尺寸变为 2×2。

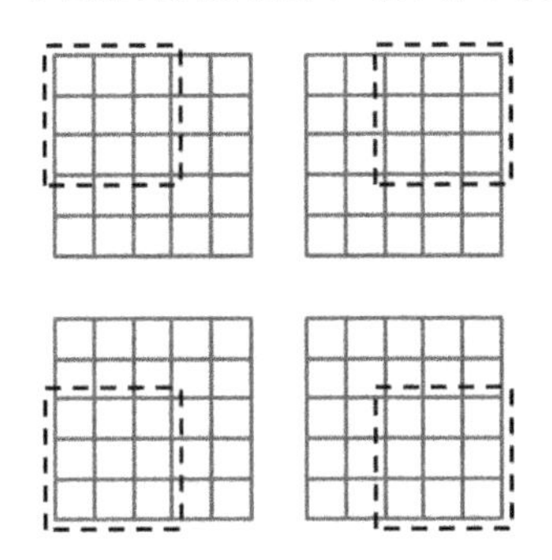

图 10.11　步长为 2 的情形示例

二、 池化层

池化层在保持主要输入特征的同时压缩输入特征，相应地减少参数个数，简化计算复杂度。池化层的常用操作为：(1) 最大池化操作，取输入特征图每个局部的最大值；(2) 平均池化操作，取输入特征图每个局部的平均值。

图 10.12 展示了输入特征图尺寸为 4×4（深度为 1）、过滤器尺寸为 2×2、步长为 2 时，使用最大池化操作的示例。

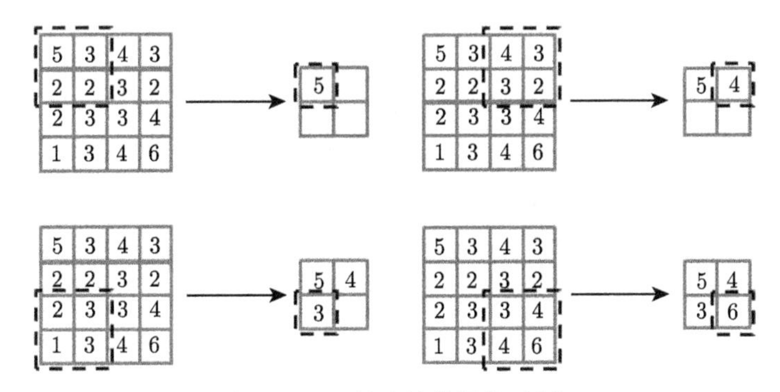

图 10.12　最大池化操作示例

三、 全连接层

在使用足够的卷积层和池化层提取了图像特征之后，通常将所得特征拉长成一个向量，由一层或多层全连接层连接到输出层。全连接层中的每个神经元都连接到上一层的各个神经元。全连接层常用 ReLU 激活函数。

四、 输出层

输出层含有表示各个图像类别的概率的神经元，每个神经元都连接到最后一层全连接层的各个神经元，常用 Softmax 激活函数。

五、 卷积神经网络架构示例

通常，卷积神经网络的架构为

一层或多层使用第1种尺寸过滤器的卷积层 + 池化层（可选）
+ 一层或多层使用第2种尺寸过滤器的卷积层 + 池化层（可选）
+ ···
+ 一层或多层使用第n种尺寸过滤器的卷积层 + 池化层（可选）
+ 一层或多层全连接层
+ 输出层。

例如，VGGNet（Simonyan and Zisserman，2014）获得 2014 年大规模视觉识别挑战赛（ILSVRC-2014）中分类任务第二名。它证明使用很小尺寸的卷积过滤器、增加网络深度可以有效提升模型的效果，而且对其他数据集具有很好的可推广性。

VGGNet 的输入是尺寸为 224×224×3 的彩色图像。为了便于讨论，这里我们忽略过滤器的深度（过滤器的深度等于上一层特征图的深度）。VGGNet 的架构如下：

两层使用 64 个尺寸为3×3的过滤器的卷积层 + 最大池化层
+ 两层使用 128 个尺寸为3×3的过滤器的卷积层 + 最大池化层
+ 三层使用 256 个尺寸为3×3的过滤器的卷积层 + 最大池化层
+ 三层使用 512 个尺寸为3×3的过滤器的卷积层 + 最大池化层
+ 三层使用 512 个尺寸为3×3的过滤器的卷积层 + 最大池化层
+ 两层含 4 096 个单元的全连接层
+ 输出层。

六、 Dropout 技术

Dropout（Srivastava et al.,2014）是一种防止神经网络模型过拟合的技术，能提高模型的可推广性。它的基本思路是：在训练神经网络模型的过程中，对每一批次的训练样本，以一定的概率随机地临时丢弃（Dropout）一些神经元以及与这些神经元有关的连接，该批次训练样本被用来训练剩余的网络。使用 Dropout 技术常常能提高神经网络模型的预测性能。

图 10.13 展示了 Dropout 技术的示例。图 10.13(a) 是整个网络，图 10.13(b) 展示了第一层隐藏层有两个神经元被丢弃后的网络。

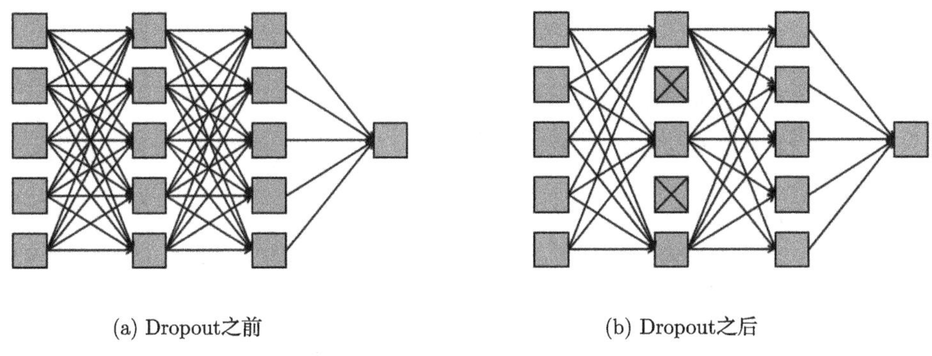

(a) Dropout之前　　(b) Dropout之后

图 10.13　Dropout 技术示例

10.3　卷积神经网络示例：Fashion-MNIST 数据

MNIST 是一个关于手写数字 0—9 的数据集，常用于对数据挖掘算法（机器学习算法）进行基准测试。德国研究机构 Zalando Research 发布了一个名叫 Fashion-MNIST 的数据集，和 MNIST 一样，训练集包含 60 000 幅尺寸为 28×28 的灰度图像，测试集包含 10 000 幅图像，分为 10 类。这些图像都是关于日常穿着的衣、裤、鞋包。图 10.14 展示了 10 个类别的图像示例。我们将建立一个卷积神经网络，对图像进行分类。相关 R 程序如下。

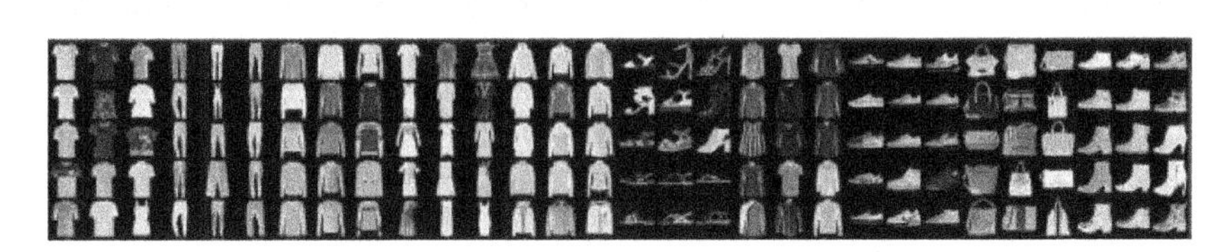

图 10.14　Fashion-MNIST 中 10 个类别的图像示例

R 程序：卷积神经网络

Keras 是高级神经网络 API（应用程序编程接口），能在后台运行谷歌 TensorFlow 等系统。R 中的 Keras 程序包是 R 对 Keras 的接口。我们将通过 Keras 包调用 TensorFlow 建立卷积神经网络。首先，我们需要在 R 中运行：

```
install.packages("keras")
```

安装 keras 程序包，但这样并不能直接使用 keras 包里的函数。我们还需要在电脑上安装 Anaconda 平台，见 https://www.anaconda.com/download/。接着，在 R 中运行：

```
library(keras)
```

加载 keras 包，再运行：

```
install_keras()
```

安装 Keras 和 TensorFlow 后台系统。

接下来，我们介绍如何建立卷积神经网络模型。

```
##加载程序包。
library(keras)
#Keras是高级神经网络API（应用程序编程接口），能在后台运行谷歌TensorFlow等系统。
#R中的keras程序包是R对Keras的接口。

##加载fashion_mnist数据。
fashion_mnist <- dataset_fashion_mnist()
#第一次运行这行程序时会下载fashion_mnist数据，之后就直接加载。

##获得学习数据集和测试数据集。
x_learning <- fashion_mnist$train$x
y_learning <- fashion_mnist$train$y
x_test <- fashion_mnist$test$x
y_test <- fashion_mnist$test$y
#fashion_mnist数据是一个列表。
#  fashion_mnist中第一个元素是train。
#    train本身是一个列表，
#      train中第一个元素是x，它是一个数组（array），尺寸为60 000×28×28，
#        存储60 000幅尺寸为28×28的图片的像素值；
#      train中第二个元素是y，它是一个数组，尺寸为60 000，存储上述60 000幅图片
#        的类别。
#  fashion_mnist列表中第二个元素是test。
#    test本身也是一个列表，含有10 000幅图片的像素值（x）和类别（y）。

##将学习数据集随机抽取70%（42 000幅图片）作为训练数据集，剩余的为验证数据集。
idtrain <- sample(1:nrow(x_learning),size=nrow(x_learning)*0.7)
#在学习数据集的图片序号中随机抽取70%作为训练数据集的图片序号。
idvalid <- setdiff(1:nrow(x_learning),idtrain)
#剩余的为验证数据集的图片序号。
```

```
x_train <- x_learning[idtrain,,]
y_train <- y_learning[idtrain]
#根据训练数据集的图片序号取出训练数据集。
x_valid <- x_learning[idvalid,,]
y_valid <- y_learning[idvalid]
#根据验证数据集的图片序号取出验证数据集。

##指定图像的行数和列数。
img_rows <- 28
img_cols <- 28

##指定类别数。
num_classes <- 10

##重新调整图片像素数组的尺寸，以便后面建模时调用。
x_train <- array_reshape(x_train, c(nrow(x_train), img_rows, img_cols, 1))
#调整后x_train的尺寸为42 000 × 28 × 28 × 1。
x_valid <- array_reshape(x_valid, c(nrow(x_valid), img_rows, img_cols, 1))
x_test <- array_reshape(x_test, c(nrow(x_test), img_rows, img_cols, 1))

##指定图像尺寸，以便后面建模时调用。
input_shape <- c(img_rows, img_cols, 1)

##将图片像素值进行标准化。
x_train <- (x_train / 255 - 0.5)*2
x_valid <- (x_valid / 255 - 0.5)*2
x_test <- (x_test / 255 -0.5)*2
#每个像素的取值在0至255之间，标准化后取值在-1至1之间。

##将图片类别变量转换为分类变量，以便后面建模时调用。
y_train <- to_categorical(y_train, num_classes)
y_valid <- to_categorical(y_valid, num_classes)
y_test <- to_categorical(y_test, num_classes)

##指定卷积神经网络模型架构。
model <- keras_model_sequential()
#初始化。
```

```
model %>%
  layer_conv_2d(filters = 32, kernel_size = c(3,3), activation = 'relu',
               input_shape = input_shape) %>%
  #卷积层，使用32个尺寸为3×3的过滤器，使用ReLU激活函数，
  #  指定输入图片的尺寸为前面的input_shape。
  layer_conv_2d(filters = 64, kernel_size = c(3,3), activation = 'relu') %>%
  #卷积层，使用64个尺寸为3×3的过滤器，使用ReLU激活函数。
  layer_max_pooling_2d(pool_size = c(2,2)) %>%
  #最大池化层，使用尺寸为2×2的过滤器。
  layer_dropout(rate = 0.25) %>%
  #dropout层，在训练过程中随机删除输入该层的1/4的神经元。
  layer_flatten() %>%
  #将所得特征拉长成一个向量。
  layer_dense(units = 128, activation = 'relu') %>%
  #全连接层，含有128个神经元，使用ReLU激活函数。
  layer_dropout(rate = 0.5) %>%
  #dropout层，在训练过程中随机删除输入该层的1/2的神经元
  layer_dense(units = num_classes, activation = 'softmax')
  #输出层，含有10个神经元，对应于10个类别，使用softmax激活函数。

##编译模型，以便之后能够对模型进行训练。
model %>% compile(
  loss = loss_categorical_crossentropy,
  #指定模型的损失函数为交叉熵。
  optimizer = optimizer_adadelta(),
  #指定模型的训练算法为AdaDelta（自适应学习速率调整）。
  metrics = c('accuracy')
  #计算模型的误分类率。
)

##指定每批次含500个训练样本。
batch_size <- 500

##指定使用30次全迭代。
epochs <- 30

##训练模型。
```

```
model %>% fit(
  x_train, y_train,
  batch_size = batch_size,
  epochs = epochs,
  verbose = 1,
  #在屏幕上进行详细输出。
  validation_data = list(x_valid, y_valid))
  #列出验证数据集，以便在训练过程中输出对验证数据集的模型效果。
```

在模型训练过程中，会展示各次全迭代所得模型对训练数据集和验证数据集的交叉熵和正确分类率，如图 10.15 所示。

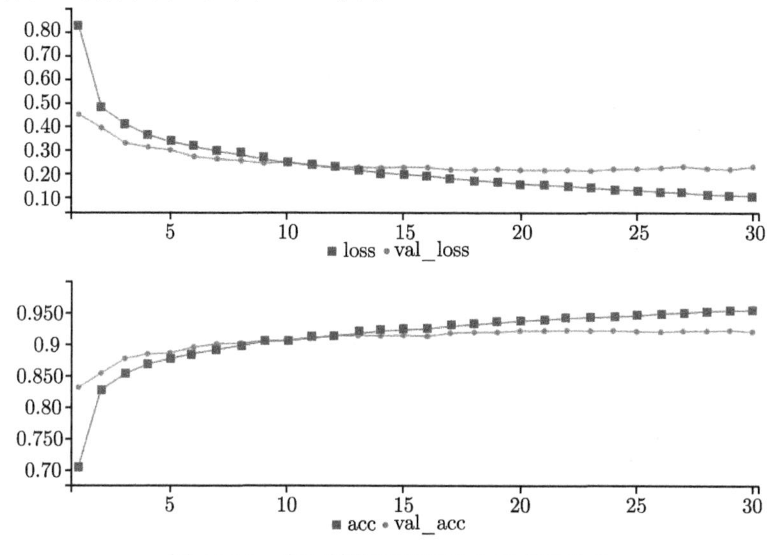

图 10.15　卷积神经网络各次全迭代的效果

我们还可以评估模型对于测试数据集的效果。

```
##查看模型对于测试数据集的效果。
scores <- model %>% evaluate(x_test, y_test, verbose = 0)
scores
#输出结果如下:
#  $loss #  [1] 0.2567443 #  $acc #  [1] 0.9206
```

模型对测试数据集的交叉熵为 0.2567，正确分类率为 0.9206。

相关 R 操作教程视频请扫描以下二维码观看：

(推荐在 WIFI 环境下观看)

第11章

决策树

11.1 决策树简介

决策树最早由 Breiman et al. (1984) 系统阐述，它是一种根据自变量的值进行递归划分以预测因变量的方法。若因变量为分类变量，我们称相应的决策树为分类树；若因变量为连续变量，我们称相应的决策树为回归树。

案例：风险类别预测

假设某个数据集含有如表 11.1 所示的信息，根据数据集中其他变量来预测风险类别的决策树模型如图 11.1 所示。

表 11.1 数据集中的变量

变量名	含义	取值范围
ID	客户编号	
age	年龄	
income	收入	
gender	性别	f（女）, m（男）
marital	婚姻状况	married（结婚）, single（单身）, divsepwid（离异或鳏寡）
numkids	孩子数量	0，1，2，3，4
numcards	拥有信用卡的数量	0，1，2，3，4，5，6
howpaid	付款频率	monthly（按月付），weekly（按周付）
mortgage	是否有分期贷款	y（是），n（否）
storecar	拥有汽车的数量	0，1，2，3，4，5
loans	贷款笔数	0，1，2，3
risk	风险类别	good risk，bad profit，bad loss

图中根节点包含所有观测，根据收入是否小于 25 488.5 将观测分别归于节点 1 和节点 2。对于属节点 1 的观测，再根据拥有汽车的数量是否小于或等于 3 将观测分别归于节点 3 和节点 4。对属于节点 2 的观测，再根据孩子数量是否小于或等于 1 将观测分别归于节点 5 和节点 6。节点 3 和节点 5 不再进行进一步的划分，我们称其为叶节点。对于树中各节点，都可计算其中各风险类别的比例。任何一个观测最终都会落到某个叶节点。对一个叶节点中的所有观测，决策树模型对其赋予同样的预测值，决策树模型就是由对各个叶节点的预测组成的。

从根节点到每个叶节点的路径都给出风险类别的一个预测规则。举例来说，如果叶节点中的所有观测都被归类为该节点中比例最大的风险类别，图 11.1 中节点 3 对应的预测规则为“如果收入小于 25 488.5 并且拥有汽车数量小于或等于 3，那么风险类别为 bad profit”。

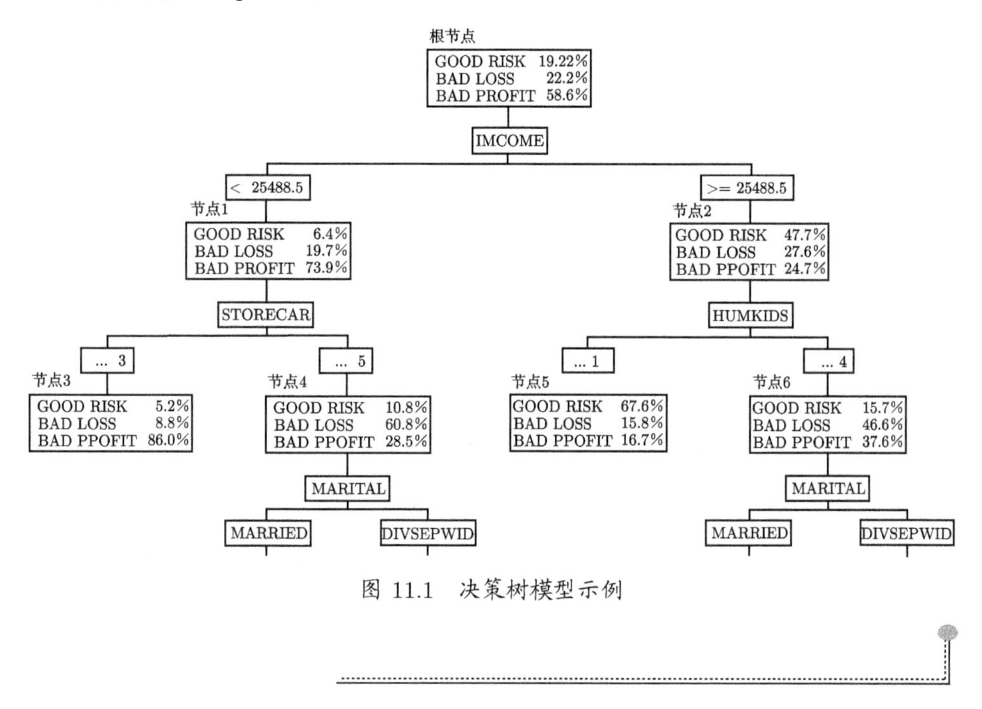

图 11.1　决策树模型示例

图 11.2 展示了理解决策树模型的另外一种角度。图 11.2(a) 是一棵决策树的示例，假设只有两个大于零的自变量 x_1 和 x_2，经过划分之后得到五个叶节点 $L1$—$L5$。图 11.2(b) 说明这五个叶节点实际上对 x_1 和 x_2 组成的平面进行了分块，在每一个分块上决策树的预测值相同。

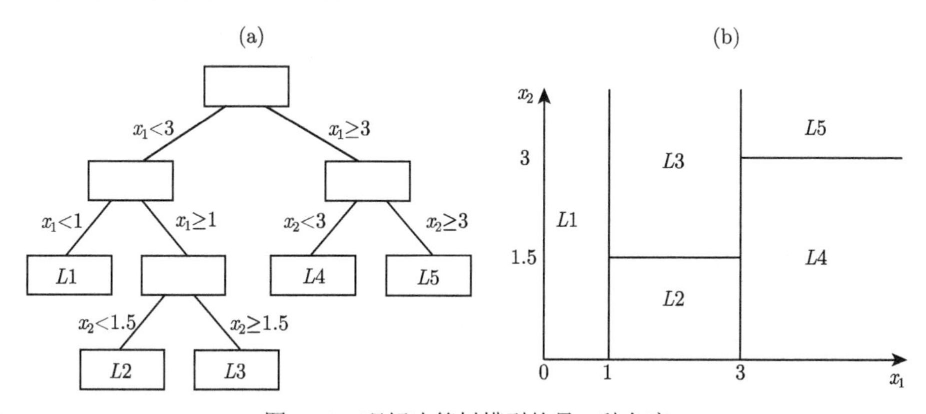

图 11.2　理解决策树模型的另一种角度

11.2 决策树的生长与修剪

一、 一般过程

在构建决策树的过程中，我们通常先根据训练数据集生长一棵足够大的决策树（“足够大”是指树足够深且叶结点足够多），然后使用验证数据集对树进行修剪，选取对验证数据集预测性能最好的子树。这个过程中有几个主要任务：

任务 1：在决策树生长过程中，需要决定某个节点是叶节点还是要进一步划分；

任务 2：在决策树生长过程中，如果要对某个节点进行进一步划分，需要为其选择划分规则；

任务 3：决定每个叶节点的预测值；

任务 4：修剪决策树。

首先来看如何为需要进一步划分的节点选择合适的划分（任务 2）。考虑如图 11.3 所示的划分，需要根据某个自变量的值，将节点 t 的观测划分入 H 个子节点 $t_1,\cdots,t_H$，p_{th} 表示划分入子节点 t_h 的观测比例（$h=1,\cdots,H$）。最常用的决策树是二叉树，对应于 $H=2$。

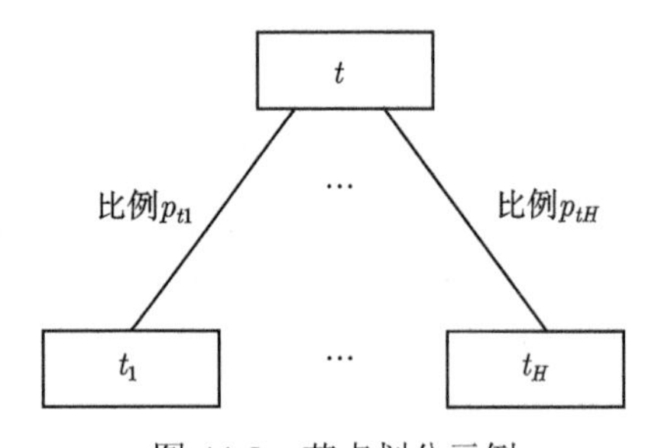

图 11.3　节点划分示例

为了达成任务 2，首先寻找所有可能的划分规则构成候选划分集 $\mathcal{S}$，再从中根据某种准则选择最优的划分。对每个自变量 x_r，可能的划分规则如下：

- 若 x_r 是定序或连续自变量，可将训练数据集中该变量的取值按照从小到大的顺序排列，假设不重叠的取值为 $x_r^{(1)}<x_r^{(2)}<\cdots<x_r^{(M_r)}$，定义 $x_r^{(M_r+1)}=\infty$。对于任何 $1=i_0<i_1<\cdots<i_{H-1}<i_H=M_r+1$，都可构造一个候选划分：对 $h=1,\cdots,H$，将满足 $x_r^{(i_{h-1})}\leqslant x_r<x_r^{(i_h)}$ 的观测划分入第 h 个子节点。对于二叉树而言，一共有 M_r-1 种可能的划分。
- 若 x_r 是名义变量，设其不同的取值为 $V_r=\{x_r^{(1)},\cdots,x_r^{(M_r)}\}$。可以构造 V_r 的分割 $\psi_1,\cdots,\psi_H$，使得每个 ψ_h 都是 V_r 的真子集且互相之间交集为

空集。再将 x_r 取值属于 ψ_h 的观测划分入第 h 个子节点。需要注意的是，$\psi_1,\cdots,\psi_H$ 的不同排列得到的划分是等价的，因此需要避免冗余。

减少候选划分集的大小可以降低决策树建模的复杂度。有多种方法可以减少候选划分集的大小。例如，使用降维方法减少变量个数，通过数据分箱等方法减少连续变量的不重复取值的个数，将名义变量归于更少的类别。

二、 分类树

考察因变量为可取值 $1,2,\cdots,K$ 的分类变量的情形，此时建立的决策树是分类树。

(一) 选择最优划分

从 $\mathcal{S}$ 中选择最优划分时，可以定义节点的不纯净性度量 $Q(\cdot)$。在图 11.3 中，划分前节点 t 的不纯净性为 $Q(t)$，划分后的平均不纯净性为 $\sum_{h=1}^{H} p_{th}Q(t_h)$。$\mathcal{S}$ 中的最优划分应使不纯净性下降最多，即 $Q(t)-\sum_{h=1}^{H} p_{th}Q(t_h)$ 的值最大。因为对于所有划分而言 $Q(t)$ 的值一样，等价地，$\mathcal{S}$ 中的最优划分使划分后的平均不纯净性 $\sum_{h=1}^{H} p_{th}Q(t_h)$ 的值最小。

令 $p(l|t)$ 表示节点 t 中类别 l 的比例，常用的两种不纯净性度量如下。

1. 基尼系数

若 $Q(t)=\sum_{l_1\neq l_2} p(l_1|t)p(l_2|t)=1-\sum_{l=1}^{K} p(l|t)^2$（注意到 $\sum_{l=1}^{K} p(l|t)=1$，所以 $1=[\sum_{l=1}^{K} p(l|t)]^2=\sum_{l=1}^{K} p(l|t)^2+\sum_{l_1\neq l_2} p(l_1|t)p(l_2|t)$），则 $Q(t)$ 称为基尼系数。若 $p(1|t)=\cdots=p(K|t)=1/K$（即节点 t 是最不“纯净”的），基尼系数达到最大值；若某个 $p(l|t)$ 等于 1 而其他类别的比例等于 0（即节点 t 是最“纯净”的），基尼系数达到最小值。基尼系数可解释为误分类的概率：如果在节点 t 中随机抽取一个观测，那么该观测以 $p(l_1|t)$ 的概率属于类别 l_1（$1\leqslant l_1\leqslant K$）；若再将该观测按节点 t 内各类别的概率分布随机归类，它被归于类别 l_2 的比例为 $p(l_2|t)$（$1\leqslant l_2\leqslant K$）；误分类的情形对应于 $l_1\neq l_2$，其概率等于 $\sum_{l_1\neq l_2} p(l_1|t)p(l_2|t)$，也就是基尼系数。

2. 熵

若 $Q(t)=-\sum_{l=1}^{K} p(l|t)\log[p(l|t)]$，则 $Q(t)$ 称为熵。若 $p(1|t)=\cdots=p(K|t)=1/K$（即节点 t 是最不“纯净”的），熵达到最大值；若某个 $p(l|t)$ 等于 1 而其他类别的比例等于 0（即节点 t 是最“纯净”的），熵达到最小值。

从 $\mathcal{S}$ 中选择最优划分时，还可使用卡方检验。按照子节点和因变量类别这两个因素将观测数作列联表，卡方检验可检验两个因素之间是否独立。如果独立则说明各个子节点内因变量的概率分布一样，也都等于被划分节点内因变量的概率分布，就是说划分没有增强模型对因变量的辨别能力。因此，最优的划分应具有最小

的 p 值，即子节点和因变量类别之间最显著地不独立。

概率 $p(l|t)$ 和 p_{th} 都需要使用训练数据集来估计。$p(l|t)$ 可使用落入节点 t 的训练观测中属于类别 l 的比例来估计，p_{th}（$h=1,\cdots,H$）可使用落入节点 t 的训练观测中被划分入子节点 t_h 的比例来估计。

(二) 叶节点的确定

伴随着划分过程的持续进行，树持续生长，直至下列情况之一发生才使当前节点成为叶节点而不再进行划分（任务 1）：

（1）节点内训练观测数达到某个最小值；

（2）树的深度达到一定限制；

（3）使用卡方检验选择划分时，没有哪个划分的 p 值小于某个临界值。

(三) 评估分类树的预测性能

为了方便对任务 3（决定叶节点的预测值）和任务 4（修剪决策树）的讨论，我们先来看如何评估分类树的预测性能。令 $\mathcal{D}$ 表示评估数据集，$N_{\mathcal{D}}$ 为其中的观测数，令 Y_i 和 $\hat{Y}_i$ 分别表示 $\mathcal{D}$ 中观测 i 的因变量的真实值和预测值。可采用如下一些指标评估预测性能。

1. 误分类率

对 $\mathcal{D}$ 的误分类率为

$$\frac{1}{N_{\mathcal{D}}}\sum_{i=1}^{N_{\mathcal{D}}}\mathcal{I}(Y_i\neq\hat{Y}_i).$$

若因变量为定序变量，还可使用按序数距离加权的误分类率：

$$\frac{1}{N_{\mathcal{D}}}\sum_{i=1}^{N_{\mathcal{D}}}\frac{|Y_i-\hat{Y}_i|}{K-1}.$$

对于观测 i 而言，如果因变量的预测值等于真实值，那么观测 i 对误分类和，即 $\sum_{i=1}^{N_{\mathcal{D}}}\dfrac{|Y_i-\hat{Y}_i|}{K-1}$ 的贡献是 0；如果因变量的预测值离真实值最远，即 $Y_i=1$ 而 $\hat{Y}_i=K$ 或 $Y_i=K$ 而 $\hat{Y}_i=1$，那么观测 i 对误分类和的贡献是 1；在其他情形下，观测 i 对误分类和的贡献介于 0 到 1 之间，因变量的预测值离真实值越远，观测 i 对误分类和的贡献越大。

误分类率越低，分类树性能越好。

2. 利润或损失

（1）可定义利润矩阵，矩阵中的元素 $P(l_2|l_1)$ 表示将一个实际属于类别 l_1 的观测归入类别 l_2 时产生的利润（$1\leqslant l_1,l_2\leqslant K$）。

- 对于名义因变量，缺省地 $P(l_2|l_1) = 1-\mathcal{I}(l_1 \neq l_2)$。当 $l_1 = l_2$ 时，$P(l_2|l_1) = 1$；而当 $l_1 \neq l_2$ 时，$P(l_2|l_1) = 0$。
- 对于定序因变量，缺省地 $P(l_2|l_1) = K - 1 - |l_2 - l_1|$。$P(l_2|l_1)$ 的值从 0 到 $K-1$，l_2 与 l_1 的差距越小，$P(l_2|l_1)$ 越大。

（2）也可以定义损失矩阵，矩阵中的元素 $C(l_2|l_1)$ 为将一个实际属于类别 l_1 的观测归入类别 l_2 时产生的损失。

- 对于名义因变量，缺省地 $C(l_2|l_1) = \mathcal{I}(l_1 \neq l_2)$。当 $l_1 = l_2$ 时，$C(l_2|l_1) = 0$；而当 $l_1 \neq l_2$ 时，$C(l_2|l_1) = 1$。
- 对于定序因变量，缺省地 $C(l_2|l_1) = |l_2 - l_1|$。$C(l_2|l_1)$ 的值从 0 到 $K-1$，l_2 与 l_1 的差距越大，$C(l_2|l_1)$ 越大。

在很多情形下，利润或损失矩阵的值不同于缺省值。例如，将实际会违约的企业判断为不违约者，会带来信用损失（贷款的本金、利息等）；而将实际不会违约的企业判断为违约者，会导致银行失去潜在的业务和盈利机会。这两种损失的大小可能不一样。

对 $\mathcal{D}$ 的平均利润为 $\dfrac{1}{N_{\mathcal{D}}}\sum_{i=1}^{N_{\mathcal{D}}} P(\hat{Y}_i|Y_i)$，平均损失为 $\dfrac{1}{N_{\mathcal{D}}}\sum_{i=1}^{N_{\mathcal{D}}} C(\hat{Y}_i|Y_i)$。平均利润越高或平均损失越低，分类树性能越好。很容易看出，当利润矩阵或损失矩阵取缺省值时，依据平均利润或平均损失来选择分类树等价于依据误分类率来选择分类树。

3. 总的基尼不纯净性度量

令 $p^{\mathcal{D}}(t)$ 表示根据 $\mathcal{D}$ 计算的观测落入叶节点 t 的概率，因为每个观测都会落入某个叶节点，因此有 $\sum_{\text{叶节点 } t} p^{\mathcal{D}}(t) = 1$。令 $p^{\mathcal{D}}(l|t)$ 表示根据 $\mathcal{D}$ 计算的叶节点 t 内观测为类别 l 的概率。叶节点 t 内的基尼不纯净性度量等于 $1 - \sum_{l=1}^{K}[p^{\mathcal{D}}(l|t)]^2$。按照各叶节点的概率分布，可计算总的基尼不纯净性度量

$$\sum_{\text{叶节点 } t}\left[p^{\mathcal{D}}(t) \times \left(1 - \sum_{l=1}^{K}[p^{\mathcal{D}}(l|t)]^2\right)\right].$$

总的基尼不纯净性度量越低，分类树性能越好。

4. 提升值

假设有一目标事件（如违约、欺诈、响应直邮营销等），可按照目标事件的预测概率从大到小的顺序排列 $\mathcal{D}$ 中的观测。前 $n\%$ 的观测中，目标事件真实发生的比例越高，分类树性能越好。例如，在直邮营销中，可能由于成本的限制，只能联系 25% 的顾客，我们会挑选预测响应概率最大的 25% 的顾客；在选择分类树时，会希望这些顾客中实际进行购买的比例越高越好。

若定义了利润或损失矩阵，可按照预测利润从高到低或预测损失从低到高的顺序排列 $\mathcal{D}$ 中的观测。在前 $n\%$ 的观测中，实际平均利润越高或实际平均损失越低，分类树性能越好。在上述直邮营销情境中，我们会挑选预测利润最高的 25% 的顾客；在选择分类树时，会希望这些顾客的实际平均利润越高越好。

(四)　决定叶节点的预测值

分类树构建好之后，需要对每个叶节点 t 进行归类（任务 3）。考察根据训练数据集计算的 $p(l|t)$。如果没有定义利润和损失矩阵，可将叶节点 t 归入使 $p(l|t)$ 最大的类别 l。若定义了利润矩阵，考虑到 $P(l^*|l)$ 是将实际属于类别 l 的观测归于类别 l^* 所产生的利润，而 $p(l|t)$（$l=1,\cdots,K$）是叶节点 t 内各类别的概率分布，因此 $\sum_{l=1}^{K} P(l^*|l)p(l|t)$ 表示将叶节点 t 内观测归入类别 l^* 所产生的平均利润；我们会为叶节点 t 选择使 $\sum_{l=1}^{K} P(l^*|l)p(l|t)$ 最大的类别 l^*。类似地，若定义了损失矩阵，我们会为叶节点 t 选择使 $\sum_{l=1}^{K} C(l^*|l)p(l|t)$ 最小的类别 l^*。

(五)　分类树的修剪

分类树是根据训练数据集生长而成的，叶节点越多，对训练数据集的预测性能越好，但叶节点过多会把训练数据集的噪音也学习进来，造成过拟合。因此，需要对分类树进行修剪（任务 4），这时需要依据各子树对验证数据集的预测性能来选择最优的子树。举例而言，表 11.2 列出了某决策树的各子树对训练数据集和验证数据集的误分类率。可以看出，叶节点越多，对训练数据集的误分类率越低；但验证数据集的误分类率却先下降后上升，我们应该选择有 10 个叶节点的子树作为最终的模型。

表 11.2　决策树修剪示例

叶子结点个数	训练数据集误分类率	验证数据集误分类率
1	.86	.91
2	.75	.82
5	.53	.61
6	.46	.54
7	.41	.47
9	.32	.34
10	.29	.30
19	.20	.31
34	.12	.32
40	.10	.32
58	.03	.39
63	.00	.40

(六)　根据先验概率调整训练或评估

有时，训练数据集的类别比例和将来应用模型的数据集的类别比例不一致，而又希望在建模过程中使用后者的类别比例。有时，评估数据集的类别比例和将来应用模型的数据集的类别比例不一致，而又希望在评估过程中使用后者的类别比例。这时需要把后者的类别比例当作先验概率 $\pi(l)=\Pr(Y=l)$，在估计 $p(l|t)$ 和 p_{th} 时根据先验概率进行调整。值得注意的是，在第 2 章中我们谈到，当需要预测的事件发生比例非常低的时候，我们可以使用过抽样或欠抽样来提高建模数据集中的事件发生比例；这时，虽然训练数据集的类别比例和将来应用模型的数据集的类别比例不一致，但是在建模过程中直接使用训练数据集的类别比例，就不需要根据先验概率进行调整。

具体调整方法如下：

（1）令 $N_l(t)$ 表示训练数据集中属于类别 l 且落入节点 t 的观测数，N_l 表示训练数据集中属于类别 l 的观测数；

（2）节点 t 给定类别 l 的条件概率可估计为 $\tilde{p}(t|l)=N_l(t)/N_l$；

（3）类别 l 与节点 t 的联合概率可估计为 $\tilde{p}(l,t)=\pi(l)N_l(t)/N_l$；

（4）节点 t 的边缘概率可估计为 $\tilde{p}(t)=\sum_{l=1}^{K}\tilde{p}(l,t)$；

（5）节点 t 中类别 l 的概率可估计为 $\tilde{p}(l|t)=\tilde{p}(l,t)/\tilde{p}(t)$；

（6）节点 t 中划分入子节点 t_h 的比例可估计为 $\tilde{p}_{th}=\tilde{p}(t_h)/\tilde{p}(t)$。

案例：根据先验概率调整决策树的训练

假设有 200 个训练观测，其中 60 个属于类别 1，140 个属于类别 2。有 100 个观测落入节点 t，其中 40 个属于类别 1，60 个属于类别 2。将节点 t 划分为子节点 t_1 和 t_2，有 20 个观测落入子节点 t_1，其中 16 个属于类别 1，4 个属于类别 2；有 80 个观测落入子节点 t_2，其中 24 个属于类别 1，56 个属于类别 2。

假设将来应用模型的数据集中类别比例为

$$\pi(1)=\Pr(Y=1)=0.1,\quad \pi(2)=\Pr(Y=2)=0.9,$$

并且希望在训练过程中使用这些比例。

根据训练数据集，类别 1 的观测中落入节点 t 的比例为 $\tilde{p}(t|1)=40/60$，类别 2 的观测中落入节点 t 的比例为 $\tilde{p}(t|2)=60/140$。因此，在将来应用模型的数据集中，属于类别 1 并且落入节点 t 的观测比例为 $\tilde{p}(1,t)=0.1\times 40/60$，属于类别 2 并且落入节点 t 的观测比例为 $\tilde{p}(2,t)=0.9\times 60/140$，落入节点 t 的观测总比例为

$\tilde{p}(t) = 0.1 \times 40/60 + 0.9 \times 60/140$。节点 t 中类别 1 的概率可估计为

$$\tilde{p}(1|t) = \frac{0.1 \times 40/60}{0.1 \times 40/60 + 0.9 \times 60/140}.$$

使用计算 $\tilde{p}(t)$ 的方法，可以类似地计算 $\tilde{p}(t_1) = 0.1 \times 16/60 + 0.9 \times 4/140$。因此，节点 t 中划分入子节点 t_1 的比例可估计为

$$\tilde{p}_{t1} = \frac{0.1 \times 16/60 + 0.9 \times 4/140}{0.1 \times 40/60 + 0.9 \times 60/140}.$$

三、 回归树

回归树和分类树建立的过程类似。在选择划分时，同样可用不纯净性下降幅度最大作为标准。节点 t 的不纯净性可用方差来度量。具体而言，令 Y_i^{train} 为训练观测 i 的因变量值，$\bar{Y}_t^{\text{train}}$ 为落入节点 t 的训练观测的因变量的平均值，$N(t)$ 为训练数据集中落入节点 t 的观测数，那么节点 t 的不纯净性度量为

$$Q(t) = \frac{1}{N(t)} \sum_{i \in 节点 t} (Y_i^{\text{train}} - \bar{Y}_t^{\text{train}})^2.$$

此外，还可使用 F 检验来选择最优划分。F 检验可检验各子节点内观测的因变量均值是否相等（类似于单因素方差分析中的 F 检验），如果相等，说明划分没有增强模型对因变量的辨别能力。因此，最优的划分具有最小的 p 值，即各子节点内观测的因变量均值最显著地不相等。

如果节点内训练观测数达到某个最小值，或树的深度达到一定限制，或使用 F 检验选择最优划分时没有哪个划分的 p 值小于某个临界值，那么当前节点就成为叶节点。对叶节点 t 内的所有观测，预测值都等于 $\bar{Y}_t^{\text{train}}$ 或者叶节点 t 内训练观测的中位数。由此可见，回归树的预测值一定落在训练数据中因变量的观测范围之内。

要评估回归树对数据 $\mathcal{D}$ 的预测性能，可采用如下准则：

1. 使用均方误差

$$\frac{1}{N_{\mathcal{D}}} \sum_{i=1}^{N_{\mathcal{D}}} (Y_i - \hat{Y}_i)^2,$$

均方误差越小，决策树性能越好。

2. 按照因变量预测值从大到小的顺序排列 $\mathcal{D}$ 的所有观测，前 $n\%$ 的观测中，因变量真实值的平均值越大，决策树性能越好。例如，在直邮营销情境中，可建立回归树模型预测购买金额；如果由于成本的限制只能联系 25% 的顾客，我们会挑选购买金额预测值最高的 25% 的顾客，在选择回归树时，会希望这些顾客中实际的平均购买金额越高越好。

3. 按照决策利润从大到小，或决策损失从小到大（决策利润与决策损失的具体细节请见第 13 章）的顺序排列 $\mathcal{D}$ 的所有观测，前 $n\%$ 的观测中，实际平均利润越大或实际平均损失越小，决策树性能越好。

修剪回归树时，可依据各子树对验证数据集的预测性能来选择最优的子树。

11.3　对缺失数据的处理

一、简单划分方法

决策树的建模过程会忽略因变量缺失的观测，但是决策树可以有效地处理自变量的缺失值。最简单的做法是在划分节点时将划分变量缺失的所有观测划分入同一个子节点。例如，假设划分变量为 x_r，它不缺失的取值为 1,2,3，还有些观测的 x_r 值缺失。如果要将某个节点划分为两个子节点，按照 x_r 不缺失的取值有三种划分方式：

（1）将 x_r 取值为 1 的观测划入子节点 1，x_r 取值为 2 或 3 的观测划入子节点 2；

（2）将 x_r 取值为 2 的观测划入子节点 1，x_r 取值为 1 或 3 的观测划入子节点 2；

（3）将 x_r 取值为 3 的观测划入子节点 1，x_r 取值为 1 或 2 的观测划入子节点 2。

如果把缺失值考虑进来，x_r 缺失的观测可以都划入子节点 1 或子节点 2，因此上述三种划分方式演变为六种划分方式。此外，还有一种划分方式把 x_r 缺失的观测都划入子节点 1，而把 x_r 不缺失的观测（取值为 1 或 2 或 3）都划入子节点 2。

一般而言，在划分节点 t 时，如果训练数据集中自变量 x_r 存在缺失值，那么，根据 x_r 缺失的观测被归入哪一个子节点，$\mathcal{S}$ 中原有的使用 x_r 的每一个候选划分都变成 H 个候选划分；同时，还会增加一些这样的候选划分：将 x_r 缺失的观测归入一个子节点，而将其他所有观测归入另外 $H-1$ 个子节点。新的候选划分集生成后，可再从中选择最优划分。

这样处理缺失数据，相当于对名义变量而言将缺失值看作一个单独的类别，而对定序或连续变量而言，将缺失值看作同一个未知的数值。但是，对 x_r 缺失的那些观测，这种做法完全忽视了其他自变量可能含有的关于 x_r 的信息，因而不太妥当。

二、替代划分规则

另一种更为妥当的处理自变量缺失值的方法是使用替代划分规则（Surrogate Splitting Rule）。假设节点 t 的最优划分规则使用了自变量 x_r，我们称该划分规则为主划分规则（Main Splitting Rule），称 x_r 为主划分变量。x_r 中值缺失的观测不是立即被归入接受缺失值的子节点，而是先使用第一替代规则进行划分，如果第一替代规则使用的变量也缺失，则使用第二替代规则进行划分，等等；如果所有替代规则使用的变量都缺失，这些观测才被归入接受缺失值的子节点。例如，在对购买金额进行预测时，某个节点可能先尝试使用收入进行划分，如果观测的收入值缺失，可能尝试使用性别进行划分，如果性别也缺失，可能再尝试使用教育程度进行划分，等等。

可以按照替代划分规则与主规则的相似度从高到低的顺序来选择替代规则。相似度被定义为主规则和替代规则划分入同一个子节点的训练观测的比例。在计算过程中，主划分变量缺失的训练观测不纳入相似度的计算中；如果某训练观测的主划分变量不缺失而替代划分变量缺失，那么该观测被当作由这两个规则划分入不同的子节点。例如，假设主划分规则为：如果收入大于 10 000，划入子节点 1，否则划入子节点 2；假设替代划分规则为：如果受教育年限大于 12，划入子节点 1，否则划入子节点 2。在相似度的计算中，只考虑收入不缺失的数据，计算其中满足下列两个条件的观测的比例：(1) 受教育年限不缺失；(2) 收入大于 10 000 且受教育年限大于 12，或者收入不大于 10 000 且受教育年限不大于 12。

11.4 变量选择

决策树可用来做变量选择。首先定义树中每个节点 t 对于训练数据集的误差平方和 SSE(t)：

- 若因变量是连续变量，$\text{SSE}(t)=\sum_{i\in\text{节点}t}(Y_i^{\text{train}}-\bar{Y}_t^{\text{train}})^2$；
- 若因变量是分类变量，$\text{SSE}(t)=\sum_{i\in\text{节点}t}\sum_{l=1}^{K}(\delta_{il}^{\text{train}}-p(l|t))^2$，其中 $\delta_{il}^{\text{train}}$ 是关于训练观测 i 的指示变量，如果训练观测 i 属于类别 l，则 $\delta_{il}^{\text{train}}=1$，否则 $\delta_{il}^{\text{train}}=0$。

若将非叶节点 t 划分为 H 个子节点：$t_1,\cdots,t_H$，该划分所带来的误差平方和

减少量为

$$\Delta\text{SSE}(t) = \text{SSE}(t) - \sum_{h=1}^{H} \text{SSE}(t_h),$$

自变量 x_r 对划分节点 t 的重要性定义为

$$a(r,t) = \begin{cases} 1 & \text{若节点}t\text{的主划分规则使用}x_r; \\ \text{相似度} & \text{若节点}t\text{的某替代划分规则使用}x_r; \\ 0 & \text{其他。} \end{cases}$$

在划分非叶节点 t 所带来的误差平方和减少量中，自变量 x_r 的贡献定义为 $a(r, t)\Delta SSE(t)$。自变量 x_r 对整个决策树 T 的重要性正比于这些贡献总和的平方根，即

$$I(r,T) \propto \sqrt{\sum_{\text{非叶节点}t} a(r,t)\Delta SSE(t)}.$$

按照 $I(r,T)$ 从高到低的顺序对自变量排序，可选择排列在前面的一些自变量。

11.5　决策树的优缺点

一、 决策树的优点

相对于其他模型而言，决策树有如下优点。

（1）决策树所产生的预测规则的形式为：如果 $x_{r_1} \in A_1$ 且 $\cdots$ 且 $x_{r_m} \in A_m$，那么 $Y = y$，很容易解释。

（2）在树的生长过程中，对定序或连续自变量而言只需使用变量取值的大小顺序而不使用具体取值。因为对这些自变量进行任何单调增变换（例如，取对数），不改变变量取值的大小顺序，或对自变量进行任何单调减变换（例如，取倒数），把原来取值的大小顺序完全颠倒，这些变换都不会改变划分的结果。因此，在建立决策树时，无须考虑自变量的转换（但注意，需要考虑因变量的转换）。

（3）因为决策树只使用了定序或连续自变量取值的大小顺序，它对自变量的测量误差或异常值是稳健的。

（4）决策树能够直接处理自变量的缺失值。如果数据中有多个自变量存在缺失，决策树可用来插补这些自变量的缺失值。

（5）决策树可以作为变量选择的工具。

二、 决策树的缺点

但是，决策树也有如下缺点：

（1）每个非叶节点的划分都只考虑单个变量，因此很难发现基于多个变量的组合的规则。例如，可能按照 $2x_1 + 3x_2$ 的值划分比较好，但决策树只会考虑按照 x_1 或 x_2 的值进行划分，很难发现组合规则。

（2）为每个非叶节点选择最优划分时，都仅考虑对当前节点划分的结果，这样只能够达到局部最优，而无法达到全局最优。

（3）正因为决策树是局部贪婪的，树的结构很不稳定。例如，若将学习数据集随机分割为不同的训练数据集和验证数据集，可能对于某次分割，x_{r_1} 被选作根节点的划分变量，而对于另一次分割，$x_{r_2}(r_2 \neq r_1)$ 被选作根节点的划分变量，之后继续划分下去，这两棵树的结构差异会非常大。这种差异也可能使得两棵树的预测性能存在很大差异。而这些差异仅仅是由学习数据集随机分割的差异带来的！此外，因为不同结构的树隐含的预测规则存在不同的解释，所以这种结构不稳定性也降低了决策树的可解释性。

三、 示例：房车保险

我们通过一个例子来察看决策树的第三个缺点以及克服这种缺点的一个简单办法。Benelearn 是比利时与荷兰联合召开的关于机器学习的年度会议。1999 年的 Benelearn 会议举办了一次机器学习竞赛，由荷兰的一家数据挖掘公司 Sentient Machine Research 提供一个基于实际商务的数据集[1]。该数据集含有一家保险公司客户的下列信息：

- 变量 1—43 描述客户邮编所在地的社会人口特征；
- 变量 44—85 描述客户对各保险产品的使用情况；
- 变量 86 是一个 0—1 变量，描述客户是否拥有房车保险，它也是需要预测的因变量。

每位参赛者都会得到一份含有 5 822 位客户全部信息的学习数据集，参赛者需要根据该数据集建立预测模型。参赛者也会得到一份包含 4 000 位客户的变量 1—85 信息的测试数据集，只有赛事组织者才知道这些客户的因变量的真实值。参赛者需要使用自己建立的预测模型从测试数据集中挑选出最有可能拥有房车保险的 800 位客户，赛事组织者将计算其中实际拥有房车保险的客户数，以此对参赛者进行评价。测试数据集中实际拥有房车保险的客户数为 238 位，而当年胜出的模型选出了其中 121 位。

1. 数据来源于 http://kdd.ics.uci.edu/databases/tic/tic.html。

若将测试数据集的 4 000 个观测按照预测拥有房车保险的概率从大到小排列，预测目标是使得其中前 800 个，即 20% 的观测中真正拥有房车保险的人数最多。因此在评估决策树的性能时考察的是对前 20% 数据的提升值。我们将学习数据集按照 70% 和 30% 的比例随机分为训练数据集和验证数据集，根据训练数据集构造最初的树，再根据对验证数据集的预测性能选择最优的子树。

设 E:\dma\data 目录下的 ch11_ticdata.csv 为学习数据集，ch11_ticdatatest.csv 为测试数据集。因为竞赛已经结束，现公布的测试数据含有变量 86 的值。

SAS 程序：决策树建模

首先将数据集读入，存为 SAS 数据集 ticdata 和 ticdatatest。

```
proc import datafile="E:\dma\data\ch11_ticdata.csv" out=ticdata dbms=DLM;
  delimiter=',';
  getnames=yes;
run;

proc import datafile="E:\dma\data\ch11_ticdatatest.csv" out=ticdatatest dbms
=DLM;
  delimiter=',';
  getnames=yes;
run;
```

SAS 软件的企业数据挖掘模块（Enterprise Miner）中，有一个树（Tree）节点可以用来对变量 86 建立决策树模型。具体操作如下：

（1）首先在数据流图中添加输入数据源（Input Data Source）节点，在数据（Data）部分将数据集（Source Data）设为 ticdata，角色（Role）设为原始（RAW），点击样本元数据（Metadata sample）部分的改变样本大小（Change）按钮，在打开的窗口中选择使用全部的数据作为样本（Use complete data as sample）。在变量（Variables）部分将 var86 的模型角色（Model Role）设置为目标（target），将其他变量的模型角色设置为输入（input）。关闭输入数据源节点。

（2）在数据流图中添加数据分割（Data Partition）节点，并使输入数据源节点指向该节点。打开数据分割节点，在分割（Partition）部分将方法（Method）设为简单随机抽样（Simple Random），在比例（Percentages）部分将训练数据（Train）设为 70%，验证数据（Validation）设为 30%，测试数据（Test）设为 0。关闭数据分割节点。

（3）在数据流图中添加输入数据源（Input Data Source）节点，在数据（Data）部分将数据集（Source Data）设为 ticdatatest，角色（Role）设为测试（TEST），点击样本元数据（Metadata sample）部分的改变样本大小（Change）按钮，在打开的窗口中选择使用全部的数据作为样本（Use complete data as sample）。在变量（Variables）部分将 var86 的模型角色

(Model Role) 设置为目标 (target)，将其他变量的模型角色设置为输入。关闭输入数据源节点。

(4) 在数据流图中添加树节点，并使数据分割节点和测试数据的输入数据源节点指向该节点。打开树节点，进行如下操作：

- 在基本设置 (Basic) 部分将划分准则 (Splitting Criterion) 设置为基尼减少量 (Gini Reduction)，将叶节点的最小观测数 (Minimum number of observations in a leaf) 设为 5，节点进行进一步划分所需要的最少观测数 (Observations required for a split search) 设为 10，节点划分的最大分支数 (Maximum number of branches from a node，即 H 值) 设为 2，树的最大深度 (Maximum depth of tree) 设为 50，替代规则数 (Surrogate rules saved in each node) 设为 5，选中将缺失数据当作可接受的数据 (Treat missing as an acceptable value)。
- 在高级设置 (Advanced) 部分将模型评估准则 (Model assessment measure) 设为前 25% 数据中目标事件的比例 (Proportion of event in top 25%)。此处因为树结点的模型评估准则中没有关于前 20% 的数据的提升值，所以只能选择最接近的 25%。
- 在评分 (Score) 部分选中对各部分数据进行预测 (Process or Score: Training, Validation, and Test)。在察看数据细节处 (Show details of) 可以看企业数据挖掘模块给训练数据、验证数据、测试数据分配的临时数据集的名字 (都在 emdata 逻辑库中)。

关闭树节点后运行。

若临时测试数据名为 emdata.ststf0o0，可以使用下列 SAS 程序来察看模型对测试数据集的预测效果：

```
data ticdatatest1;
  set emdata.Ststf0o0;
  /* 将临时测试数据集存入ticdatatest1数据集 */
run;

proc sort data=ticdatatest1;
  by descending P_VAR861;
  /* P_VAR861是树结点进行预测时自动生成的预测var86取值为1的概率;
     将ticdatatest1数据集中的观测按照这一概率从大到小的顺序排列 */
run;

data ticdatatest2;
  set ticdatatest1;
  if _n_<=800;
  /* ticdatatest2中含有var86取值为1的预测概率最大的前800个观测 */
run;
```

```
proc freq data=ticdatatest2;
  table var86;
  /* 察看ticdatatest2数据集中var86（即实际是否拥有房车保险）的分布 */
run;
```

所得决策树的一部分见图 11.4，从输出结果来看，决策树挑出了 112 个实际拥有房车保险的客户。如果打开数据分割节点，重新生成随机种子（Generate New Seed），也就是重新随机分割训练数据和验证数据；再重新运行数据分割节点和树结点，所得决策树的一部分见图 11.5，它挑出了 90 个实际拥有房车保险的客户。可以看出，决策树的结构和预测结果都很不稳定。一种简单的克服这种缺点的办法是对学习数据集进行多次（例如，100 次）随机分割并建立多个决策树模型，然后将这些模型对测试数据集的预测概率进行平均，再选取平均预测概率最大的 800 个观测。要实现这种想法，在企业数据挖掘模块中手动操作显然太繁复，所以需要通过 SAS 编程来实现。

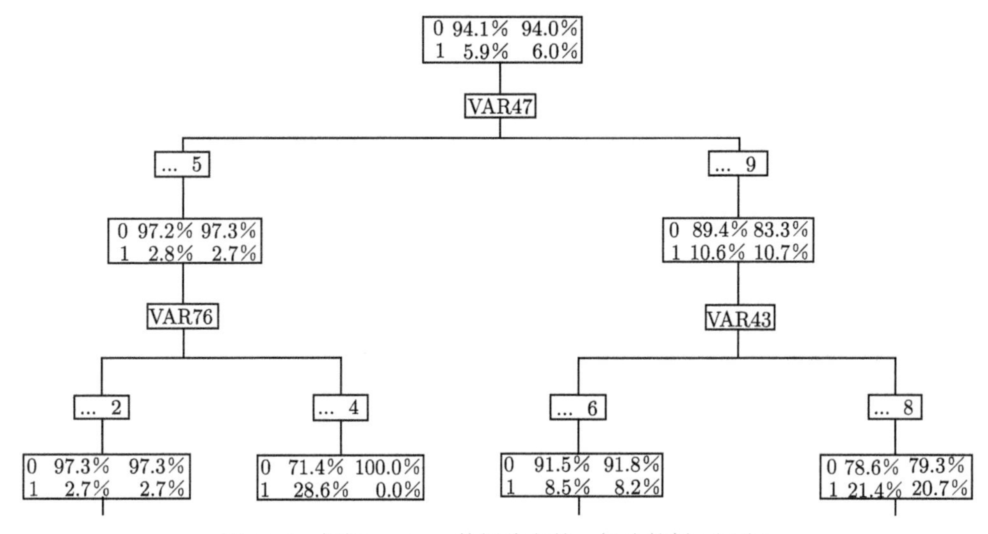

图 11.4 根据 ticdata 数据建立的一棵决策树（部分）

```
%let dir=E:\dma\out\file;
/* 宏变量dir记录数据集及将要生成的决策树相关文件所存放的目录 */

/*** 定义宏函数Trees，对学习数据集进行多次随机分割并建立多个
        决策树模型 ***/
%macro Trees();

  options notes=0;
```

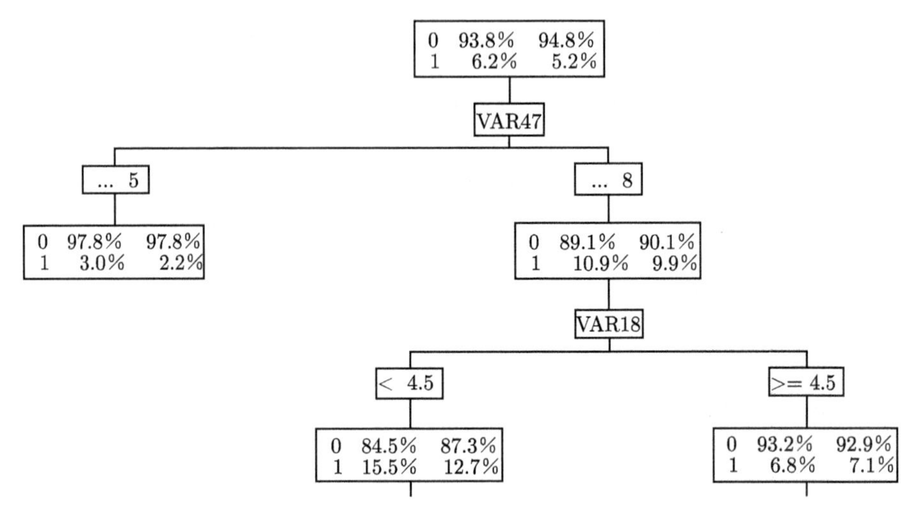

图 11.5 根据 ticdata 数据建立的另一棵决策树（部分）

```
/* 关闭对SAS窗口的输出 */

%let i=1;
%do %until (&i>100);
/* 总共建立100个决策树模型 */

/*** 将ticdata按照70%和30%的比例随机分为训练数据集和验证数据集 ***/
data ticdata;
  set ticdata;
  indic=_n_;
  /* 产生变量indic记录观测号 */
run;

proc sort data=ticdata;
  by var86;
run;

proc surveyselect noprint data=ticdata method=srs rate=0.7
    out=traindata;
  strata var86;
  /* 按照因变量var86的取值（0或1）进行分层抽样，从ticdata中随机
        选取70%放入训练数据集traindata;
```

```
    因为分层抽样需要ticdata数据集按照分层变量var86的取值进行排列，
      所以前面使用了sort过程 */
run;

proc sql;
  create table validdata as select * from ticdata
    where indic not in (select indic from traindata);
  /* 从ticdata中选出观测号不在traindata中的观测放入验证数据集validdata */
quit;

data traindata;
  set traindata;
  drop SelectionProb SamplingWeight indic;
  /* 将训练数据集中不必要的变量删除（SelectionProb和SamplingWeight
      变量都是由前面surveyselect过程产生的）*/
run;

data validdata;
  set validdata;
  drop indic;
  /* 将验证数据集中不必要的变量删除 */
run;

%put *************** &i;
/* 在屏幕上打印出当前循环的次数 */

/*** 使用训练数据集和验证数据集建立决策树 ***/
proc split data=traindata validata=validdata
  /* 指定训练数据集为traindata，验证数据集为validdata */
  criterion=gini
  /* 指定选取最优划分的准则是基尼系数 */
  assess=lift liftdepth=0.2
  /* 指定评估决策树性能的准则是前20%数据的提升值 */
  leafsize=5
  /* 指定叶节点的最小观测数为5 */
  splitsize=10
```

```
    /* 指定节点进行进一步划分所需要的最少观测数为10 */
    maxbranch=2
    /* 指定节点划分的最大分支数为2 */
    maxdepth=50
    /* 指定树的最大深度为50 */
    nsurrs=5;
    /* 指定替代规则数为5 */

    code file="&dir.\treecode_tic_&i..sas";
    /* 产生使用决策树模型对数据集进行预测的SAS程序，存放在dir指定目录下的
         treecode_tic_1.sas、treecode_tic_2.sas等程序文件中 */

    describe file="&dir.\treerule_tic_&i..txt";
    /* 产生决策树的分类规则，存放在dir指定目录下的
         treerule_tic_1.sas、treerule_tic_2.sas等文本文件中 */

    input var1-var85 /level=interval;
    /* 自变量为var1至var85，都是连续变量 */

    target var86 /level=binary;
    /* 因变量为var86，是一个二值变量 */
  run;


  %let i=%eval(&i+1);
  %end;

%mend;

/*** 调用Tree宏函数建立各决策树 ***/
%Trees();

data ticdatatest1;
  set ticdatatest;
  /* 将测试数据集存入ticdatatest1 */
run;
```

```
/*** 定义宏函数ScoreTestData，使用各决策树对测试数据集进行预测***/
%macro ScoreTestData();

  %let i=1;
  %do %until (&i>100);

  %put **************** &i;
  /* 在屏幕上打印出当前循环的次数 */

  data ticdatatest1;
    set ticdatatest1;
    %include "&dir.\treecode_tic_&i..sas";
    /* 用第i个决策树模型的预测程序对ticdatatest1中的数据进行预测 */
    rename P_VAR861=predict_&i.;
    /* 将预测的实际拥有房车保险的概率改名为predict_1、predict_2等 */
  run;

  %let i=%eval(&i+1);
  %end;

%mend;

/*** 调用Tree宏函数对测试数据集进行预测 ***/
%ScoreTestData();

/*** 定义宏函数NumPicked，计算各决策树对测试数据集的预测效果***/
%macro NumPicked();

  %let i=1;
  %do %until (&i>100);

  proc sort data=ticdatatest1;
    by descending predict_&i.;
    /* 将ticdatatest1数据集中的观测按第i棵决策树所预测的概率
         从大到小的顺序排列 */
  run;
```

```
  data ticdatatest2;
    set ticdatatest1;
    if _n_<=800;
    /* ticdatatest2中含有预测概率最大的前800个观测 */
  run;

  proc freq data=ticdatatest2 noprint;
    table var86 / out=numcorrect;
    /* 察看ticdatatest2数据集中var86（即实际是否拥有房车保险）的分布，
         将频率表存入numcorrect数据集中 */
  run;

  data numcorrect;
    retain iter count;
    set numcorrect;
    keep iter count;
    if var86=1;
    iter=&i.;
    /* 整理numcorrect数据集，使其留下一行观测，记录当前循环的次数（iter）
         和挑选出的实际拥有房车保险（即var86的取值为1）的客户数（count）*/
  run;

  /*** 如果是第一棵决策树，则将numcorrect拷贝给记录所有决策树结果的
         数据集allnumcorrect ***/
  %if &i.=1 %then %do;
    data allnumcorrect;
      set numcorrect;
    run;
  %end;
  /*** 否则，将numcorrect数据集附加给allnumcorrect数据集之后 ***/
  %else %do;
    proc append base=allnumcorrect data=numcorrect;
    run;
  %end;

%let i=%eval(&i+1);
%end;
```

```
%mend;

/*** 调用NumPicked宏函数计算各决策树对测试数据集的预测效果 ***/
%NumPicked();

data ticdatatest1;
  set ticdatatest1;
  predict=sum(of predict_1-predict_100)/100;
  /* predict变量记录各决策树的预测概率的平均值 */
run;

proc sort data=ticdatatest1;
  by descending predict;
  /* 将ticdatatest1数据集中的观测按平均预测概率从大到小的顺序排列 */
run;

data ticdatatest2;
  set ticdatatest1;
  if _n_<=800;
  /* ticdatatest2中含有平均预测概率最大的前800个观测 */
run;

proc freq data=ticdatatest2 noprint;
  table var86 / out=numcorrect;
  /* 察看ticdatatest2数据集中var86（即实际是否拥有房车保险）的分布，
       将频率表存入numcorrect数据集中 */
run;

data numcorrect;
  retain iter count;
  set numcorrect;
  keep iter count;
  if var86=1;
  iter=.;
  /* 整理numcorrect数据集，使其留下一行观测。
       因为是对各决策树综合的结果，所以当前循环的次数（iter）值缺失。
         count记录了挑选出的实际拥有房车保险（即var86的取值为1）的客户数*/
```

```
run;

proc append base=allnumcorrect data=numcorrect;
  /* 将numcorrect数据集附加给allnumcorrect数据集*/
run;
```

通过察看 allnumcorrect 数据集可以看出，各决策树对测试数据的预测效果变化比较大，使用平均预测概率可挑选出 150 位左右实际拥有房车保险的顾客。把程序重复运行多次并察看每次的结果，可看出使用平均预测概率得到的预测效果保持稳定，即每次都挑选出 150 位左右实际拥有房车保险的顾客。因此，我们提出的简单方法确实能够克服决策树结果不稳定的缺点。

相关 SAS 操作教程视频请扫描以下二维码观看：

（推荐在 WIFI 环境下观看）

R 程序：决策树建模

```
##加载程序包。
library(rpart)
#rpart包实现了分类和回归决策树，
#我们将调用其中的rpart函数。
library(dplyr)
#我们将调用其中的setdiff函数和管道函数。
library(sampling)
#sampling包含有各种抽样函数，这里我们将调用其中的strata函数。

##读入数据。
ticdata <- read.csv("E:/dma/data/ch11_ticdata.csv")
ticdatatest <- read.csv("E:/dma/data/ch11_ticdatatest.csv")

##指明因变量为分类变量。
ticdata$VAR86 <- as.factor(ticdata$VAR86)
ticdatatest$VAR86 <- as.factor(ticdatatest$VAR86)
```

```
##将ticdata按照70%和30%的比例随机分为训练数据集和验证数据集。
ticdata <- ticdata[order(ticdata$VAR86),]
#分层抽样需要将数据集按照分层变量VAR86的取值进行排列。
sampsize <- 0.7*table(ticdata$VAR86) %>% as.vector()
#计算在因变量var86的取值为0或1两种情形下，训练数据集的样本大小。
idtrain <- strata(ticdata,stratanames="VAR86",size = sampsize,
                  method = "srswor")$ID_unit
#使用strata函数按照因变量VAR86的取值（0或1）分层抽取训练数据的观测序号。
#  stratanames="VAR86"指定VAR86为分层变量;
#  size=sampsize指定各层的样本大小为之前计算的sampsize;
#  method = "srswor"指定在每层内采用无放回的简单随机抽样。
#strata函数输出结果中，ID_unit表示观测序号。
traindata<-ticdata[idtrain,]
#将训练数据的观测序号对应的数据取出，放在traindata中。
validdata <- setdiff(ticdata,traindata)
#在原数据集ticdata中取traindata的补集放入验证数据集中。

##用rpart函数建立一棵决策树。
tree <-
  rpart(VAR86~.,traindata,
        #指定因变量为VAR86，其他变量为自变量;
        #训练数据为traindata。
        parms = list(split="gini"),
        #指定选取最优划分的准则是基尼系数。
        control = rpart.control(
        #control参数设置算法的细节部分。
                    minbucket = 5,
                    #指定叶节点的最小观测数为5。
                    minsplit = 10,
                    #指定节点进行进一步划分所需要的最少观测数为10。
                    maxcompete = 2,
                    #指定节点划分的最大分支数为2。
                    maxdepth = 30,
                    #指定树的最大深度为30
                    #（最多能指定maxdepth=30）。
                    maxsurrogate = 5,
                    #指定替代规则数为5。
```

```
                                      cp=0.0001))
                                      #cp为复杂度参数，不考虑使模型拟合程度提升值不足0.0001的划分。
                                      #  这里采用一个很小的复杂度参数，是为了建立足够大的树，
                                      #  之后用前20%验证数据的提升值选取合适的子树。

##用前20%验证数据的提升值选取合适的子树。
N <- round(dim(validdata)[1]*0.2)
#计算20%验证数据所含的观测数。
#  dim(validdata)给出验证数据各个维度的大小，第一个维度的大小为观测数。
nsubtree <- length(tree$cptable[,1])
#前面的rpart函数会给出不同cp值对应的一系列子树的一些指标，
#  我们之后将从这些子树中选择最优的子树。
results <- data.frame(cp=rep(0,nsubtree),count=rep(0,nsubtree))
#对于每棵子树，results数据框将记录cp值，以及按照VAR86取值为1的预测概率
#  从大到小排列的前20%验证数据中所含的VAR86真实值为1的观测数。
for (isubtree in 1:nsubtree)
{
  results$cp[isubtree] <- tree$cptable[isubtree,1]
  #tree$cptable的第一列给出了各棵子树的cp值，记录在results中。
  subtree <- prune(tree, results$cp[isubtree])
  #根据给定的cp值，使用prune函数修剪决策树，得到相应的子树。
  pred_probs_validdata <- predict(subtree,validdata) %>% as.data.frame()
  #使用子树对验证数据集的类别概率进行预测，并将结果转换为数据框。
  names(pred_probs_validdata) <- c("prob0", "prob1")
  #将两个预测的类别概率命名为prob0和prob1
  validdata2 <- cbind(VAR86=validdata$VAR86,pred_probs_validdata)
  #将预测的类别概率和VAR86的真实值放在同一个数据框中。
  validdata2 <- validdata2[order(validdata2$prob1,decreasing=TRUE),]
  #将验证数据集按照VAR86取值为1的预测概率从大到小的顺序排列。
  results$count[isubtree] <- length(which(validdata2$VAR86[1:N]==1))
  #得到前20%验证数据中所含的VAR86真实值为1的观测数，记录在results中。
}

bestcp <- results$cp[which.max(results$count)]
#选出最优的子树对应的cp值。
#  最优子树使前20%验证数据中所含的VAR86真实值为1的观测数最多。
bestsubtree <- prune(tree, bestcp)
```

```
#根据最优的cp值对决策树进行修剪，得到最优的子树。

#使用最优子树对测试数据集进行预测，得到按照VAR86取值为1的预测概率
#从大到小排列的前800个测试观测中所含的VAR86真实值为1的观测数。
pred_probs_ticdatatest <- predict(bestsubtree,ticdatatest) %>% as.data.frame()
names(pred_probs_ticdatatest) <- c("prob0", "prob1")
ticdatatest2 <- cbind(VAR86=ticdatatest$VAR86,pred_probs_ticdatatest)
ticdatatest2 <- ticdatatest2[order(ticdatatest2$prob1,decreasing=TRUE),]
count <- length(which(ticdatatest2$VAR86[1:800]==1))

##记录100次随机分割所得的决策树的预测结果，
##  以及将这些模型的预测概率进行平均之后的预测结果。

allnumcorrect <- data.frame(iter=c(seq(1:100),0),count=rep(0,101))
#对每个模型，allnumcorrect数据框将记录决策树的编号，
#  以及选出的前800个测试观测中所含的VAR86真实值为1的观测数。

meanprob1 <- rep(0,dim(ticdatatest)[1])
#meanprob1向量将记录100棵决策树的预测概率的平均值。

for (i in 1:100)
#循环得到100棵决策树的结果。
{
  print(i)

  idtrain <- strata(ticdata,stratanames="VAR86",size = sampsize,
                  method = "srswor")$ID_unit
  traindata<-ticdata[idtrain,]
  validdata <- setdiff(ticdata,traindata)

  tree <-
    rpart(VAR86~.,traindata,
          parms = list(split="gini"),
          control = rpart.control(
                  minbucket = 5,
```

```
                        minsplit = 10,
                        maxcompete = 2,
                        maxdepth = 30,
                        maxsurrogate = 5,
                        cp=0.0001))

  N <- round(dim(validdata)[1]*0.2)
  nsubtree <- length(tree$cptable[,1])
  results <- data.frame(cp=rep(0,nsubtree),count=rep(0,nsubtree))
  for (isubtree in 1:nsubtree)
  {
    results$cp[isubtree] <- tree$cptable[isubtree,1]
    subtree <- prune(tree, results$cp[isubtree])
    pred_probs_validdata <- predict(subtree,validdata) %>% as.data.frame()
    names(pred_probs_validdata) <- c("prob0", "prob1")
    validdata2 <- cbind(VAR86=validdata$VAR86,pred_probs_validdata)
    validdata2 <- validdata2[order(validdata2$prob1,decreasing=TRUE),]
    results$count[isubtree] <- length(which(validdata2$VAR86[1:N]==1))
  }

  bestcp <- results$cp[which.max(results$N1)]
  bestsubtree <- prune(tree, bestcp)

  pred_probs_ticdatatest <- predict(bestsubtree,ticdatatest) %>% as.data.frame()
  names(pred_probs_ticdatatest) <- c("prob0", "prob1")
  ticdatatest2 <- cbind(VAR86=ticdatatest$VAR86,pred_probs_ticdatatest)
  ticdatatest2 <- ticdatatest2[order(ticdatatest2$prob1,decreasing=TRUE),]

  allnumcorrect$iter[i] <- i
  allnumcorrect$count[i] <- length(which(ticdatatest2$VAR86[1:800]==1))
  #将第i棵决策树的结果记录在allnumcorrect中。

  meanprob1 <- meanprob1+pred_probs_ticdatatest$prob1/100
  #根据第i棵树的预测概率更新meanprob1的值。
}

ticdatatest2 <- cbind(VAR86=ticdatatest$VAR86, as.data.frame(meanprob1))
```

```
ticdatatest2 <- ticdatatest2[order(ticdatatest2$meanprob1,decreasing=TRUE),]
#按照VAR86取值为1的预测概率的平均值从大到小排列。

allnumcorrect$iter[101] <- NA
allnumcorrect$count[101] <- length(which(ticdatatest2$VAR86[1:800]==1))
#将使用预测概率的平均值所得的结果记录在allnumcorrect中。
```

相关 R 操作教程视频请扫描以下二维码观看:

(推荐在 WIFI 环境下观看)

第
12
章

支持向量机

支持向量机（Support Vector Machine, 简称 SVM）是一种有监督的学习模型，可用于分类问题（因变量是分类变量）和回归问题（因变量是连续变量）。支持向量机能有效地拟合非线性函数，可推广性也很强，实际应用非常广泛。支持向量机最早由 Corinna and Vapnik (1995) 提出。

12.1　支持向量机用于二分类问题

假设我们的数据为 $\{(\boldsymbol{x}_i, y_i), i=1,\cdots,N\}$，其中 $\boldsymbol{x}_i=(x_{i1},\cdots,x_{ip})^{\mathrm{T}}$ 和 y_i 分别是第 i 个观测的自变量和因变量，并有 $y_i \in \{1,-1\}$。

一、线性可分情形

我们希望寻求 p 维向量 $\boldsymbol{w}=(w_1,\cdots,w_p)^{\mathrm{T}}$ 和数值 b，使用线性超平面 $\boldsymbol{w}\cdot\boldsymbol{x}+b=0$ 将类别 1 和类别 -1 分隔开。这里 $\boldsymbol{w}\cdot\boldsymbol{x}$ 表示 $\boldsymbol{w}$ 和 $\boldsymbol{x}$ 的点乘，即 $w_1x_1+\cdots+w_px_p$。令 $F(\boldsymbol{x})=\boldsymbol{w}\cdot\boldsymbol{x}+b$，如果 $F(\boldsymbol{x})>0$，将观测划分入类别 1；如果 $F(\boldsymbol{x})<0$，将观测划分入类别 -1。

如果存在线性函数 $F(\cdot)$ 能将两个类别的观测完全正确地分开，我们称这两个类别是线性可分的。图 12.1 展示了线性可分的情形。通过为 $\boldsymbol{w}$ 和 b 选择合适的尺度，可以满足如下条件：对于所有属于类别 1 的实心点，都有 $\boldsymbol{w}\cdot\boldsymbol{x}_i+b\geqslant 1$；对于所有属于类别 -1 的空心点，都有 $\boldsymbol{w}\cdot\boldsymbol{x}_i+b\leqslant -1$。综合起来，就是满足 $y_i(\boldsymbol{w}\cdot\boldsymbol{x}_i+b)\geqslant 1$。

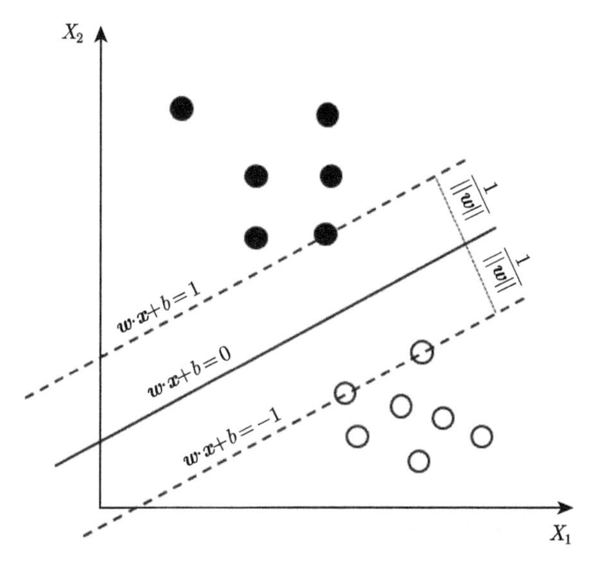

图 12.1　线性可分情形下的最大间隔超平面

在所有能正确分开两个类别的超平面 $\boldsymbol{w}\cdot\boldsymbol{x}+b=0$ 中，我们希望寻找间隔（Margin）最大的超平面，这里间隔指的是超平面离最近的观测点的距离。从图 12.1 中可以看出，超平面离最近的属于类别 1 或类别 -1 的观测点的距离都等于 $1/||\boldsymbol{w}||$，其中 $||\boldsymbol{w}||=\sqrt{\boldsymbol{w}\cdot\boldsymbol{w}}$ 为 $\boldsymbol{w}$ 的长度。因此间隔就等于 $1/||\boldsymbol{w}||$。

最大化间隔也就是最小化 $\boldsymbol{w}\cdot\boldsymbol{w}$。我们要求所有观测都能被正确地分类，所得的支持向量机被称为硬间隔支持向量机。它求解如下优化问题：

$$\begin{aligned}&\min_{\boldsymbol{w},b} Q(\boldsymbol{w},b)=\frac{1}{2}\boldsymbol{w}\cdot\boldsymbol{w},\\ \text{使得}\quad & y_i(\boldsymbol{w}\cdot\boldsymbol{x}_i+b)\geqslant 1,\quad i=1,\cdots,N.\end{aligned}\tag{12.1}$$

这里使用 1/2 仅仅为了数学上的方便。

使用拉格朗日乘子法，可以得到以下几个主要结论。

（1）优化问题 (12.1) 的对偶问题（即等价问题）为：

$$\begin{aligned}&\min_{\boldsymbol{\alpha}} Q(\boldsymbol{\alpha})=\frac{1}{2}\sum_{i=1}^{N}\sum_{j=1}^{N}\alpha_i\alpha_j y_i y_j \boldsymbol{x}_i\cdot\boldsymbol{x}_j-\sum_{i=1}^{N}\alpha_i,\\ \text{使得}\quad & \sum_{i=1}^{N}\alpha_i y_i=0,\\ & \alpha_i\geqslant 0,\quad i=1,\cdots,N.\end{aligned}\tag{12.2}$$

（2）用于分类的函数 $F(\boldsymbol{x})$ 可写作

$$F(\boldsymbol{x})=\sum_{i=1}^{N}\alpha_i y_i \boldsymbol{x}_i\cdot\boldsymbol{x}+b。\tag{12.3}$$

（3）关于 α_i 取值的两点推论：① 对于满足 $y_i(\boldsymbol{w}\cdot\boldsymbol{x}_i+b)>1$ 的观测，或者说落在两个间隔超平面 $\boldsymbol{w}\cdot\boldsymbol{x}+b=1$ 和 $\boldsymbol{w}\cdot\boldsymbol{x}+b=-1$ 之外的观测，有 $\alpha_i=0$。② 只有满足 $y_i(\boldsymbol{w}\cdot\boldsymbol{x}_i+b)=1$ 的观测，或者说落在两个间隔超平面上的观测，才可能有 $\alpha_i>0$。从公式 (12.3) 中可以看出，$\alpha_i>0$ 的那部分观测决定了分类函数的解，这些观测被称为支持向量。

附录 12.1 列出了优化问题 (12.1) 的具体求解过程。

附录 12.1　两个类别线性可分情形下支持向量机优化问题的求解

在优化问题 (12.1) 中，令 $\boldsymbol{\alpha}=(\alpha_1,\cdots,\alpha_N)$ 表示对约束 $y_i(\boldsymbol{w}\cdot\boldsymbol{x}_i+b)\geqslant 1$

的拉格朗日乘子，$\alpha_i \geqslant 0$。考虑约束的拉格朗日方程为

$$R(\boldsymbol{w}, b, \boldsymbol{\alpha}) = \frac{1}{2}\boldsymbol{w} \cdot \boldsymbol{w} - \sum_{i=1}^{N} \alpha_i \left[y_i(\boldsymbol{w} \cdot \boldsymbol{x}_i + b) - 1 \right]. \tag{12.4}$$

最优解是拉格朗日方程的鞍点，在维度 $\boldsymbol{w}$ 和 b 上最小化，在维度 $\boldsymbol{\alpha}$ 上最大化。

$\boldsymbol{w}$ 和 b 的解需要满足

$$\frac{\partial R}{\partial \boldsymbol{w}} = \boldsymbol{w} - \sum_{i=1}^{N} \alpha_i y_i \boldsymbol{x}_i = 0, \tag{12.5}$$

$$\frac{\partial R}{\partial b} = -\sum_{i=1}^{N} \alpha_i y_i = 0. \tag{12.6}$$

此外，根据库恩–塔克条件（Kuhn-Tucker conditions），可以得到

$$\alpha_i \left[y_i(\boldsymbol{w} \cdot \boldsymbol{x}_i + b) - 1 \right] = 0, \quad i = 1, \cdots, N. \tag{12.7}$$

由公式 (12.5) 可得

$$\boldsymbol{w} = \sum_{i=1}^{N} \alpha_i y_i \boldsymbol{x}_i. \tag{12.8}$$

将公式 (12.8) 和式 (12.6) 代入公式 (12.4)，并将所得函数取相反数，以把在维度 $\boldsymbol{\alpha}$ 上最大化的问题转换为在维度 $\boldsymbol{\alpha}$ 上最小化的问题。如此可以得到对偶问题 (12.2)。

根据公式 (12.7)，可以得到关于 α_i 取值的两点推论。

在求解了对偶问题 (12.2) 之后，对于任何一个 $\alpha_i > 0$ 的观测，都有 $y_i(\boldsymbol{w} \cdot \boldsymbol{x}_i + b) = 1$。挑选其中任何一个 $y_i = 1$ 的观测，都有 $b = 1 - \boldsymbol{w} \cdot \boldsymbol{x}_i = 1 - \sum_{j=1}^{N} \alpha_j y_j \boldsymbol{x}_j \cdot \boldsymbol{x}_i$。（或者，挑选其中任何一个 $y_i = -1$ 的观测，都有 $b = -1 - \boldsymbol{w} \cdot \boldsymbol{x}_i = -1 - \sum_{j=1}^{N} \alpha_j y_j \boldsymbol{x}_j \cdot \boldsymbol{x}_i$。）

由公式 (12.8) 可得，用于分类的函数 $F(\boldsymbol{x})$ 形如公式 (12.3)。

二、线性不可分情形

在线性不可分情形下，不存在线性函数 $F(\cdot)$ 能满足 $y_i(\boldsymbol{w} \cdot \boldsymbol{x}_i + b) \geqslant 1$，$i = 1, \cdots, N$。这时引入非负松弛变量 $\boldsymbol{\xi} = (\xi_1, \cdots, \xi_N)$，使 $y_i(\boldsymbol{w} \cdot \boldsymbol{x}_i + b) \geqslant 1 - \xi_i$。我们仍然需要最大化间隔，同时对松弛变量的大小进行惩罚。由此所得的支持向量机被

称为软间隔支持向量机。图 12.2 展示了线性不可分的情形，其中有两个点的松弛变量大于 0。

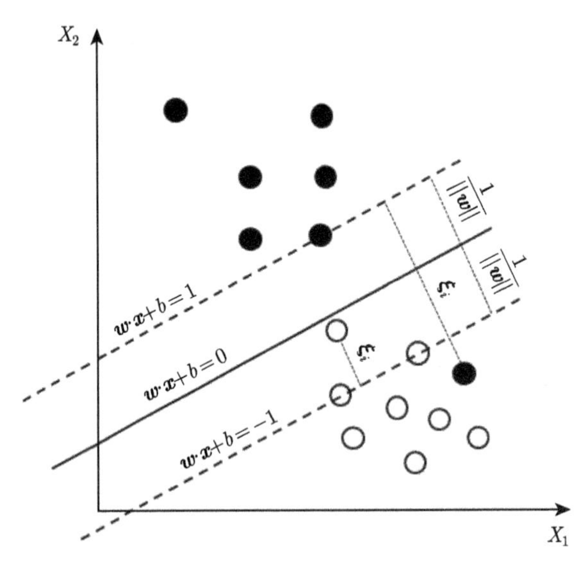

图 12.2　线性不可分情形下的最大间隔超平面

软间隔支持向量机求解如下优化问题：

$$\begin{aligned}
&\min_{\boldsymbol{w},b,\boldsymbol{\xi}} Q(\boldsymbol{w},b,\boldsymbol{\xi})=\frac{1}{2}\boldsymbol{w}\cdot\boldsymbol{w}+C\sum_{i=1}^{N}\xi_i,\\
\text{使得}\quad & y_i(\boldsymbol{w}\cdot\boldsymbol{x}_i+b)\geqslant 1-\xi_i,\\
&\xi_i\geqslant 0,\quad i=1,\cdots,N.
\end{aligned}\tag{12.9}$$

这里 $C>0$ 是调节参数。

对偶问题为

$$\begin{aligned}
&\min_{\boldsymbol{\alpha}} Q(\boldsymbol{\alpha})=\frac{1}{2}\sum_{i=1}^{N}\sum_{j=1}^{N}\alpha_i\alpha_j y_i y_j \boldsymbol{x}_i\cdot\boldsymbol{x}_j-\sum_{i=1}^{N}\alpha_i,\\
\text{使得}\quad & \sum_{i=1}^{N}\alpha_i y_i=0,\\
&0\leqslant\alpha_i\leqslant C,\quad i=1,\cdots,N.
\end{aligned}\tag{12.10}$$

与线性可分情形相比，唯一且重要的差别是要求 $\alpha_i\leqslant C$。

用于分类的函数仍然由公式 (12.3) 给出。$\alpha_i>0$ 的那部分观测决定了分类函数的解，这些观测仍被称为支持向量。调节参数 C 可以指定，也可以使用交叉验证的方法进行选择。

附录 12.2 列出了优化问题 (12.9) 的具体求解过程。

附录 12.2　两个类别线性不可分情形下支持向量机优化问题的求解

在优化问题 (12.9) 中，令 $\boldsymbol{\alpha}=(\alpha_1,\cdots,\alpha_N)$ 表示对约束 $y_i(\boldsymbol{w}\cdot\boldsymbol{x}_i+b)\geqslant 1-\xi_i$ 的拉格朗日乘子，$\alpha_i\geqslant 0$；令 $\boldsymbol{\eta}=(\eta_1,\cdots,\eta_N)$ 表示对约束 $\xi_i\geqslant 0$ 的拉格朗日乘子，$\eta_i\geqslant 0$。拉格朗日方程为

$$R(\boldsymbol{w},b,\boldsymbol{\xi},\boldsymbol{\alpha},\boldsymbol{\eta})=\frac{1}{2}\boldsymbol{w}\cdot\boldsymbol{w}+C\sum_{i=1}^{N}\xi_i-\sum_{i=1}^{N}\alpha_i\left[y_i(\boldsymbol{w}\cdot\boldsymbol{x}_i+b)-1+\xi_i\right]-\sum_{i=1}^{N}\eta_i\xi_i. \tag{12.11}$$

最优解是拉格朗日方程的鞍点，在维度 $\boldsymbol{w}$、b 和 $\boldsymbol{\xi}$ 上最小化，在维度 $\boldsymbol{\alpha}$ 和 $\boldsymbol{\eta}$ 上最大化。

$\boldsymbol{w}$ 和 b 的解需要满足的条件与公式 (12.5) 和公式 (12.6) 一样。$\boldsymbol{\xi}$ 需要满足条件

$$\frac{\partial R}{\partial \xi_i}=C-\alpha_i-\eta_i=0. \tag{12.12}$$

将公式 (12.8)、公式 (12.6) 和公式 (12.12) 代入公式 (12.11)，并将所得函数取相反数，以把在维度 $\boldsymbol{\alpha}$ 上最大化的问题转换为在维度 $\boldsymbol{\alpha}$ 上最小化的问题。如此可以得到对偶问题 (12.10)。

由公式 (12.8) 可得，用于分类的函数 $F(\boldsymbol{x})$ 形如公式 (12.3)。

三、非线性情形

在实际数据中，两个类别之间的分割常常是非线性的。非线性支持向量机首先将自变量向量 $\boldsymbol{x}$ 转换为更高维的特征向量 $\psi(\boldsymbol{x})$，然后在特征空间中寻找最大间隔超平面（特征空间中的超平面对应于自变量空间中的非线性曲面）。

将 $\boldsymbol{x}$ 替换为 $\psi(\boldsymbol{x})$ 之后，可以得到：

（1）在对偶问题 (12.10) 中，需要最优化的函数为

$$Q(\boldsymbol{\alpha})=\frac{1}{2}\sum_{i=1}^{N}\sum_{j=1}^{N}\alpha_i\alpha_j y_i y_j \psi(\boldsymbol{x}_i)\cdot\psi(\boldsymbol{x}_j)-\sum_{i=1}^{N}\alpha_i. \tag{12.13}$$

（2）根据公式 (12.3)，用于分类的函数可写作

$$F(\boldsymbol{x})=\sum_{i=1}^{N}\alpha_i y_i \psi(\boldsymbol{x}_i)\cdot\psi(\boldsymbol{x})+b. \tag{12.14}$$

注意到公式 (12.13) 和公式 (12.14) 都不依赖于特征向量的具体取值，而只依赖于两个特征向量之间的内积。因此，我们不需要显式地定义到特征空间的变换 $\psi(\cdot)$，而只需要定义核函数

$$K(\boldsymbol{x},\boldsymbol{x}')=\psi(\boldsymbol{x})\cdot\psi(\boldsymbol{x}'). \tag{12.15}$$

相应地，公式 (12.13) 和公式 (12.14) 可写为

$$Q(\boldsymbol{\alpha})=\frac{1}{2}\sum_{i=1}^{N}\sum_{j=1}^{N}\alpha_i\alpha_j y_i y_j K(\boldsymbol{x}_i,\boldsymbol{x}_j)-\sum_{i=1}^{N}\alpha_i,$$

$$F(\boldsymbol{x})=\sum_{i=1}^{N}\alpha_i y_i K(\boldsymbol{x}_i,\boldsymbol{x})+b.$$

常见的核函数如下。

（1）线性：$K(\boldsymbol{x},\boldsymbol{x}')=\boldsymbol{x}\cdot\boldsymbol{x}'$。

（2）多项式: $K(\boldsymbol{x},\boldsymbol{x}')=(\gamma\boldsymbol{x}\cdot\boldsymbol{x}'+a)^d$，其中 γ、a 和 d 是可调节参数。

（3）径向基函数（Radial Basic Function, RBF）：$K(\boldsymbol{x},\boldsymbol{x}')=\exp(-\gamma||\boldsymbol{x}-\boldsymbol{x}'||^2)$，其中 $\gamma>0$ 是可调节参数。

（4）双曲正切函数（Hyperbolic Tangent，属 S 型函数）：$K(\boldsymbol{x},\boldsymbol{x}')=\tanh(\gamma\boldsymbol{x}\cdot\boldsymbol{x}'+a)$，其中 γ 和 a 是可调节参数。

调节参数可以指定，也可以使用交叉验证的方法进行选择。

四、 支持向量机应用于二分类问题的示例：全国各省市经纬度坐标数据

假设 E:\dma\data 目录下的 ch12_gis.csv 记录了全国各省、地市、区县的经纬度坐标数据，共计 5 个变量：省份、地市、区县、经度和纬度。我们仅取其中河北省和北京市的数据用于分析，使用经度和纬度来预测一个地方属于河北省还是北京市。相关的 R 程序如下。

R 程序：二分类支持向量机

```
##加载程序包。
library(e1071)
```

```
##读入数据。
gis <- read.csv("E:/dma/data/ch12_gis.csv")

##准备建模数据。
subgis <- gis[gis$省份=="河北省"|gis$省份=="北京市",c(1,4,5)]
#仅取北京市和河北省的经纬度数据。
subgis$省份 <- factor(subgis$省份)
#指定“省份”变量为分类变量。

##数据可视化。
plot(subgis$经度[subgis$省份=="河北省"],subgis$纬度[subgis$省份=="河北省"],
     pch=1, xlab="经度",ylab="纬度")
#画河北省观测的散点图，pch=1指定观测用圆表示。
points(subgis$经度[subgis$省份=="北京市"],subgis$纬度[subgis$省份=="北京市"],
     pch=2)
#用points函数直接在图上加北京市观测的散点图，pch=2指定观测用三角表示。
legend(118.5, 38, legend=c("河北省", "北京市"),pch=1:2)
#用legend函数在图中加上图例。
# (118.5,38)为图例的坐标，legend参数指定图例的文字，pch指定图例中的符号
```

图 12.3 展示了绘制的数据散点图。接下来，我们建立支持向量机模型。

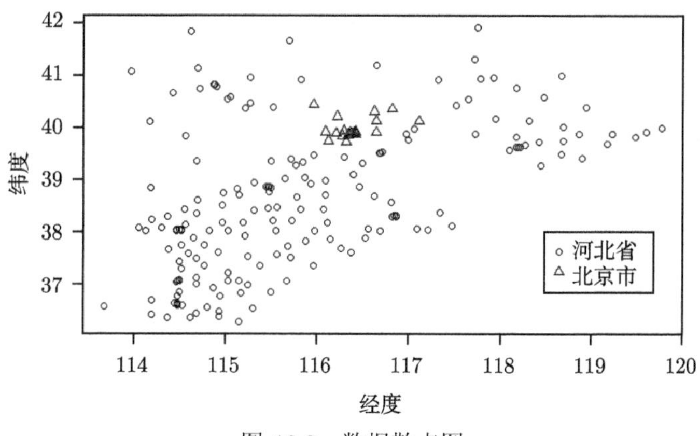

图 12.3 数据散点图

```
##建立支持向量机模型。
svm_gis <- svm(省份~经度+纬度,data = subgis)
#用svm函数建立支持向量机模型，
# 因变量为“省份”，自变量为“经度”和“纬度”。
```

```
print(svm_gis)
#屏幕上将显示结果如下:
#  Call:
#  svm(formula = 省份 ~ 经度 + 纬度, data = subgis)
#  Parameters:
#     SVM-Type:  C-classification
#   SVM-Kernel:  radial
#         cost:  1
#        gamma:  0.5
#  Number of Support Vectors:  41

#结果解释如下:
#  SMV类型为分类的SVM;
#  使用的核函数为径向基函数;
#  调节参数C的缺省值为1;
#  调节参数gamma（用于径向基函数中）的缺省值为0.5;
#  得到的支持向量为41个。

plot(svm_gis,subgis,纬度~经度)
#对svm模型结果作图。
#  第一个参数svm_gis为之前所得的模型，第二个参数必须是之前用于拟合模型的数据，
#    第三个参数指定横坐标为“经度”，纵坐标为“纬度”。
#  图中，以“x”表示的观测为支持向量，以"o"表示的观测为其他观测。
#    图中还会显示模型给出的分割两个类别的边界。
legend(117,38,legend=c("支持向量","其他观测"),pch=c('x','o'))
#在图中加上图例。

pred_svm_gis <- predict(svm_gis,subgis)
#使用所得的svm模型对数据进行分类。

##选择最优的调节参数的值。
svm_gis_tune<-tune(svm,省份~经度+纬度,data = subgis,kernel="radial",
  ranges=list(cost=c(0.001, 0.01, 0.1, 1,5,10,100),gamma=c(0.1,0.5,1)))
#使用tune函数优化调节参数。
#  第一个参数指定模型类型为svm，第二个参数指定因变量和自变量，
#  data参数指定所用的数据，kernel参数指定核函数的类型为径向基函数，
#  ranges参数指定模型对应的调节参数的选择范围。
```

```
#     对于使用径向基函数的分类svm模型而言，有两个调节参数C和gamma。

##相应地，得到最优的svm模型
bestsvm_gis <- svm_gis_tune$best.model

pred_bestsvm_gis <- predict(bestsvm_gis,subgis)

plot(bestsvm_gis,subgis,纬度~经度)
legend(117,38,legend=c("支持向量","其他观测"),pch=c('X','O'))
```

图 12.4 和 12.5 分别给出了使用调节参数缺省值的 SVM 模型和优化调节参数后的 SVM 模型的结果。可以看出，后者用到更少的支持向量。

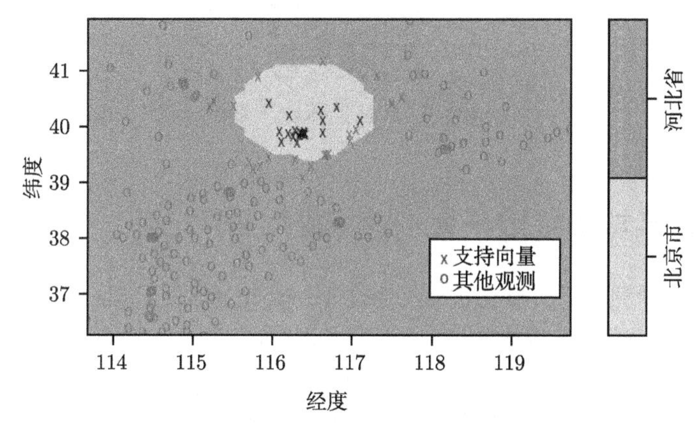

图 12.4　使用调节参数缺省值的 SVM 模型的结果

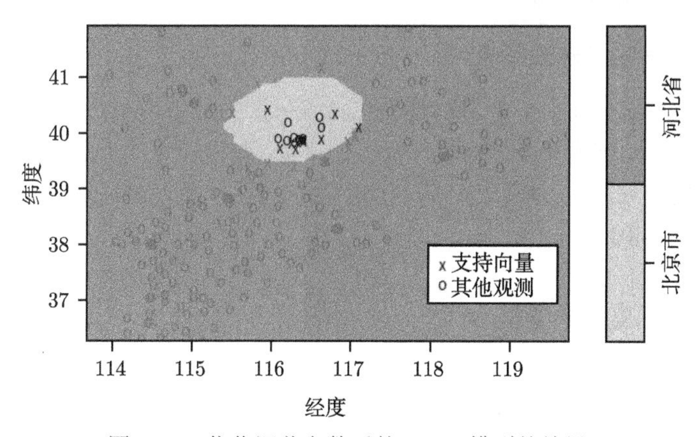

图 12.5　优化调节参数后的 SVM 模型的结果

我们接下来查看两个模型误分类的观测数。

```
##查看最开始建立的svm模型误分类的观测数。
length(which(pred_svm_gis!=subgis$省份))

##查看优化调节参数后的SVM模型误分类的观测数。
length(which(pred_bestsvm_gis!=subgis$省份))
```

结果显示，使用调节参数缺省值的 SVM 模型误分类了 3 个观测，而优化调节参数后的 SVM 模型只误分类了 1 个观测。

相关 R 操作教程视频请扫描以下二维码观看：

(推荐在 WIFI 环境下观看)

12.2 支持向量机用于多分类问题

在多分类问题中，因变量有 M 种取值。使用支持向量机时，常用的一种方法是将多分类问题转换为 $M(M-1)/2$ 个二分类问题。对于每两个不同类别 m_1 和 m_2，使用这两类观测建立一个支持向量机模型。决定一个观测最终属于哪个类别时，由建立的 $M(M-1)/2$ 个支持向量机模型进行投票，每个模型一票，选取得票最高的类别作为观测类别。

示例：无线信号强度与信号源

假设 E:\dma\data 目录下的 ch12_wifi.csv 是关于室内无线信号强度与信号源所处位置的数据。因变量 V8 为信号源所处位置，取值为 1、2、3、4；自变量 V1—V7 为 7 个不同的手机显示的无线信号强度，共计 2 000 条观测 [1]。建立支持向量机模型的相关 R 程序如下。

R 程序：多分类支持向量机

```
##加载程序包。
library(e1071)
#e1071包可以用来构建支持向量机分类器，
```

1. 数据可从 https://archive.ics.uci.edu/ml/datasets/Wireless+Indoor+Localization 获得。

```
#这里将调用其中的svm和tune函数。

##读入数据。
wifi <- read.csv("E:/dma/data/ch12_wifi.csv")

##指定因变量为分类变量。
wifi$V8 <- factor(wifi$V8)

##得到优化调节参数后的svm模型。
svm_wifi_tune <- tune(svm,V8~.,data = wifi,kernel="radial",
  ranges=list(cost=c(0.001, 0.01, 0.1, 1,5,10,100),gamma=c(0.1,0.5,1)))
bestsvm_wifi <- svm_wifi_tune$best.model

##查看优化调节参数后的SVM模型误分类的观测数。
pred_bestsvm_wifi <- predict(bestsvm_wifi,wifi)
length(which(pred_bestsvm_wifi!=wifi$V8))
```

结果显示，SVM 模型只误分类了 4 个观测。

相关 R 操作教程视频请扫描以下二维码观看：

（推荐在 WIFI 环境下观看）

12.3 支持向量机用于回归问题

在回归问题中，因变量 y_i 是连续变量。我们希望使用 $F(\boldsymbol{x}) = \boldsymbol{w}\cdot\psi(\boldsymbol{x}) + b$ 来拟合 y。在硬间隔支持向量机的情形下，对任何观测，拟合的绝对误差都不超过 ϵ，即

$$\boldsymbol{w}\cdot\psi(\boldsymbol{x}_i) + b - y_i \leqslant \epsilon,$$
$$y_i - \boldsymbol{w}\cdot\psi(\boldsymbol{x}_i) - b \leqslant \epsilon.$$

为了应对实际数据中存在的噪声，软间隔支持向量机允许拟合的绝对误差对

某些观测超过 ϵ，引入非负松弛变量 $\boldsymbol{\xi}=(\xi_1,\cdots,\xi_N)^{\mathrm{T}}$ 和 $\boldsymbol{\xi}^*=(\xi_1^*,\cdots,\xi_N^*)^{\mathrm{T}}$，使得

$$\begin{aligned}\boldsymbol{w}\cdot\psi(\boldsymbol{x}_i)+b-y_i&\leqslant\epsilon+\xi_i,\\ y_i-\boldsymbol{w}\cdot\psi(\boldsymbol{x}_i)-b&\leqslant\epsilon+\xi_i^*.\end{aligned}$$

与二分类问题类似，回归情形下的软间隔支持向量机仍然需要最大化间隔，同时对松弛变量的大小进行惩罚。它求解如下优化问题：

$$\begin{aligned}&\min_{\boldsymbol{w},b,\boldsymbol{\xi},\boldsymbol{\xi}^*} Q(\boldsymbol{w},b,\boldsymbol{\xi},\boldsymbol{\xi}^*)=\frac{1}{2}\boldsymbol{w}\cdot\boldsymbol{w}+C\sum_{i=1}^{N}(\xi_i+\xi_i^*),\\ \text{使得}\quad&\boldsymbol{w}\cdot\psi(\boldsymbol{x}_i)+b-y_i\leqslant\epsilon+\xi_i,\\ &y_i-\boldsymbol{w}\cdot\psi(\boldsymbol{x}_i)-b\leqslant\epsilon+\xi_i^*,\\ &\xi_i,\xi_i^*\geqslant 0,\quad i=1,\cdots,N.\end{aligned}\tag{12.16}$$

这里 $C>0$ 是调节参数。

对偶问题为

$$\begin{aligned}\min_{\boldsymbol{\alpha},\boldsymbol{\alpha}^*} Q(\boldsymbol{\alpha},\boldsymbol{\alpha}^*)=&\frac{1}{2}\sum_{i=1}^{N}\sum_{j=1}^{N}(\alpha_i-\alpha_i^*)(\alpha_j-\alpha_j^*)K(\boldsymbol{x}_i,\boldsymbol{x}_j)\\ &+\epsilon\sum_{i=1}^{N}(\alpha_i+\alpha_i^*)+\sum_{i=1}^{N}y_i(\alpha_i-\alpha_i^*)\\ \text{使得}\quad&\sum_{i=1}^{N}(\alpha_i-\alpha_i^*)=0,\\ &0\leqslant\alpha_i,\alpha_i^*\leqslant C,\quad i=1,\cdots,N.\end{aligned}\tag{12.17}$$

函数 $F(\boldsymbol{x})$ 可写作

$$F(\boldsymbol{x})=\sum_{i=1}^{N}(\alpha_i^*-\alpha_i)K(\boldsymbol{x}_i,\boldsymbol{x})+b.\tag{12.18}$$

附录 12.3 列出了优化问题 (12.16) 的具体求解过程。

附录 12.3 回归情形下支持向量机优化问题的求解

在优化问题 (12.16) 中，令 $\boldsymbol{\alpha}=(\alpha_1,\cdots,\alpha_N)$ 表示对约束 $\boldsymbol{w}\cdot\psi(\boldsymbol{x}_i)+b-y_i\leqslant\epsilon+\xi_i$ 的拉格朗日乘子，$\alpha_i\geqslant 0$; 令 $\boldsymbol{\alpha}^*=(\alpha_1^*,\cdots,\alpha_N^*)$ 表示对约束

$y_i - \boldsymbol{w} \cdot \psi(\boldsymbol{x}_i) - b \leqslant \epsilon + \xi_i^*$ 的拉格朗日乘子，$\alpha_i^* \geqslant 0$；令 $\boldsymbol{\eta} = (\eta_1, \cdots, \eta_N)$ 表示对约束 $\xi_i \geqslant 0$ 的拉格朗日乘子，$\eta_i \geqslant 0$；令 $\boldsymbol{\eta}^* = (\eta_1^*, \cdots, \eta_N^*)$ 表示对约束 $\xi_i^* \geqslant 0$ 的拉格朗日乘子，$\eta_i^* \geqslant 0$。拉格朗日方程为

$$
\begin{aligned}
R(\boldsymbol{w}, b, \boldsymbol{\xi}, \boldsymbol{\xi}^*, \boldsymbol{\alpha}, \boldsymbol{\alpha}^*, \boldsymbol{\eta}, \boldsymbol{\eta}^*) = & \frac{1}{2}\boldsymbol{w} \cdot \boldsymbol{w} + C\sum_{i=1}^{N}(\xi_i + \xi_i^*) \\
& - \sum_{i=1}^{N} \alpha_i \left[\epsilon + \xi_i - \boldsymbol{w} \cdot \psi(\boldsymbol{x}_i) - b + y_i\right] \\
& - \sum_{i=1}^{N} \alpha_i^* \left[\epsilon + \xi_i^* - y_i + \boldsymbol{w} \cdot \psi(\boldsymbol{x}_i) + b\right] \\
& - \sum_{i=1}^{N} \eta_i \xi_i - \sum_{i=1}^{N} \eta_i^* \xi_i^*.
\end{aligned} \tag{12.19}
$$

最优解是拉格朗日方程的鞍点，在维度 $\boldsymbol{w}$、b、$\boldsymbol{\xi}$ 和 $\boldsymbol{\xi}^*$ 上最小化，在维度 $\boldsymbol{\alpha}$、$\boldsymbol{\alpha}^*$、$\boldsymbol{\eta}$ 和 $\boldsymbol{\eta}^*$ 上最大化。

$\boldsymbol{w}$、b、$\boldsymbol{\xi}$ 和 $\boldsymbol{\xi}^*$ 的解需要满足如下条件

$$\frac{\partial R}{\partial \boldsymbol{w}} = \boldsymbol{w} + \sum_{i=1}^{N}(\alpha_i - \alpha_i^*)\psi(\boldsymbol{x}_i) = 0, \tag{12.20}$$

$$\frac{\partial R}{\partial b} = \sum_{i=1}^{N}(\alpha_i - \alpha_i^*) = 0, \tag{12.21}$$

$$\frac{\partial R}{\partial \xi_i} = C - \alpha_i - \eta_i = 0, \tag{12.22}$$

$$\frac{\partial R}{\partial \xi_i^*} = C - \alpha_i^* - \eta_i^* = 0, \tag{12.23}$$

由公式 (12.20) 可得

$$\boldsymbol{w} = \sum_{i=1}^{N}(\alpha_i^* - \alpha_i)\psi(\boldsymbol{x}_i). \tag{12.24}$$

将式 (12.24)、式 (12.21)、式 (12.22) 和式 (12.23) 代入公式 (12.19)，并对所得函数取相反数，以把在维度 $\boldsymbol{\alpha}$ 上最大化的问题转换为在维度 $\boldsymbol{\alpha}$ 上最小化的问题。如此可以得到对偶问题 (12.17)。

由公式 (12.24) 可得函数 $F(\boldsymbol{x})$ 形如公式 (12.18)。

示例：学生成绩数据

假设 E: \dma\data 目录下的 ch12_student.csv 包含了两所葡萄牙高中的学生各方面的表现数据（30 个自变量）和 3 次数学考试成绩（G1—G3），共计 395 条观测[2]。我们以 G3（期末考试成绩）为因变量，其他所有变量为自变量，建立支持向量机模型。相关 R 程序如下。

R 程序：学生成绩数据

```
##加载程序包。
library(e1071)

##读入数据。
student <- read.csv("E:/dma/data/ch12_student.csv")

##数据准备。
x <- model.matrix(G3~.,data = student)[,-1]
y <- student$G3

##得到优化调节参数后的svm模型。
svm_student_tune <- tune(svm,y~x,kernel = "radial",
  ranges=list(cost=c(0.001, 0.01, 0.1, 1,5,10,100),gamma=c(0.1,0.5,1)))
#因变量为连续变量时的建模格式与因变量为分类变量时相同。
#svm函数会自动识别因变量类型并进行建模。
bestsvm_student <- svm_student_tune$best.model

#计算最优svm模型的均方根误差。
svm_rmse <- sqrt(mean((predict(bestsvm_student,student)-student$G3)^2))
#用predict函数获得模型预测值，取其与G3真实值的差异，对差异进行平方（^2），
#使用mean函数计算均值，再使用sqrt函数计算平方根。

##建立普通线性回归模型。
lm_student <- lm(y~x)

##计算普通线性回归模型的均方根误差。
```

2. 数据可从 https://archive.ics.uci.edu/ml/datasets/Student+Performance 获得。

```
lm_rmse <- sqrt(mean((predict(lm_student,student)-student$G3)^2))
```

SVM 模型的均方根误差为 0.44，远小于普通线性回归模型的均方根误差 1.80。

相关 R 操作教程视频请扫描以下二维码观看：

（推荐在 WIFI 环境下观看）

第13章

模型评估

为了得到能有效预测因变量的模型，可以建立多个模型，对它们进行评估和比较，并从中选择最优的模型。通常根据对验证数据集的预测效果或者交叉验证来选择模型。一般地，令 $\mathcal{D}$ 为评估数据集，$N_{\mathcal{D}}$ 为其中的观测数，令 Y_i 表示 $\mathcal{D}$ 中观测 i 的因变量的真实值。我们来看看如何根据 $\mathcal{D}$ 评估模型的预测效果。

13.1　因变量为二分变量的情形

若因变量 Y_i 只有两种取值，可不失一般性地假设它们为 0 和 1。

一、基于 Y_i 的预测值进行模型评估

（一）获取 Y_i 的预测值

一些模型直接预测 Y_i 的值为 $\hat{Y}_i$。一些模型预测观测 i 属于类别 0 和类别 1 的概率分别为 $\hat{p}_{i0}$ 和 $\hat{p}_{i1}$（$\hat{p}_{i0}+\hat{p}_{i1}=1$），再使用以下方法得到 Y_i 的预测值 $\hat{Y}_i$。

（1）如果 $\hat{p}_{i1}>0.5$，则令 $\hat{Y}_i=1$，否则令 $\hat{Y}_i=0$。

（2）根据期望利润决定 $\hat{Y}_i$ 的值。定义分类利润，令 $P(l_2|l_1)$ 表示将实际属于类别 l_1 的观测归入类别 l_2 所产生的利润。缺省地 $P(0|0)=P(1|1)=1$，$P(1|0)=P(0|1)=0$。也就是说，分类正确利润就为 1，分类不正确利润就为 0。在实际应用中，需要根据实际情况设置分类利润的值。例如，假设在一种直邮营销的情景中，只有收到邮寄的产品目录的潜在顾客才有可能进行购买。假设类别 1 代表潜在顾客响应（即进行了购买），类别 0 代表潜在顾客不响应。$P(0|0)$ 和 $P(0|1)$ 对应于不邮寄产品目录，带来的利润为 0。$P(1|0)$ 对应于将实际不响应的顾客错误判断为响应而邮寄产品目录，带来的利润为负，等于联系顾客成本（包括产品目录制作、邮寄等成本）的负值。$P(1|1)$ 对应于将实际响应的顾客正确判断为响应而邮寄产品目录，带来的利润为顾客的购买金额与联系成本的差。因为 $P(1|1)$ 只能取一个值，这里采用的购买金额是顾客的平均购买金额。

给 $\hat{Y}_i$ 赋值时需要比较期望利润。将观测 i 归入类别 0 所带来的期望利润为 $\hat{p}_{i0}P(0|0)+\hat{p}_{i1}P(0|1)$，而将观测 i 归入类别 1 所带来的期望利润为 $\hat{p}_{i0}P(1|0)+\hat{p}_{i1}P(1|1)$。如果后者大于前者，即

$$\hat{p}_{i1}>\frac{P(0|0)-P(1|0)}{P(0|0)+P(1|1)-P(1|0)-P(0|1)},$$

则令 $\hat{Y}_i=1$，否则令 $\hat{Y}_i=0$。

（3）根据期望损失决定 $\hat{Y}_i$ 的值。

定义分类损失，令 $C(l_2|l_1)$ 表示将实际属于类别 l_1 的观测归入类别 l_2 所产生的损失。缺省地 $C(0|0)=C(1|1)=0$，$C(1|0)=C(0|1)=1$。也就是说分类正确损

失就为 0，分类不正确损失就为 1。在实际应用中，需要根据实际情况设置分类损失的值。例如，在上述直邮营销的情景中，$C(l_2|l_1)$ 为 $P(l_2|l_1)$ 的相反数。

将观测 i 归入类别 0 所带来的期望损失为 $\hat{p}_{i0}C(0|0)+\hat{p}_{i1}C(0|1)$，而将观测 i 归入类别 1 所带来的期望损失为 $\hat{p}_{i0}C(1|0)+\hat{p}_{i1}C(1|1)$。如果后者小于前者，即

$$\hat{p}_{i1} > \frac{C(1|0)-C(0|0)}{C(1|0)+C(0|1)-C(0|0)-C(1|1)},$$

则令 $\hat{Y}_i=1$，否则令 $\hat{Y}_i=0$。

当分类利润和分类损失取缺省值时，上述三种赋值方法得到的结果一样。

(二) 模型评估

最简单的模型评估方法是使用表 13.1 所示的混淆矩阵。如果观测 i 的真实值 Y_i 为 0（1），那么该观测为实际阴性（阳性）；如果观测 i 的预测值 $\hat{Y}_i$ 为 0（1），那么该观测为预测阴性（阳性）。实际阴性观测数为 N_0，其中有 N_{00} 个观测被正确地归类于类别 0，为真阴性观测；有 N_{01} 个观测被错误地归类于类别 1，为假阳性观测。有 $N_0=N_{00}+N_{01}$。实际阳性观测数为 N_1，其中有 N_{10} 个观测被错误地归类于类别 0，为假阴性观测；有 N_{11} 个观测被正确地归类于类别 1，为真阳性观测。有 $N_1=N_{10}+N_{11}$。

表 13.1 混淆矩阵

实际类别	预测类别		汇总
	0（预测阴性）	1（预测阳性）	
0（实际阴性）	N_{00}（真阴性观测数）	N_{01}（假阳性观测数）	N_0（实际阴性观测数）
1（实际阳性）	N_{10}（假阴性观测数）	N_{11}（真阳性观测数）	N_1（实际阳性观测数）

从混淆矩阵可以计算一系列评估指标。真阴性率（True Negative Rate，简称 TNR）为 N_{00}/N_0，假阳性率（False Positive Rate，简称 FPR）为 N_{01}/N_0，它们的和为 1。假阴性率（False Negative Rate，简称 FNR）为 N_{10}/N_1，真阳性率（True Positive Rate，简称 TPR）为 N_{11}/N_1，它们的和为 1。总的误分类率为 $(N_{01}+N_{10})/N$。在信息检索等领域，还常常使用精确度（Precision）、召回率（Recall）和 $F1$ 度量（$F1$ Measure）。精确度定义为在被预测为阳性的观测中实际为阳性的比例，即 $N_{11}/(N_{01}+N_{11})$。召回率定义为在实际阳性的观测中被预测为阳性的比例，等于真阳性率。$F1$ 度量为综合精确度和召回率的评估指标：

$$F1=\frac{2\text{Precision}\times\text{Recall}}{\text{Precision}+\text{Recall}}=\frac{2N_{11}}{N_{01}+N_{10}+2N_{11}}.$$

在医学等领域用到的敏感度（Sensitivity）等于真阳性率，特异度（Specificity）等于真阴性率。

如果定义了分类利润，$P(\hat{Y}_i|Y_i)$为使用模型对第 i 个观测进行分类所带来的实际利润，还可使用平均利润 $\frac{1}{N_{\mathcal{D}}}\sum_{i=1}^{N_{\mathcal{D}}}P(\hat{Y}_i|Y_i)$ 来评估模型。类似地，如果定义了分类损失，还可以使用平均损失 $\frac{1}{N_{\mathcal{D}}}\sum_{i=1}^{N_{\mathcal{D}}}C(\hat{Y}_i|Y_i)$ 来评估模型。当分类利润和分类损失取缺省值时，评估模型的平均利润或平均损失等价于评估总误分类率。

二、 响应率评估

上面的评估方法使用了模型预测类别 $\hat{Y}_i$。当 $\hat{Y}_i$ 由模型预测概率计算而来时，我们可以直接使用模型预测概率对模型进行更加细致的评估。我们将通过一个例子来说明这些评估方法。设某个直邮营销的历史数据集 $\mathcal{D}$ 中有 100 000 位潜在顾客，总响应率为 20%，也就是说，如果把产品目录邮寄给这 100 000 位潜在顾客，实际会收到 20 000 份响应。我们将响应当作阳性，不响应当作阴性。将这 100 000 位潜在顾客按照预测响应概率 $\hat{p}_{i1}$ 从大到小的顺序进行排列。为了方便讨论，按十分位数将排列好的潜在顾客等分为十组，考虑联系 $\hat{p}_{i1}$ 最高的第一组潜在顾客、$\hat{p}_{i1}$ 次高的第二组潜在顾客，等等；但实际中可以精确到联系 $\hat{p}_{i1}$ 最高的第一位潜在顾客、$\hat{p}_{i1}$ 次高的第二位潜在顾客，等等。

为了方便讨论，先定义如下一些概念。

- 响应率：被联系的潜在顾客中响应的比例，即

$$\frac{\text{响应人数}}{\text{被联系人数}}.$$

- 基准响应率：不使用任何模型而随机联系潜在顾客时所得的响应率，出于随机性，它等于总响应率。
- 捕获响应率：被联系的潜在顾客中响应人数占响应总人数的比例，即

$$\frac{\text{响应人数}}{\text{响应者总人数}}.$$

- 基准捕获响应率：不使用任何模型而随机联系顾客时所得的捕获响应率，出于随机性，它等于被联系的潜在顾客人数占潜在顾客总人数的比例。
- 提升值：使用模型所得的响应率与基准响应率之比。如果提升值大于 1，说明使用模型挑选联系的潜在顾客比随机挑选效果更好。

表 13.2 列出了示例的非累积响应情况，这里非累积指的是分别联系第一组潜在顾客、第二组潜在顾客、第三组潜在顾客，等等。表中“被联系人数”等于每一组的潜在顾客人数，也就是潜在顾客总人数的 1/10；“响应人数”指的是每一组实际响应的潜在顾客人数；“响应率”等于“响应人数”除以“被联系人数”；“捕获

响应率”等于“响应人数”除以响应者总人数 20 000；“提升值”等于“响应率”除以基准响应率 20%。

表 13.2　非累积响应情况

十分位数	被联系人数	响应人数	响应率	捕获响应率	提升值
1	10 000	6 000	60%	30%	3
2	10 000	4 000	40%	20%	2
3	10 000	3 000	30%	15%	1.5
4	10 000	2 800	28%	14%	1.4
5	10 000	1 200	12%	6%	0.6
6	10 000	1 000	10%	5%	0.5
7	10 000	800	8%	4%	0.4
8	10 000	600	6%	3%	0.3
9	10 000	400	4%	2%	0.2
10	10 000	200	2%	1%	0.1

表 13.3 列出了示例的累积响应情况，这里“累积”指的是联系第一组潜在顾客、前两组潜在顾客、前三组潜在顾客，等等。表中“累积被联系人数”和“累积响应人数”列分别是把表 13.2 中的“被联系人数”和“响应人数”进行累积所得的结果；“累积响应率”等于“累积响应人数”除以“累积被联系人数”；“累积捕获响应率”等于“累积响应人数”除以响应者总人数 20 000；“累积提升值”等于“累积响应率”除以基准响应率 20%。可以很容易得出，如果将模型预测响应概率最高的累积顾客都预测为信用差，而其余顾客都预测为信用好，模型的真阳性率就等于累积捕获响应率。

表 13.3　累积响应情况

十分位数	累积 被联系人数	累积 响应人数	累积 响应率	累积 捕获响应率	累积 提升值
1	10 000	6 000	60%	30%	3
2	20 000	10 000	50%	50%	2.5
3	30 000	13 000	43.3%	65%	2.17
4	40 000	15 800	39.5%	79%	1.98
5	50 000	17 000	34%	85%	1.7
6	60 000	18 000	30%	90%	1.5
7	70 000	18 800	26.9%	94%	1.35
8	80 000	19 400	24.3%	97%	1.22
9	90 000	19 800	22%	99%	1.1
10	100 000	20 000	20%	100%	1

模型的理想效果是，响应者的预测响应概率都大于非响应者的预测响应概率，

因此，若按照预测响应概率从大到小排序，响应者都排在非响应者的前面，如图 13.1 所示。在这种情况下，当累积被联系人数不超过响应者总人数时，不管是非累积还是累积情形，被联系的所有人都是响应者，所以非累积响应率和累积响应率都是 100%；之后，当非累积被联系人都属于非响应者时，非累积响应率变成 0，而累积响应率等于响应者总人数与累积被联系人数之比，最后达到总体响应率。实际的模型当然无法达到这种理想效果，但模型的效果越接近理想效果越好。

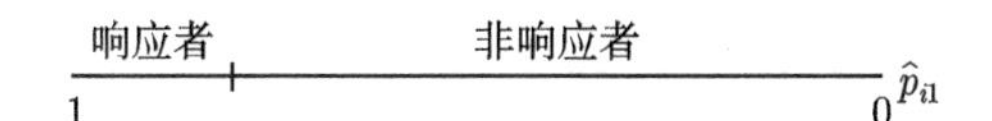

图 13.1　理想情况下按预测响应概率从大到小排序的情形

图 13.2 和图 13.3 分别绘出了示例的非累积响应率图和累积响应率图。图 13.4 和图 13.5 分别绘出了示例的非累积捕获响应率图和累积捕获响应率图。图中 “ideal” 表示理想情况，“model” 表示使用模型挑选被联系人的情况，“baseline” 表示基准情况。提升值与响应率成正比，所以提升值图的形状和响应率图一样。

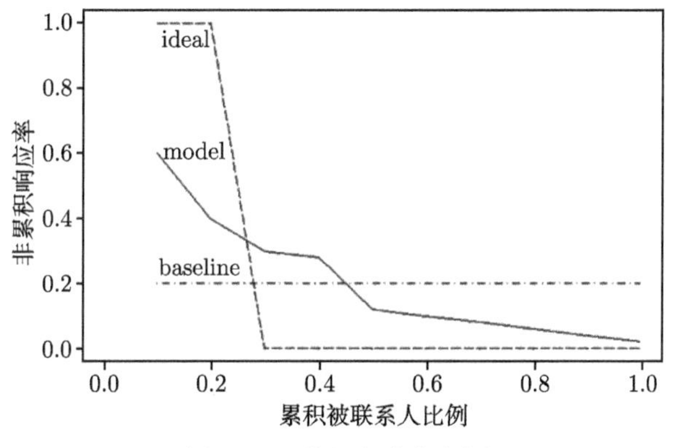

图 13.2　非累积响应率图

从累积捕获响应率图还可以计算一个数值指标——准确度比率（Accuracy Ratio）。首先计算模型的累积捕获响应率曲线与基准累积捕获响应率曲线之间的面积，它度量了使用模型相较于基准情况而言增加的预测性能；然后计算理想累积捕获响应率曲线与基准累积捕获响应率曲线之间的面积，它度量了理想情况相较于基准情况而言增加的预测性能。准确度比率是这两个面积的比值，它的取值在 0 至 1 之间，取值 0 表示使用模型的预测效果和基准情况一样，取值 1 表示模型的预测效果和理想情况一样，准确度比率的值越接近于 1，模型效果越好。

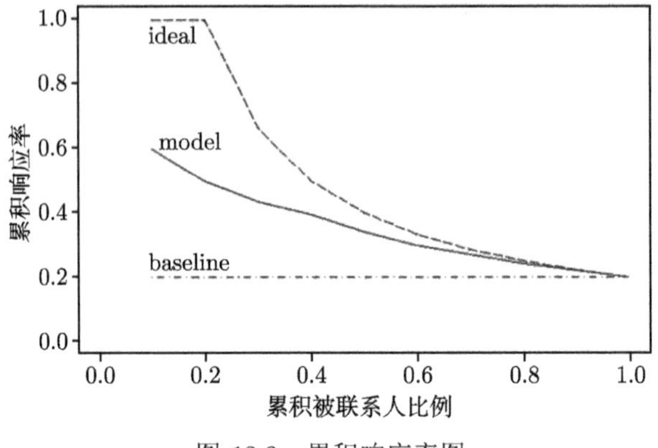

图 13.3　累积响应率图

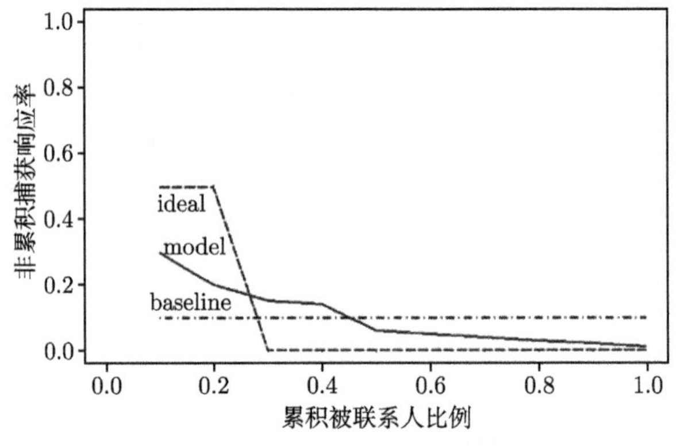

图 13.4　非累积捕获响应图

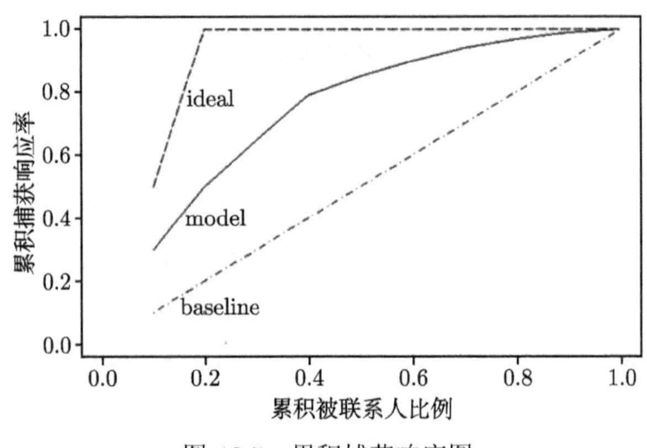

图 13.5　累积捕获响应图

数学上，准确度比率被定义为

$$AR \equiv \frac{\displaystyle\int_0^1 r_{\text{模型}}(q)dq - \frac{1}{2}}{\displaystyle\int_0^1 r_{\text{理想}}(q)dq - \frac{1}{2}}. \tag{13.1}$$

公式中，$r_{\text{模型}}(q)$ 表示联系模型预测概率的排序处于前面比例为 q（$0 \leqslant q \leqslant 1$）的顾客时所得的累积捕获响应率，$\int_0^1 r_{\text{模型}}(q)dq$ 表示模型的累积捕获响应率曲线之下的面积。基准累积捕获响应率 $r_{\text{基准}}(q) = q$，因此基准累积捕获响应率曲线之下的面积为 $\int_0^1 r_{\text{基准}}(q)dq = \frac{1}{2}$。因此公式（13.1）的分子计算了模型的累积捕获响应率曲线与基准累积捕获响应率曲线之间的面积，类似地可推出公式（13.1）的分母计算了理想累积捕获响应率曲线与基准累积捕获响应率曲线之间的面积。我们在示例中使用的是十分位数，这时积分 $\int_0^1 r(q)dq$ 可用 $\frac{1}{10}\sum_{i=1}^{10} r(i/10)$ 来近似；在实际应用时可精确到每一位顾客，积分可用 $\frac{1}{N_{\mathcal{D}}}\sum_{i=1}^{N_{\mathcal{D}}} r(i/N_{\mathcal{D}})$ 来近似。

三、 ROC 曲线

受试者操作特性曲线（Receiver Operating Characteristic Curve，以下简称 ROC 曲线）也是衡量模型预测能力的一种常用工具，它来源于并经常应用于医学领域。在绘制 ROC 曲线时，设将模型预测响应概率大于某个临界值 C 的潜在顾客都预测为响应者，而将其他潜在顾客都预测为非响应者。当 C 的值从 1 变化到 0 时，将假阳性率作为横轴、真阳性率作为纵轴作图，这种变化在图中形成的曲线就被称为 ROC 曲线。

当 $C = 1$ 时，所有潜在顾客都被预测为不会响应，因此假阳性观测数和真阳性观测数都为 0，假阳性率 =0，真阳性率 =0。当 $C = 0$ 时，所有潜在顾客都被预测为会响应，因此假阴性观测数和真阴性观测数都为 0，假阴性率 =0，真阴性率 =0，假阳性率 =1 − 真阴性率 =1，真阳性率 =1 − 假阴性率 =1。所以 ROC 曲线是连接（0, 0）点和（1, 1）点的一条曲线。

理想情况下，响应者的预测响应概率都大于非响应者的预测响应概率。因此，存在 C^* 使得预测响应概率大于 C^* 的所有顾客都是实际响应者，而其他顾客都是实际非响应者。$C \geqslant C^*$ 的情形见图 13.6。所有实际非响应者都被正确地预测为不响应，所以假阳性率 =0；真阳性率是实际响应者中被模型预测为响应者的比例，当 C 的值从 1 变化到 C^* 时，真阳性率从 0 变化到 1。$C < C^*$ 的情形见图 13.7。所有实际响应者都被正确地预测为响应，因此真阳性率 =1；假阳性率是实际非响

应者中被模型预测为响应者的比例，当 C 的值从 C^* 变化到 0 时，假阳性率从 0 变化到 1。所以理想的 ROC 曲线由连接 (0, 0) 点和 (0, 1) 点的线段与连接 (0, 1) 点和 (1, 1) 点的线段组成。

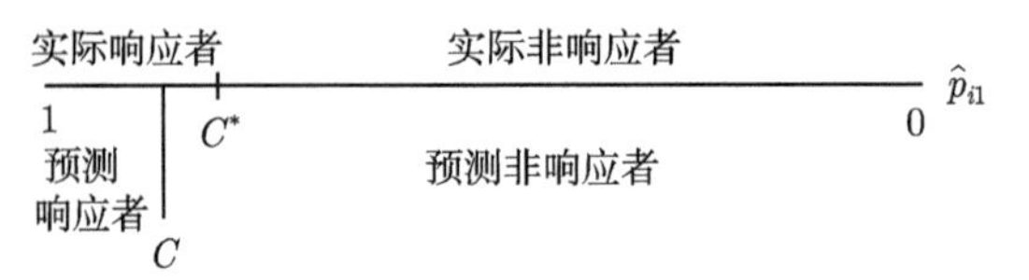

图 13.6 画 ROC 曲线时 $C \geqslant C^*$ 对应的理想情况

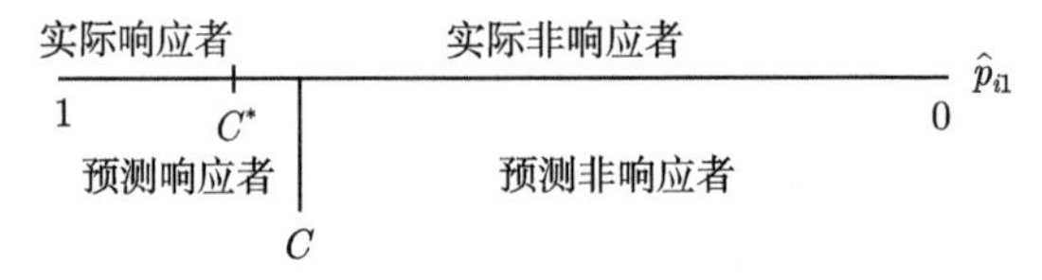

图 13.7 画 ROC 曲线时 $C < C^*$ 对应的理想情况

在基准情况下，出于随机性，假阳性率和真阳性率都等于所有顾客中被模型预测为响应者的比例，所以基准的 ROC 曲线就是连接 (0,0) 点和 (1,1) 点的一条对角直线。

一般而言，模型的 ROC 曲线落在理想 ROC 曲线与基准 ROC 曲线之间。图 13.8 绘出了示例中模型的 ROC 曲线以及理想 ROC 曲线和基准 ROC 曲线。ROC 曲线下的面积可作为衡量模型效果的一个数值指标。基准 ROC 曲线下的面积为 0.5，理想 ROC 曲线下的面积为 1，而一般模型 ROC 曲线下的面积在 0.5 至 1 之间，这个值越接近 1，模型效果越好。

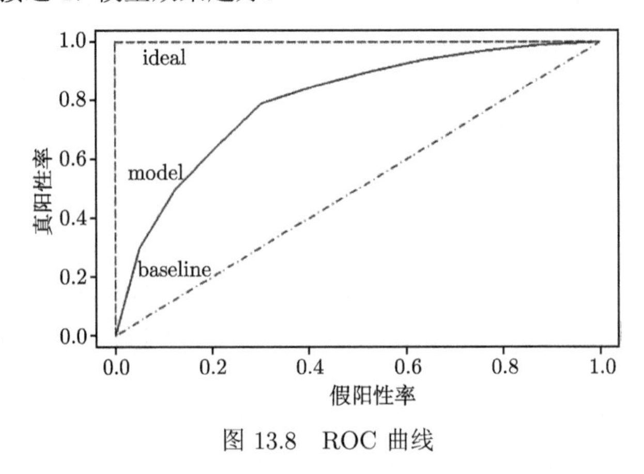

图 13.8 ROC 曲线

对模型的预测效果而言，真阴性率（1 − 假阳性率）和真阳性率都是越大越好，但是这两者之间需要平衡。有时在实际应用中，我们希望选择截断值 C 以使真阴性率与真阳性率的和达到最大；这时可以取 45 度角直线簇

$$\text{真阳性率} = \alpha + \text{假阳性率} = \alpha + (1 - \text{真阴性率}) \Longleftrightarrow \text{真阳性率} + \text{真阴性率} = \alpha + 1$$

与 ROC 曲线的切点，选取切点对应的 C 值。

四、盈利评估

除了考察顾客的响应情况，还可以考察直邮营销的盈利情况。前面曾经讨论过分类利润，涉及顾客的平均购买金额，但在实际中顾客购买的金额通常大小不一，评估模型效果时使用顾客的实际购买金额进行评估将更加细致。假设联系顾客的成本为每人 1 元。假设表 13.4 列出了非累积盈利情况，这里非累积同样指的是分别联系第一组潜在顾客、第二组潜在顾客、第三组潜在顾客，等等。表中"被联系人数"和"响应人数"列与表 13.2 中相应列相同；"收入"等于响应者购买金额的总额；"成本"列等于联系顾客所花费的成本；"利润"等于"收入"减去"成本"；"投资回报率"等于"利润"除以"成本"列。表 13.5 列出了累积盈利情况，表中"累积被联系人数"至"利润"分别是把表 13.4 中相应列进行累积所得的结果；"累计投资回报率"等于"累积利润"除以"累积成本"。

表 13.4　非累积盈利情况

十分位数	被联系人数	响应人数	收入（元）	成本（元）	利润（元）	投资回报率（%）
1	10 000	6 000	34 020	10 000	24 020	240.2
2	10 000	4 000	19 800	10 000	9 800	98
3	10 000	3 000	13 770	10 000	3 770	37.7
4	10 000	2 800	10 332	10 000	332	3.32
5	10 000	1 200	3 696	10 000	−6 304	−63.04
6	10 000	1 000	2 420	10 000	−7 580	−75.8
7	10 000	800	1 488	10 000	−8 512	−85.12
8	10 000	600	834	10 000	−9 166	−91.66
9	10 000	400	496	10 000	−9 504	−95.04
10	10 000	200	84	10 000	−9 016	−90.16

如果不使用任何模型而随机联系顾客，所得利润称为基准利润。由于随机性，基准利润等于联系所有顾客所得的总利润与被联系人数占潜在顾客总人数的比例的乘积。在示例中，总利润等于 −13 060 元（见表 13.5"利润"列最后一行）。非累积情形下，基准利润等于总利润的 1/10，即 −1 306 元；累积情形下，基准利润等于总利润的 $i/10$，即 $-1\ 306i$ 元（$i = 1, \cdots, 10$）。图 13.9 和图 13.10 分别绘出了非累积利润图和累积利润图。根据实际应用的需求，可以选择累积利润最高的点，也可以选择累积投资回报率最高的点，等等。

表 13.5　累积盈利情况

十分位数	累积被联系人数	累积响应人数	累积收入（元）	累积成本（元）	累积利润（元）	累积投资回报率（%）
1	10 000	6 000	34 020	10 000	24 020	240.2
2	20 000	10 000	53 820	20 000	33 820	169.1
3	30 000	13 000	67 590	30 000	37 590	125.3
4	40 000	15 800	77 922	40 000	37 922	94.81
5	50 000	17 000	81 618	50 000	31 618	63.24
6	60 000	18 000	84 038	60 000	24 038	40.06
7	70 000	18 800	85 526	70 000	15 526	22.18
8	80 000	19 400	86 360	80 000	6 360	7.95
9	90 000	19 800	86 856	90 000	−3 144	−3.49
10	100 000	20 000	86 940	100 000	−13,060	−13.06

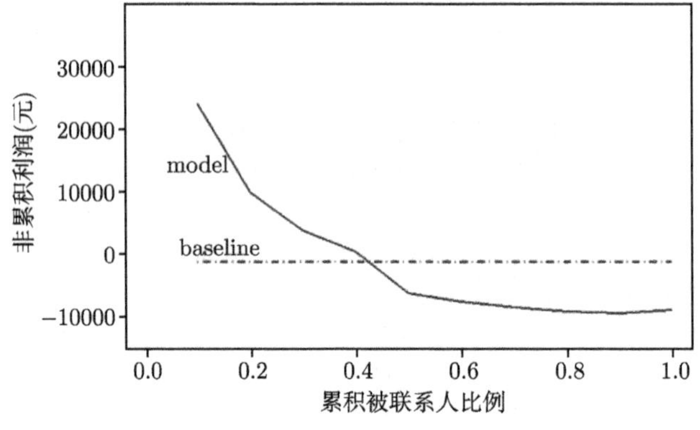

图 13.9　非累积利润图

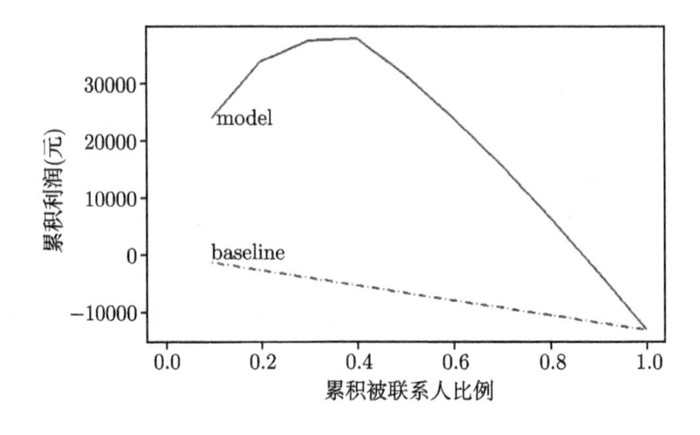

图 13.10　累积利润图

五、 一点说明

在实际应用中，有时 $\mathcal{D}$ 中类别 1 和类别 0 的比例 λ_1 及 λ_0 不同于模型将来要应用的数据中的比例 π_1 及 π_0，而又希望根据 $\mathcal{D}$ 评估模型对将来要应用的数据的预测性能。这时，需要给 $\mathcal{D}$ 中的观测赋予不同的权重 w_i：属于类别 1 的观测被赋予权重 $w_i=\pi_1/\lambda_1$，而属于类别 0 的观测被赋予权重 $w_i=\pi_0/\lambda_0$。例如，如果 $\mathcal{D}$ 中响应者占潜在顾客总人数的比例为 20%，而将来要应用的实际数据中响应者占潜在顾客总人数的比例为 2%，那么在评估时，$\mathcal{D}$ 中的响应者被赋予权重 $2\%/20\%=0.1$，非响应者被赋予权重 $(1-2\%)/(1-20\%)=1.225$。在计算各项评估指标时，都需要考虑权重，例如，响应率不再简单的是响应人数与被联系人数的比值，而是响应者的权重之和与被联系者的权重之和的比值。

13.2 因变量为多分变量的情形

若因变量 Y_i 有离散的多种取值，可不失一般性地假设它们为 $1,\cdots,K$。

一、 基于 Y_i 的预测值进行模型评估

(一) 获取 Y_i 的预测值

一些模型直接预测 Y_i 的值为 $\hat{Y}_i$。一些模型预测观测 i 属于各类别的概率为 $\hat{p}_{i1},\cdots,\hat{p}_{iK}$，再得到 $\hat{Y}_i$。为了使讨论更具有一般性，我们在统计决策的一般框架下来讨论在后者的情形下如何得到 $\hat{Y}_i$。假设对每一个观测 i，可采用的决策 d_i 都有 M 种可能取值：$A_1,\cdots,A_M$。分类问题是统计决策的一种特例，在这种情形下，d_i 有 K 种可能取值：对 $l=1,\cdots,K$，决策 A_l 表示将观测归入类别 l，即令 $\hat{Y}_i=l$。

可以使用决策利润来进行决策。令 $P(d|y)$ 表示对实际属于类别 y 的观测采用决策 d 而产生的利润。如果对观测 i 采用决策 $d_i=A_m$，那么带来的期望利润为

$$\hat{p}_{i1}P(A_m|1)+\hat{p}_{i2}P(A_m|2)+\cdots+\hat{p}_{iK}P(A_m|K),$$

应选取使期望利润最大的决策。在分类问题中，若因变量为名义变量，缺省地 $P(A_{l_2}|l_1)=\mathcal{I}(l_1=l_2)$（$1\leqslant l_1,l_2\leqslant K$），对应的决策为将观测 i 归入使 $\hat{p}_{il}$ 最大的类别 l；若因变量为定序变量，缺省地 $P(A_{l_2}|l_1)=K-1-|l_2-l_1|$，对应的决策为将观测 i 归入使

$$K-1-\hat{p}_{i1}|l-1|-\hat{p}_{i2}|l-2|-\cdots-\hat{p}_{iK}|l-K|$$

最大的类别 l，即使

$$\hat{p}_{i1}|l-1|+\hat{p}_{i2}|l-2|+\cdots+\hat{p}_{iK}|l-K|$$

最小的类别 l。

也可以使用决策损失来进行决策。令 $C(d|y)$ 为对实际属于类别 y 的观测采用决策 d 而产生的损失。如果对观测 i 采用决策 $d_i = A_m$，那么带来的期望损失为

$$\hat{p}_{i1}C(A_m|1) + \hat{p}_{i2}C(A_m|2) + \cdots + \hat{p}_{iK}C(A_m|K),$$

应选取使期望损失最小的决策。在分类问题中，若因变量为名义变量，缺省地 $C(A_{l_2}|l_1) = \mathcal{I}(l_1 \neq l_2)$（$1 \leqslant l_1, l_2 \leqslant K$），对应的决策为将观测 i 归入使 $1 - \hat{p}_{il}$ 最小即 $\hat{p}_{il}$ 最大的类别 l；若因变量为定序变量，缺省地 $C(A_{l_2}|l_1) = |l_2 - l_1|$，对应的决策为将观测 i 归入使

$$\hat{p}_{i1}|l-1| + \hat{p}_{i2}|l-2| + \cdots + \hat{p}_{iK}|l-K|$$

最小的类别 l。可以看出，使用决策利润或决策损失进行决策是等价的。

(二) 模型评估

如果定义了决策利润，$P(d_i|Y_i)$ 为使用模型对第 i 个观测进行决策所带来的实际利润，可使用平均利润 $\frac{1}{N_{\mathcal{D}}}\sum_{i=1}^{N_{\mathcal{D}}} P(d_i|Y_i)$ 来评估模型。类似地，如果定义了决策损失，可以使用平均损失 $\frac{1}{N_{\mathcal{D}}}\sum_{i=1}^{N_{\mathcal{D}}} C(d_i|Y_i)$ 来评估模型。

在分类问题中，若因变量为名义变量，可评估对 $\mathcal{D}$ 的总误分类率为

$$\frac{1}{N_{\mathcal{D}}}\sum_{i=1}^{N_{\mathcal{D}}} \mathcal{I}(Y_i \neq \hat{Y}_i);$$

若因变量为定序变量，可评估按序数距离加权的误分类率

$$\frac{1}{N_{\mathcal{D}}}\sum_{i=1}^{N_{\mathcal{D}}} \frac{|Y_i - \hat{Y}_i|}{K-1}.$$

很容易看出，如果决策利润或决策损失取缺省值，那么评估平均利润或平均损失等价于评估总误分类率。与因变量是二分变量的情形类似，我们还可以使用混淆矩阵来评估模型。

二、 更加细致的模型评估

要对模型进行更加细致的评估，需要更加细致地考察决策利润或决策损失，这里仅讨论使用决策利润的情形。为了绘出 13.1 节中描述的模型的响应率图、捕获响应率图、ROC 图、利润图等，我们需要按照模型预测结果对观测进行排序，并定

义哪些观测是实际阳性观测（实际响应者），哪些观测是实际阴性观测（实际非响应者）。解决方法如下：

（1）模型预测的决策 d_i 带来的期望利润为

$$\hat{p}_{i1}P(d_i|1)+\hat{p}_{i2}P(d_i|2)+\cdots+\hat{p}_{iK}P(d_i|K),$$

按照它从大到小的顺序可以对观测进行排列。

（2）模型预测的决策 d_i 带来的实际利润为 $P(d_i|Y_i)$，可把实际利润大于某个临界值（例如，0）的观测定义为实际阳性观测，而把其他观测定义为实际阴性观测。

三、 一点说明

在实际应用中，如果 $\mathcal{D}$ 中各类别的比例 λ_l（$l=1,\cdots,K$）不同于模型将来要应用的数据中的比例 π_l，而又希望根据 $\mathcal{D}$ 评估模型对将来要应用的数据的预测性能，就需要给 $\mathcal{D}$ 中的观测赋予不同的权重 w_i：属于类别 l 的观测被赋予权重 $w_i=\pi_l/\lambda_l$。

13.3 因变量为连续变量的情形

设因变量 Y_i 为连续变量。

一、 直接比较 $\hat{Y}_i$ 和 Y_i

可计算下列一些评估指标：

- 均方误差：$\frac{1}{N_{\mathcal{D}}}\sum_{i=1}^{N_{\mathcal{D}}}(Y_i-\hat{Y}_i)^2$。
- 均方根误差：$\sqrt{\frac{1}{N_{\mathcal{D}}}\sum_{i=1}^{N_{\mathcal{D}}}(Y_i-\hat{Y}_i)^2}$。
- 平均绝对误差：$\frac{1}{N_{\mathcal{D}}}\sum_{i=1}^{N_{\mathcal{D}}}|Y_i-\hat{Y}_i|$。
- 平均相对误差：$\frac{1}{N_{\mathcal{D}}}\sum_{i=1}^{N_{\mathcal{D}}}\left|\frac{Y_i-\hat{Y}_i}{Y_i}\right|$。

均方误差、均方根误差、平均绝对误差都依赖于因变量的测量尺度。平均相对误差不依赖于因变量的测量尺度，但要求因变量有绝对的零点（例如，温度没有绝对的零点，见第 2 章关于定距变量和定比变量的讨论），并且对所有观测因变量的真实值都离 0 比较远。

此外，还可绘出 Y_i 与 $\hat{Y}_i$ 的散点图，或者残差 $Y_i-\hat{Y}_i$ 与 $\hat{Y}_i$ 的散点图。

二、使用决策利润或决策损失

实际应用中也可能需要为每个观测选择某种决策。仍以直邮营销为例，如果因变量 Y_i 为顾客 i 的购买金额，可选择的两种决策为联系（记为 A_1）或不联系（记为 A_2）。令 $P(d|y)$ 表示对实际购买金额为 y 的顾客采用决策 d 而产生的利润。假设联系每位顾客的成本为 r，那么决策利润 $P(A_1|y) = y - r$，而 $P(A_2|y) = 0$。如果对顾客 i 采用决策 $d_i = A_1$，预测利润为 $P(A_1|\hat{Y}_i) = \hat{Y}_i - r$；如果采用决策 $d_i = A_2$，预测利润为 $P(A_2|\hat{Y}_i) = 0$。因此，如果 $\hat{Y}_i - r > 0$，则选取决策 $d_i = A_1$，否则选取决策 $d_i = A_2$。可使用平均利润 $\frac{1}{N_{\mathcal{D}}}\sum_{i=1}^{N_{\mathcal{D}}} P(d_i|Y_i)$ 来评估模型。类似地，如果定义了决策损失，可以使用平均损失 $\frac{1}{N_{\mathcal{D}}}\sum_{i=1}^{N_{\mathcal{D}}} C(d_i|Y_i)$ 来评估模型。

为了绘出 13.1 节中描述的模型的响应率图、捕获响应率图、ROC 图、利润图等，我们需要按照模型预测结果对观测进行排序，并定义哪些观测是实际阳性观测（实际响应者），哪些观测是实际阴性观测（实际非响应者）。解决方法如下：

（1）模型预测的决策 d_i 带来的预测利润为 $P(d_i|\hat{Y}_i)$，按照它从大到小的顺序对观测进行排列。

（2）模型预测的决策 d_i 带来的实际利润为 $P(d_i|Y_i)$，可把实际利润大于某个临界值（例如，0 或中位数）的观测定义为实际阳性观测，而把其他观测定义为实际阴性观测。

13.4 模型评估示例：德国信用数据的模型评估

考察第 9 章德国信用数据示例。因变量 var21 有两种取值：1 代表信用好，2 代表信用差。我们将信用好当作阴性，信用差当作阳性。模型预测的第一类错误为将实际信用好的客户预测为信用差，第二类错误为将实际信用差的客户预测为信用好，后者带来的损失是前者的 5 倍。因此分类损失可设为 $C(2|1) = 1$，$C(1|2) = 5$，$C(1|1) = C(2|2) = 0$。根据 13.1 节的讨论，如果

$$\hat{p}_{i2} > \frac{C(2|1) - C(1|1)}{C(2|1) + C(1|2) - C(1|1) - C(2|2)} = 1/6,$$

则令 $\hat{Y}_i = 2$，否则令 $\hat{Y}_i = 1$。

假设 E: \dma\data 目录下的 ch13_validdata_MLP2_ES.csv 数据集记录了上述示例的 SAS 程序所选中的模型（使用早停止法建立的有两个隐藏神经元的多层感知器）对验证数据集各观测的预测结果。其中 var21 变量为真实值，P_VAR212 变量为模型预测 var21 取值为 2 的概率。

SAS 程序：模型评估

```
/*** 读入数据集 ***/
proc import datafile="E:\dma\data\ch13_validdata_MLP2_ES.csv"
  out=validdata_MLP2_ES dbms=DLM;
  delimiter=',';
  getnames=yes;
run;

/*** 计算误分类率 ***/
proc sql noprint;
  select count(*) into :N1 from validdata_MLP2_ES
    where var21=1;
  /* 宏变量N1记录验证数据集中的阴性观测数，即var21值为1（实际信用好）的顾客数 */
  select count(*) into :N2 from validdata_MLP2_ES
    where var21=2;
  /* 宏变量N2记录验证数据集中的阳性观测数，即var21值为2（实际信用差）的顾客数 */
  select count(*) into :N12 from validdata_MLP2_ES
    where var21=1 and P_VAR212>1/6;
  /* 宏变量N12记录验证数据集中的假阳性观测数，即var21值为1（实际信用好）
     而预测为信用差（预测信用差的概率P_VAR212的值大于1/6）的顾客数 */
  select count(*) into :N21 from validdata_MLP2_ES
    where var21=2 and P_VAR212<=1/6;
  /* 宏变量N21记录验证数据集中的假阴性观测数，即var21值为2（实际信用差）
     而预测为信用好（预测信用差的概率P_VAR212的值小于或等于1/6）的顾客数 */
  select count(*) into :N from validdata_MLP2_ES;
  /* 宏变量N记录验证数据集中的顾客总人数 */
quit;

%let misrate1to2=%sysevalf(&N12/&N1);
/* sysevalf是SAS自带的宏函数，计算含有宏变量的算术表达式，结果为浮点数；
   misrate1to2等于实际信用好的顾客中被误判为信用差的比例，即假阳性率 */
%let misrate2to1=%sysevalf(&N21/&N2);
/* 实际信用差的顾客中被误判为信用好的比例，即假阴性率 */
%let misrate=%sysevalf((&N12+&N21)/&N);
/* 总误分类率*/
%put &misrate1to2 &misrate2to1 &misrate;
```

```
/* 在屏幕上输出各种误分类率的值 */


/*** 绘制累积捕获响应率曲线和ROC曲线，并计算准确度比率
       和ROC曲线下的面积 ***/
proc sort data=validdata_MLP2_ES;
  by descending P_VAR212;
  /* 将顾客按照模型预测信用差的概率P_VAR212从大到小的顺序排列 */
run;

data temp;
  set validdata_MLP2_ES;
  retain model_cumcapresp falsepositive areaunderROC 0;
  /* 假设将当前顾客及之前的顾客都预测为信用差，而之后的顾客都预测为信用好。
       model_cumcapresp变量将记录累积的实际信用差顾客数；
       falsepositive变量将记录累积的假阳性顾客数（即实际信用好而模型预测
         为信用差的顾客数）；
       areaunderROC变量将记录ROC曲线下累积的（近似）面积。
     retain语句指定这三个变量的初始值为0，在data步的每次循环中
      （即每累积一位顾客），这三个变量的初始值为上次循环的结果 */

  proportion=_n_/&N;
  /* proportion的值为累积顾客数占顾客总数的比例 */
  if _n_<=&N2 then ideal_cumcaprespratе=_n_/&N2;
  else ideal_cumcaprespratе=1;
  /* 理想情况下，在累积顾客数不超过实际信用差的顾客总数时，
       累积捕获响应率是累积顾客数与实际信用差的顾客总数的比值，
       之后累积捕获响应率变成100% */
  model_cumcapresp=model_cumcapresp+(var21=2);
  /* 如果当前顾客实际信用差，累积的实际信用差顾客数增加1 */
  model_cumcaprespratе=model_cumcapresp/&N2;
  /* 模型的累积捕获响应率等于累积的实际信用差的顾客数
       占实际信用差的顾客总数的比例 */
  baseline_cumcaprespratе=proportion;
  /* 基准累积捕获响应率等于累积顾客数占顾客总数的比例 */

  /*** 累积计算假阳性率、真阳性率和ROC曲线下累积的面积 ***/
```

```
  tpr=model_cumcapresprate;
  /* 真阳性率等于模型的累积捕获响应率 */
  falsepositive=falsepositive+(var21=1);
  /* 如果当前顾客实际信用好，累积假阳性顾客数增加1 */
  fpr=falsepositive/&N1;
  /* 假阳性率等于累积假阳性顾客数与阴性顾客总数的比值 */
  if (var21=1) then areaunderROC=areaunderROC+tpr*1/&N1;
  /* 如果当前顾客实际信用好，那么假阳性率增加，ROC曲线会沿着横轴移动，
       ROC曲线下累积的面积会增加，增加值为真阳性率（纵轴的值）乘以
       假阳性率增加的值（=1/&N1）*/
run;

proc gplot data=temp;
  symbol1 v=none l=1 i=join color=black;
  /* 定义符号1：把各点连在一起的实线，不标注点，颜色为黑色 */
  symbol2 v=none l=3 i=join color=black;
  /* 定义符号2：把各点连在一起的虚线，不标注点，颜色为黑色 */
  symbol3 v=none l=8 i=join color=black;
  /* 定义符号3：把各点连在一起的点划线，不标注点，颜色为黑色 */
  plot model_cumcapresprate*proportion=1 ideal_cumcapresprate*proportion=2
       baseline_cumcapresprate*proportion=3 /overlay legend;
  /* 绘制理想累积捕获响应率曲线（使用符号1）、模型累积捕获响应率曲线（使用符号2）
       和基准累积捕获响应率曲线（使用符号3）；
    overlay说明画在同一张图中，legend指明需要给出图例说明 */
  label model_cumcapresprate="model" ideal_cumcapresprate="ideal"
    baseline_cumcapresprate="baseline";
  /* 在图例中标注"model"、"ideal"和"baseline"，而不是"model_cumcapresprate"等 */
run;
quit;

proc gplot data=temp;
  symbol1 v=none l=1 i=join color=black;
  plot tpr*fpr=1;
  /* 绘制ROC曲线 */
run;
proc sql;
  select (sum(model_cumcapresprate)/&N-0.5)/(sum(ideal_cumcapresprate)/&N-0.5)
```

```
    into :AR from temp;
  /* 计算准确度比率，记录在宏变量AR中 */
  select areaunderROC into :areaunderROC from temp where proportion=1;
  /* 在数据temp中，当proportion=1时，所有观测都处理完毕，
     areaunderROC变量记录的是ROC整条曲线下的面积，
     将这一值记录在宏变量areaunderROC中 */
quit;
```

绘出的累积捕获响应率图和 ROC 图分别见图 13.11 和图 13.12。准确度比率为 0.59，ROC 曲线下的面积为 0.79。

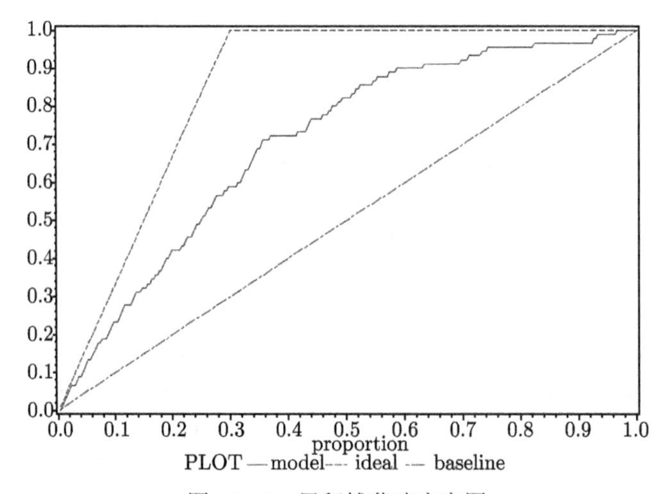

图 13.11　累积捕获响应率图

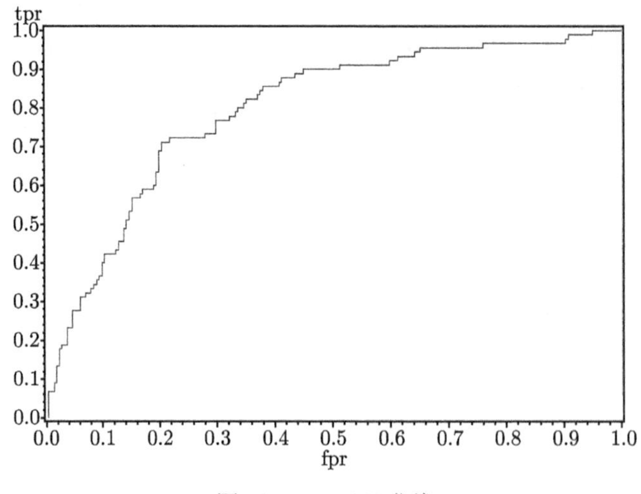

图 13.12　ROC 曲线

相关 SAS 操作教程视频请扫描以下二维码观看：

（推荐在 WIFI 环境下观看）

R 程序：模型评估

```
##加载程序包。
library(ROCR)
#ROCR包计算模型评估指标，我们将调用其中的prediction和performance函数。

##读入数据。
validdata_MLP2_ES <- read.csv("E:/dma/data/ch13_validdata_MLP2_ES.csv")

##计算误分类率。
N1 <- length(which(validdata_MLP2_ES$VAR21==1))
#验证数据集中的阴性观测数，即VAR21值为1（实际信用好）的顾客数。
#  which函数得到满足VAR21取值为1的观测序号的向量，
#  length计算该向量的长度。
N2 <- length(which(validdata_MLP2_ES$VAR21==2))
#验证数据集中的阳性观测数，即VAR21值为2（实际信用差）的顾客数。
N12 <- length(which(validdata_MLP2_ES$VAR21==1 & validdata_MLP2_ES$P_VAR212>
1/6))
#验证数据集中的假阳性观测数，即VAR21值为1（实际信用好）
#  而预测为信用差（预测信用差的概率P_VAR212的值大于1/6）的顾客数。
N21 <- length(which(validdata_MLP2_ES$VAR21==2 & validdata_MLP2_ES$P_VAR212<=
1/6))
#验证数据集中的假阴性观测数，即VAR21值为2（实际信用差）
#而预测为信用好（预测信用差的概率P_VAR212的值小于或等于1/6）的顾客数。
N <- nrow(validdata_MLP2_ES)
#验证数据集中的顾客总人数。

misrate1to2 <- N12/N1
#实际信用好的顾客中被误判为信用差的比例，即假阳性率。
```

```
misrate2to1 <- N21/N2
#实际信用差的顾客中被误判为信用好的比例，即假阴性率。
misrate <- (N12+N21)/N
#总误分类率。
c(misrate1to2,misrate2to1,misrate)
#在屏幕上输出各种误分类率。

##绘制累计捕获响应率曲线和ROC曲线，并计算准确度比率
##   和ROC曲线下的面积。

temp <- validdata_MLP2_ES[,c("P_VAR212","VAR21")]
#从validdata_MLP2_ES中取出变量P_VAR212和VAR21放入数据集temp中。

temp <- temp[order(temp$P_VAR212,decreasing = T),]
#将顾客按照模型预测信用差的概率P_VAR212从大到小的顺序排列。

temp$n <- seq(1:N)
#n的值为累积顾客数。
temp$proportion <- temp$n/N
#proportion的值为累积顾客数占顾客总数的比例。
temp$ideal_cumcapresprate <- ifelse(temp$n<=N2,temp$n/N2,1)
#理想情况下，在累积顾客数不超过实际信用差的顾客总数时，
#   累积捕获响应率是累积顾客数与实际信用差的顾客总数的比值，
#   之后累积捕获响应率变成100%。
temp$baseline_cumcapresprate <- temp$proportion
#基准累积捕获响应率等于累积顾客数占顾客总数的比例。

pred <- prediction(temp$P_VAR212,temp$VAR21)
#使用prediction函数将信用差的预测比例和信用状况的真实值转换为
#下面performance函数需要的标准格式。

perf <- performance(pred,"tpr","rpp")
#使用performance函数计算将累积顾客都预测为信用差而
#   将剩余顾客都预测为信用好时模型的评估指标:
#     真阳性率（即模型的累积捕获响应率）;
#     预测为阳性的比例（即累积顾客数占顾客总数的比例）。
```

```
plot(perf)
#画累积捕获响应率图。
lines(temp$proportion,temp$ideal_cumcapresprate)
#用lines函数继续在原图中添加连线图，这里添加的是理想累积捕获响应率曲线。
lines(temp$proportion,temp$baseline_cumcapresprate)
#添加基准累积捕获率响应曲线。
text(0.4,c(0.31,0.68,0.95),c("baseline","model","ideal"))
#使用text函数为图中的三条线添加图例。
#  0.4表示添加图例处的横坐标，c(0.31,0.68,0.95)表示纵坐标，
#  c("baseline","model","ideal")表示图例的内容。

AR <- (sum(as.data.frame(perf@y.values))/N-0.5)/
      (sum(temp$ideal_cumcapresprate)/N-0.5)
#计算准确度比率。
#  perf@y.values取出前面计算的模型的累积捕获响应率，输出格式为列表（list），
#    用as.data.frame函数转换为只有一列的数据框。

perf <- performance(pred,"tpr","fpr")
#使用performance函数计算将累积顾客都预测为信用差，
#  而将剩余顾客都预测为信用好时，模型的真阳性率和假阳性率。
plot(perf)
#画ROC图。

areaunderROC <- performance(pred,"auc")@y.values
#使用performance函数计算ROC图下的面积。
```

相关 R 操作教程视频请扫描以下二维码观看：

（推荐在 WIFI 环境下观看）

第14章

模型组合与两阶段模型

14.1　模型组合

在建立了因变量的多个预测模型之后，除了可以考虑从中选择一个最优模型，还可以考虑将这些模型进行组合，以期提高预测性能。

一、 模型平均

最简单的一种模型组合方法是平均：若因变量是分类变量，将各模型预测的类别概率进行平均；若因变量是连续变量，将各模型的预测值进行平均。

二、 分层建模

分层建模也是一种常用的模型组合方法，它根据某个或某些分类自变量的取值将数据进行分层，在每一分层内分别建立模型，这些子模型的集合构成最终模型。例如，按照性别将顾客数据进行分层，对男性顾客和女性顾客分别建立模型。再如，按照是否有抵押物、是否有保证人对企业贷款数据进行分层，对有抵押物且有保证人、有抵押物但无保证人、无抵押物但有保证人、无抵押物且无保证人四种情况分别建立模型。

三、 Bagging

Breiman (1996) 提出了 Bagging 这种模型组合方法。它从学习数据集中通过有放回抽样得到多个新的数据集，根据每个新数据集分别建立模型，最后再对所得的多个模型进行平均。Breiman (1996) 指出，在模型拟合过程中引入随机性可以提高模型的性能。

如果一种模型不太稳定，即从同一个总体随机抽取的样本大小相同的不同训练样本可能使模型的效果出现较大变化，用 Bagging 通常能提高模型的性能。反之，若一种模型比较稳定，使用 Bagging 可能反而降低模型的性能。不稳定的模型包括神经网络、决策树、线性回归中的子集选择等，稳定的模型包括 k 近邻法等。

四、 Boosting

Boosting 是另一种模型组合方法，它是近年来机器学习领域最有影响力的方法之一。

(一)　AdaBoost.M1 算法与向前逐步可加建模

我们先介绍 Freund et al. (1996) 及 Schapire and Freund (1997) 提出的 AdaBoost.M1。考虑因变量 $Y \in \{-1,1\}$ 的情形。使用弱分类器（Weak Classifier）$B(\boldsymbol{x})$ 可建立根据自变量 $\boldsymbol{x}$ 预测 Y 的模型，$B(\boldsymbol{x}) \in \{-1,1\}$。

AdaBoost.M1 结合多个弱分类器形成一个强分类器，其算法步骤如下：

1. 初始化训练数据集中各观测的权重：$w_i^{(1)} = \dfrac{1}{N}, i = 1, \cdots, N$。

2. 对 $t = 1$ 到 T 进行循环：

（1）使用权重 $w_i^{(t)}$，根据训练数据集建立分类模型 $B_t(\boldsymbol{x})$。

（2）计算模型 $B_t(\boldsymbol{x})$ 对训练数据集的加权误分类率 $err_t = \dfrac{\sum_{i=1}^N w_i \mathcal{I}[y_i \neq B_t(\boldsymbol{x}_i)]}{\sum_{i=1}^N w_i}$。其中 $\mathcal{I}(\cdot)$ 为示性函数，当观测 i 被误分类即 $y_i \neq B_t(\boldsymbol{x}_i)$ 时，$\mathcal{I}[y_i \neq B_t(\boldsymbol{x}_i)] = 1$；当观测 i 被正确分类即 $y_i = B_t(\boldsymbol{x}_i)$ 时，$\mathcal{I}[y_i \neq B_t(\boldsymbol{x}_i)] = 0$。

（3）计算 $\alpha_t = \log[(1 - err_t)/err_t]$。误分类率 err_t 一般都小于 0.5，因此 α_t 通常为正数。

（4）更新权重 $w_i^{(t+1)} = w_i^{(t)} \exp\{\alpha_t \mathcal{I}[y_i \neq B_t(\boldsymbol{x}_i)]\}, i = 1, \cdots, N$。如果训练数据集中观测 i 被正确分类，那么该观测的权重不变；如果观测 i 被错误分类，那么该观测的权重增加为原来权重的 $\exp(\alpha_t)$ 倍。这样，被以前模型误分类的观测会获得更大的权重，当前循环所建立的模型会更着重于拟合这些观测。

3. 最终的分类模型为 $\mathcal{B}(\boldsymbol{x}) = \text{sign}\left[\sum_{t=1}^T \alpha_t B_t(\boldsymbol{x})\right]$，其中 sign 是符号函数，括号里的值为正数时，输出值为 1，否则为 -1。这一模型结合了各次循环所建立的模型，误分类率越低（即 α_t 的值越大）的模型有越高的权重。

Friedman et al. (2000) 指出，AdaBoost.M1 等价于向前逐步可加建模（Forward Stagewise Additive Modeling）的一种特殊情形。一般而言，在向前逐步可加建模中，使用如下可加模型对数据进行拟合：

$$F(\boldsymbol{x}) = \sum_{t=1}^T \beta_t b(\boldsymbol{x}; \gamma_t),$$

其中 $b(\boldsymbol{x}; \gamma_t)$ 是基础学习器，γ_t 是它的参数；T 为基础学习器的数量或迭代次数。令 $L(y, F(\boldsymbol{x}))$ 表示使用 $F(\boldsymbol{x})$ 拟合 y 所带来的损失，建模过程将逐步最小化总损失

$$\sum_{i=1}^N L\left(y_i, \sum_{t=1}^T \beta_t b(\boldsymbol{x}_i; \gamma_t)\right).$$

向前逐步可加建模的具体步骤为：

1. 初始化 $F_0(\boldsymbol{x}) = 0$。

2. 对 $t = 1$ 到 T 进行循环：

（1）寻找 β_t 和 γ_t 的值最小化

$$\sum_{i=1}^N L\left(y_i, F_{t-1}(\boldsymbol{x}_i) + \beta_t b(\boldsymbol{x}_i; \gamma_t)\right).$$

（2）令 $F_t(\boldsymbol{x}) = F_{t-1}(\boldsymbol{x}) + \beta_t b(\boldsymbol{x};\gamma_t)$。

若因变量 $Y \in \{-1, 1\}$，模型的形式为 $\text{sign}[F(\boldsymbol{x})]$。$L(y, F(\boldsymbol{x}))$ 有如下几种常用形式。

- 误分类损失函数：$\mathcal{I}(\text{sign}[F(\boldsymbol{x})] \neq y)$。
- 指数损失函数：$\exp(-yF(\boldsymbol{x}))$。当模型分类正确即 y 和 $F(\boldsymbol{x})$ 同号时，$F(\boldsymbol{x})$ 的绝对值越大，损失越小；当模型分类错误即 y 和 $F(\boldsymbol{x})$ 异号时，$F(\boldsymbol{x})$ 的绝对值越大，损失越大。
- 二项偏差（Binomial Deviance）损失函数：$\log[1 + \exp(-2yF(\boldsymbol{x}))]$。
- 平方损失函数：$(y - F(\boldsymbol{x}))^2$。

AdaBoost.M1 等价于使用指数损失函数。

上述损失函数都可以写作间隔（margin）$-yF(\boldsymbol{x})$ 的函数：误分类损失函数可写作 $sign[-yF(x)]$，平方误差损失函数可写作 $1 + (yF(\boldsymbol{x}))^2 - 2yF(\boldsymbol{x})$。当 y 和 $F(\boldsymbol{x})$ 符号相同即分类正确时，间隔为正，间隔绝对值越大越好。反之，当 y 和 $F(\boldsymbol{x})$ 符号相反即分类错误时，间隔为负，间隔绝对值越小越好。图 14.1 绘制了这些损失函数与间隔 $yF(\boldsymbol{x})$ 之间的关系。

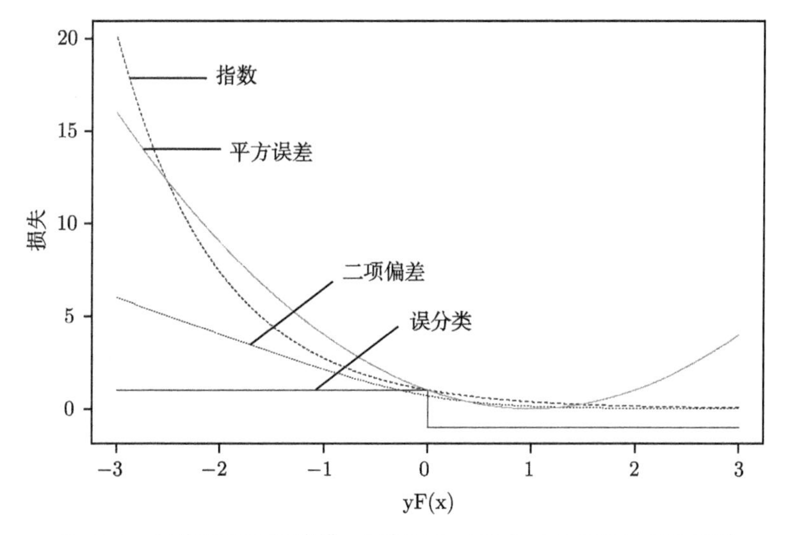

图 14.1　向前逐步可加建模：因变量为二值变量时的不同损失函数

通过图形可以看出：

（1）AdaBoost.M1 所使用的指数损失函数对绝对值较大且为负的间隔惩罚很重，相比而言二项偏差损失函数更加稳健。

（2）平方误差损失函数对绝对值较大且为正的间隔惩罚较大，不适合于分类问题。

若因变量是多种取值的名义变量：$Y \in \{1, \cdots, K\}$，令 $p_k(\boldsymbol{x})$ 表示 Y 取值 k 的概率。模型的形式为类 logistic 模型

$$p_k(\boldsymbol{x}) = \frac{\exp(F_k(\boldsymbol{x}))}{\sum_{l=1}^{K} \exp(F_l(\boldsymbol{x}))},$$

其中 $F_l(\boldsymbol{x})$（$l = 1, \cdots, K$）都是可加形式。这时常采用多元偏差（Multinomial Deviance）损失函数，它被定义为单个观测的对数似然函数的负值

$$-\sum_{k=1}^{K} \mathcal{I}(y = k) \log p_k(\boldsymbol{x}) = -\sum_{k=1}^{K} \mathcal{I}(y = k) F_k(\boldsymbol{x}) + \log \left(\sum_{l=1}^{K} \exp(F_l(\boldsymbol{x})) \right).$$

若因变量是连续变量，$F(\boldsymbol{x})$ 直接拟合 y。$L(y, F(\boldsymbol{x}))$ 有如下几种常用形式。

- 平方损失函数：$(y - F(\boldsymbol{x}))^2$。
- 绝对损失函数：$|y - F(\boldsymbol{x})|$。绝对损失函数比平方损失函数更不易受异常值的影响，因而更加稳健。
- Huber 损失函数是一种稳健的损失函数。当 $F(\boldsymbol{x})$ 距离 y 不太远时，它类似于平方损失函数；当 $F(\boldsymbol{x})$ 距 y 超过一定距离以后，它类似于绝对损失函数：

$$\begin{cases} 0.5(y - F(\boldsymbol{x}))^2 & |y - F(\boldsymbol{x})| < \delta \\ \delta(|y - F(\boldsymbol{x})| - 0.5\delta) & |y - F(\boldsymbol{x})| \geqslant \delta \end{cases}$$

(二) 梯度 Boosting 与随机梯度 Boosting 算法

很多时候，向前逐步可加建模的步骤 2(1) 无法直接得到 β_t 和 γ_t 的最优解。Friedman (2001) 提出了一种梯度 Boosting（Gradient Boosting）算法，其基本想法与第 9 章提及的最速下降法有关。若使用最速下降法来最小化总损失，它会首先计算梯度的负值作为更新模型的方向，再沿着该方向寻找使总损失最小化的最合适步长。梯度 Boosting 算法借鉴了这一思路，分两步完成向前逐步可加建模的步骤 2(1) 中的任务：

（1）对第 i 个观测（$i = 1, \cdots, N$），计算损失函数的梯度负值

$$\tilde{g}_{it} = -\left[\frac{\partial L(y_i, F(\boldsymbol{x}_i))}{\partial F(\boldsymbol{x}_i)}\right]\bigg|_{F(\boldsymbol{x})=F_{t-1}(\boldsymbol{x})}.$$

使用基础学习器 $b(\boldsymbol{x}; \gamma_t)$ 来拟合这些梯度负值，具体而言，选择参数 γ_t 和某个数值 ρ 以最小化

$$\sum_{i=1}^{N} [\tilde{g}_{it} - \rho b(\boldsymbol{x}_i; \gamma_t)]^2.$$

（2）给定 $b(\boldsymbol{x};\gamma_t)$，选择步长 β_t 的最优值以最小化

$$\sum_{i=1}^{N} L\left(y_i, F_{t-1}(\boldsymbol{x}_i) + \beta_t b(\boldsymbol{x}_i;\gamma_t)\right).$$

参照 Bagging 的想法，Friedman (2002) 建议在拟合梯度负值的过程中也可以引入随机性来提高模型的性能，从而提出了随机梯度 boosting 算法。具体做法是在每次循环中，随机无放回地抽取 $\tilde{N}$ 个观测（$\tilde{N} < N$），并使用基础学习器 $b(\boldsymbol{x};\gamma_t)$ 仅对这些观测的梯度负值进行拟合。Friedman (2001, 2002) 使用 L 个叶节点的决策树作为基础学习器，Salford Systems 公司的 TreeNet[1]实现了这些算法。

Boosting 算法中 T 的值越大，模型对训练数据集拟合得越好，但 T 的值过大会形成过度拟合，使模型不适用于其他数据。类似于在第 9 章中为提高神经网络模型的可推广性所采用的方法，在 Boosting 算法中，也可以根据模型对验证数据集的预测性能，采取早停止法或规则化法来提高模型的可推广性，在此不详述。

SAS 软件的企业数据挖掘模块（Enterprise Miner）中，Ensemble 节点可用于组合模型，Group Processing 节点可用于分层建立子模型、Bagging 和 Boosting（但 SAS 中没有实现梯度 Boosting 算法）。

案例：系统调用序列分析

我们选择这个案例来说明 Boosting 算法中的弱分类器不一定分类性能真的很弱，就连神经网络这样的通用近似器的性能也可以通过 Boosting 算法变得更好。

系统调用是计算机操作系统提供给用户程序的一组“特殊”接口，用户程序可以通过它们来获得硬件和系统服务。文章使用了关于 UNIX 系统调用的数据，有些调用序列是正常的，而有些调用序列来自系统受攻击的状态。

要从系统调用序列中发现异常行为，一种有效的方法是构建指定窗口大小（序列长度）的系统调用序列。举例来说，如果一个调用序列是

open, read, write, close, close

当窗口长度为 3 时，可以取相邻的每三个系统调用，形成表 14.1 所示的调用序列。再计算每个序列中各种系统调用的比例，见表 14.2，这些比例将在分类模型中作为自变量。

作者选取的窗口大小为 15，考虑了 46 种系统调用。训练数据包含 340 个由正常序列计算出的比例向量、279 个由异常序列计算出的比例向量，测试数据包含 342 个由正常序列计算出的比例向量、280 个由异常序列计算出的比例向量。当使用多

1. 见 https://www.salford-systems.com/products/treenet。

层感知器模型作为弱分类器时，含 20 个隐藏神经元、学习速率设为 0.15、AdaBoost 算法循环 7 次所得的分类模型具有最高的准确率（99.51%），使用 AdaBoost 算法使准确率提高了 10.54%。当使用径向基函数网络模型作为弱分类器时，含 200 个隐藏神经元、学习速率设为 0.1、AdaBoost 算法循环 5 次所得的分类模型具有最高的准确率（98.87%），使用 AdaBoost 算法使准确率提高了 10.82%。

表 14.1　示例中窗口长度为 3 的调用序列

open	read	write
read	write	close
write	close	close

表 14.2　示例中调用序列的比例分布

open	read	write	close
1/3	1/3	1/3	0
0	1/3	1/3	1/3
0	0	1/3	2/3

[摘自 Florez（2002）]

值得注意的是，一方面，当使用神经网络这种原本分类能力就比较强的模型作为弱分类器时，AdaBoost 算法的循环次数很少。这是因为弱分类器的分类准确率高，在少数循环之后，只有很难正确分类的少数训练观测的权重持续变大，再循环下去也无法提高分类性能。另一方面，当使用分类准确率略大于 50% 的模型作为弱分类器时，通常 AdaBoost 算法的循环次数会比较多。

五、 示例：机翼自噪声数据

假设 E:\dma\data 目录下的 ch14_airfoil.csv 包含了美国国家航空航天局（NASA）在一个无回声的风洞中对二维和三维翼片进行的一系列空气动力学和声学测试的数据[2]。自变量为 V1（频率）、V2（攻角）、V3（弦长）、V4（自由流速度）、V5（吸力面位移厚度），因变量为 V6（声压级）。下面我们介绍一些建立梯度 Boosting 模型的 R 程序。

```
##加载程序包。
library(gbm)
#gbm包实现了梯度Boosting算法，我们将调用其中的gbm函数。
```

2. 数据可由 https://archive.ics.uci.edu/ml/datasets/airfoil+self-noise 获得。

```
library(caret)
##caret可用于对多种回归和分类模型进行参数调节，我们将调用
##  其中的train函数。

##读入数据。
airfoil <- read.csv("E:/dma/data/ch14_airfoil.csv")

##随机划分训练数据集（70%）与测试数据集（30%）。
idtrain <- sample(1:nrow(airfoil),0.7*nrow(airfoil))
traindata <- airfoil[idtrain,]
testdata <- airfoil[-idtrain,]

##建立梯度Boosting模型。
gbm <- gbm(V6~.,traindata,
           distribution = 'gaussian',
           n.trees = 3000,
           cv.folds=10)
#使用gbm函数建立梯度Boosting模型。
#  distribution='gaussian'指定因变量为连续变量;
#  n.trees指定决策树（基础学习器）的数量，也等于迭代次数;
#  cv.folds=10表示使用10折交叉验证选择最优迭代次数。

##显示每个自变量在减小损失函数时的相对影响。
summary(gbm)
#可以看出，V1和V5是最重要的两个变量。

##根据交叉验证结果得到最佳迭代次数。
best.iter <- gbm.perf(gbm)

##用最佳迭代次数对应的模型对测试数据集进行预测。
gbm.y <- predict(gbm,testdata,n.trees = best.iter)

##计算预测结果的均方根误差。
gbm.rmse <- sqrt(mean((gbm.y-testdata$V6)^2))

##用caret包中的train函数优化梯度Boosting模型中的调节参数。
trControl <- trainControl(method = 'cv',number = 10)
```

```
#设置train函数需要用到的trControl参数。
#  method='cv'指定训练方法为交叉验证，number=10指定使用10折交叉验证。
tuneGrid <- expand.grid(interaction.depth = 1:4,
                        n.trees = c(100,500,1000,3000),
                        shrinkage = c(0.01,0.1),
                        n.minobsinnode = c(10,20))
#设置train函数需要用到的tuneGrid参数，列出调节参数的可能取值。
#  在gbm模型中，一共有4个调节参数:
#    interaction.depth（交互作用中变量个数的最大值，
#      缺省为1，即不考虑交互作用）;
#    n.trees（迭代次数）;
#    shrinkage（应用于每个基础学习器的步长 βt，缺省为0.1）;
#    n.minobsinnode（基础学习器叶节点的最小观测数，缺省为10）。
train.gbm <- train(V6~.,traindata,
                   method = 'gbm',
                   distribution = 'gaussian',
                   trControl = trControl,
                   tuneGrid = tuneGrid,
                   verbose = F)
#用train函数建立调节参数不同取值时的梯度Boosting模型。
#  verbose=F表示不在屏幕上显示迭代过程。

#用优化调节参数后的最佳模型对测试集进行预测。
train.gbm.y <- predict(train.gbm,testdata)

##计算预测结果的均方根误差。
train.gbm.rmse <- sqrt(mean((train.gbm.y-testdata$V6)^2))
```

使用缺省调节参数值的梯度 Boosting 模型的均方根误差为 5.66，而优化调节参数后的梯度 Boosting 模型的均方根误差为 1.69，比前者减小了很多。

相关 R 操作教程视频请扫描以下二维码观看：

（推荐在 WIFI 环境下观看）

14.2　随机森林

针对决策树模型的组合，Breiman (2001) 提出了随机森林（Random Forests）算法，除了通过 Bagging 引入随机性，还在选择划分变量时引入了随机性。Breiman (2001) 指出，在分类问题中，随机森林的预测性能优于使用决策树作为弱分类器的 AdaBoost 算法。

一、 随机森林算法步骤

随机森林算法随机构建多棵（例如，100 棵）决策树，并对它们进行平均。每一棵决策树的构建过程如下：

1. 通过有放回抽样随机地从训练数据中抽取 N 个观测得到新的训练数据集。

2. 在每次对非叶节点进行划分时，采取下列两种方法之一选取划分规则：

（1）从 p 个自变量中随机选取 $q<p$ 个变量作为候选划分变量，再从与这 q 个变量相关的候选划分规则中选择最优划分规则。Breiman (2001) 指出，随机森林模型的预测性能对 q 的大小不太敏感，即使设置 $q=1$，模型的预测性能也比较好。

（2）从 p 个自变量中随机选取 L 个变量，再从区间 $[-1, 1]$ 的均匀分布中随机产生系数，将这 L 个自变量进行线性组合，产生 q 个这样的线性组合，并生成根据它们的值进行划分的候选划分规则，从中选择最优划分规则。Breiman (2001) 使用了 $L=3$，并指出随机森林模型的预测性能对 q 的大小不太敏感。即使设置 $q=2$，模型的预测性能也比较好。

（3）每棵树都生长到足够大而不需要进行修剪。

建立随机森林模型时，如果自变量存在缺失，可以采用一些简单的插补方法，如中位数插补或近邻法插补，模型的效果仍然会很好。随机森林模型的另一大优点是，无须使用验证数据就能得到模型对新的数据集的预测效果的无偏估计。这是因为在建立每棵决策树时，使用的训练数据都来自有放回抽样，有一部分观测不会被抽样到。例如，在分类问题中，对于学习数据集中的每一个观测，都有一部分决策树在建立过程中没有使用到它，使用这些决策树对该观测进行分类，再根据“一树一票”的投票原则预测该观测的最终分类，如此计算出的误分类率在很多情形下都是无偏的。这一估计被称为 OOB（Out of Bag）误差估计。

案例：交通流量预测

交通管理和信息系统依赖于交叉路口设置的探测器，它们记录过往车辆的信息。耶路撒冷流量管理控制系统记录下来的信息见表 14.3。

表 14.3　变量信息

变量名	含义
Day	星期几（1= 星期日，…，7= 星期六）
Time	车辆过探测器的时间
Gre	绿灯时长
Vol	每次灯循环放行的车辆
Occ	平均一辆车在探测范围内停留的时间
Y	因变量，取值 1 表示发生交通堵塞，−1 表示没有发生交通堵塞

文章使用随机森林作为弱分类器，并用 AdaBoost 算法来提高其性能。这两种算法结合起来的一大优点是能够处理缺失数据，即使数据缺失比例比较高也能保持比较高的分类准确率。训练数据包括一周内上午 7:00 自变量的值以及同一周内上午 7:30 因变量的值。测试数据使用接下来的一周内上午 7:00 自变量及 7:30 因变量的值。模型对测试数据的预测准确率不低于 95%。

[摘自 Leshem and Ritov (2007)]

二、示例：办公室入驻状态

假设 E:\dma\data 目录下的 ch14_occupancy_train.csv 和 ch14_occupancy_test.csv 记录了办公室入驻状态 Occupancy（1：入驻，0：未入驻）与日期、办公室房间的温度 Temperature、湿度 Humidity、光 Light、二氧化碳 CO_2、湿度比 Humidityratio 等测量值 [3]。ch14_occupancy_train.csv 是训练数据集，ch14_occupancy_test.csv 是测试数据集。我们以 Occupancy 为因变量，以除日期以外的其他变量为自变量，建立随机森林模型。相关 R 程序如下。

```
##加载程序包。
library(randomForest)
#randomForest包可建立随机森林模型，我们将调用
#  其中的randomForest、tuneRF等函数。

##读入数据。
traindata <- read.csv("E:/dma/data/ch14_occupancy_train.csv")
testdata <- read.csv("E:/dma/data/ch14_occupancy_test.csv")

##建立随机森林模型。
traindata$Occupancy <- factor(traindata$Occupancy)
```

3. 数据可由 https://archive.ics.uci.edu/ml/datasets/Occupancy+Detection+ 获得。

```
testdata$Occupancy <- factor(testdata$Occupancy)
#指定因变量为分类变量。
rf_occupancy <- randomForest(Occupancy~.,traindata[,-1],
                  xtest = testdata[,-c(1,7)],
                  ytest = testdata[,7],
                  mtry = 3,importance = T)
#使用randomForest函数建立随机森林模型。
#  训练数据traindata的第一列为日期，因而删除，
#  xtest和ytest指定测试数据的自变量和因变量。
#    这样在后面的输出结果中可直接查看该模型对测试数据集的预测效果。
#  mtry=3指定在对非叶节点进行划分时，从所有自变量中随机选取3个变量
#    作为候选划分变量，即指定q=3。
#  importance=T指定输出每个变量的重要程度。

##查看建模结果。
print(rf_occupancy)
#屏幕上会显示对于训练数据集和测试数据集的误分类率及混淆矩阵。

##查看每个自变量的重要程度。
importance(rf_occupancy)
#输出结果中:
#  MeanDecreaseAccuracy列表示相应自变量带来的预测准确率平均减少量;
#  MeanDecreaseGini列表示相应自变量带来的基尼指数的平均减少量。

##可视化展示自变量的重要程度。
varImpPlot(rf_occupancy)
```

图 14.2 展示了 R 程序输出的各自变量的重要程度。可以看出，Light 和 CO2 两个自变量最重要。

我们接下来优化随机森林的调节参数 q。

```
##选择调节参数mtry的最优值
rf_occupancy_tune <- tuneRF(x = traindata[,-c(1,7)],
                       y = traindata[,7],
                       xtest = testdata[,-c(1,7)],
                       ytest = testdata[,7],
                       ntreeTry = 500,
                       doBest = T)
#randomForest包中的tuneRF函数可以根据OOB误差估计选出mtry的最优值。
```

```
#  ntreeTry=500与randomForest函数中的默认值相同
#  doBest=T指定在选出mtry的最优值后，用该值建立一个随机森林模型

##查看mtry的最优值
rf_occupancy_tune$mtry

print(rf_occupancy_tune)
```

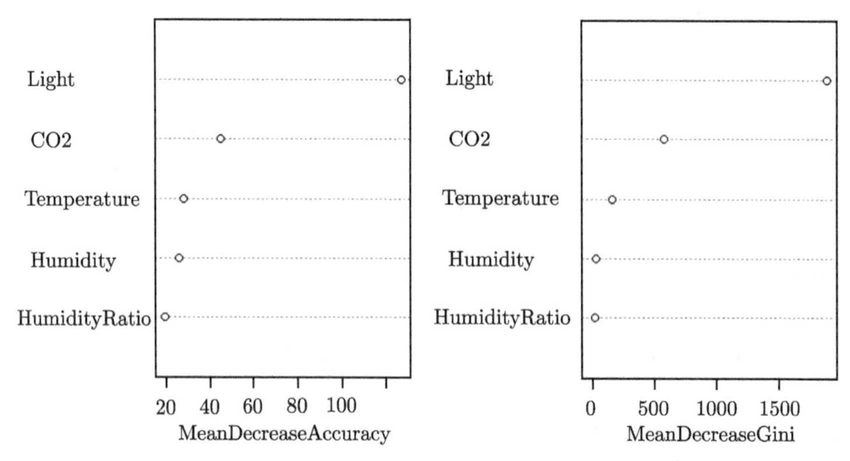

图 14.2　随机森林模型中各自变量的重要程度

使用 $q = 3$ 的随机森林模型对测试数据的误分类率为 6.23%。调节参数的最优值为 $q = 2$，使用该值的随机森林模型对测试数据的误分类率为 5.1%，有所减少。

相关 R 操作教程视频请扫描以下二维码观看：

（推荐在 WIFI 环境下观看）

14.3　两阶段模型

设想一次直邮营销活动，我们希望预测潜在顾客是否响应，以及如果响应那么购买金额是多少。这里有两个相关联的因变量：

（1）二分因变量 Y_1：如果潜在顾客响应，那么 $Y_1 = 1$，否则 $Y_1 = 0$。

（2）连续因变量 Y_2，表示购买金额。如果 $Y_1=0$，那么 $Y_2=0$。

要建立 Y_1 和 Y_2 的预测模型，除了可以考虑有两个因变量的神经网络模型，还可以使用两阶段模型。

建立两阶段模型的步骤如下：

1. 建立预测 Y_1 的模型，令 $\hat{p}_1$ 表示预测的响应概率，$\hat{Y}_1$ 表示预测的响应指示值（$\hat{Y}_1\in\{0,1\}$）。

2. 建立预测 Y_2 的模型，在建模过程中，以用 $\hat{p}_1$ 或 $\hat{Y}_1$ 作为自变量，并且可以来用如下方法之一排除某些训练数据：

（1）排除不响应的观测，只使用那些实际响应的观测。

（2）排除被第一阶段模型误分类的观测，只使用那些被第一阶段模型正确分类的观测。

令 $\hat{Y}_2$ 表示这一阶段模型的预测值。

在应用两阶段模型时，可以来用如下方法之一结合两个模型得到 Y_2 的最终预测值 $\tilde{Y}_2$。

- 令 $\tilde{Y}_2=\hat{p}_1\hat{Y}_2$。因为不响应时购买金额为 0，所以

$$\hat{p}_1\hat{Y}_2+(1-\hat{p}_1)\times 0=\hat{p}_1\hat{Y}_2$$

  表示购买金额的期望值的预测值。
- 如果 $\hat{Y}_1=0$，则令 $\tilde{Y}_2=0$，否则令 $\tilde{Y}_2=\hat{Y}_2$。这表示如果预测不响应，则预测购买金额为 0，否则使用第二阶段模型预测购买金额。

SAS 软件的企业数据挖掘模块（Enterprise Miner）中的 Two Stage Model 节点可用来建立两阶段模型。这里不赘述。

第15章

协同过滤

个性化推荐系统在电商、内容分发等领域有很重要的应用。本章将讲述常用于推荐系统的一些协同过滤方法。

我们考虑如下设置。假设训练数据中有一组用户 $\mathcal{U}=\{u_1,\cdots,u_m\}$ 和一组物品（item）$\mathcal{I}=\{i_1,\cdots,i_n\}$（如电影、书、商品等）。用户对物品的评分由 $m\times n$ 的评分矩阵 $\boldsymbol{R}=(r_{jl})_{m\times n}$ 给出，其中 r_{jl} 表示用户 u_j 对物品 i_l 的评分，常见的评分范围为 1 至 5 分或 1 至 10 分（本章不考虑 r_{jl} 取值 0 或 1 的情形）。因为每位用户通常只对少量物品进行了评分，$\boldsymbol{R}$ 中只有一小部分值被观测到，其他值都缺失。假设 $\mathcal{U}^*=\{u_1^*,\cdots,u_q^*\}$ 为另一组用户，其中可能含训练数据中的用户，也可能不含。他们对于 $\mathcal{I}$ 中物品的 $q\times n$ 评分矩阵为 $\boldsymbol{R}^*=(r_{hl}^*)_{q\times n}$。$\boldsymbol{R}^*$ 中也只有少量值被观测到。我们需要使用 $\boldsymbol{R}$ 和 $\boldsymbol{R}^*$ 中的已知值预测 $\boldsymbol{R}^*$ 中缺失的评分。基于此，我们还可以为每位用户 u_h^* 推荐预测评分最高的 N 件物品。

一些用户可能对所有物品打分都比较高，而另一些用户可能对所有物品打分都比较低。因此，我们通常需要对 $\boldsymbol{R}$ 和 $\boldsymbol{R}^*$ 进行标准化，将每个已知评分减去对应行中已知评分的均值。以下我们假设先对 $\boldsymbol{R}$ 和 $\boldsymbol{R}^*$ 进行标准化再建立推荐模型，预测评分之后再进行标准化的反操作，即将预测评分加上对应行中已知评分的均值。

15.1　基于用户（User-based）的协同过滤

基于用户的协同过滤根据用户与用户之间的相似度预测评分。考虑用户 u_j 和 u_h^*，令 $\mathcal{I}(j,h)$ 表示 $\mathcal{I}$ 中被这两位用户都评了分的物品的集合。令 $\boldsymbol{r}_j$ 表示 u_j 对 $\mathcal{I}(j,h)$ 中物品的评分组成的向量，令 $\boldsymbol{r}_h^*$ 表示 u_h^* 对 $\mathcal{I}(j,h)$ 中物品的评分组成的向量。用户 u_j 和 u_h^* 之间的相似度有两种常用的度量。

（1）令 $\bar{r}_j$ 和 $\bar{r}_h^*$ 分别表示 $\boldsymbol{r}_j$ 和 $\boldsymbol{r}_h^*$ 中评分的均值。令 $\mathrm{sd}(\boldsymbol{r}_j)$ 和 $\mathrm{sd}(\boldsymbol{r}_h^*)$ 分别表示 $\boldsymbol{r}_j$ 和 $\boldsymbol{r}_h^*$ 中评分的标准差。令 $|\mathcal{I}(j,h)|$ 表示 $\mathcal{I}(j,h)$ 中物品的数量。Pearson 度量为

$$\mathrm{Pearson}(j,h)=\frac{\sum_{l\in\mathcal{I}(j,h)}(r_{jl}-\bar{r}_j)(r_{hl}^*-\bar{r}_h^*)}{(|\mathcal{I}(j,h)|-1)\,\mathrm{sd}(\boldsymbol{r}_j)\mathrm{sd}(\boldsymbol{r}_h^*)}.\tag{15.1}$$

（2）令 $||\boldsymbol{r}_j||$ 表示 $\boldsymbol{r}_j$ 的 L2 范数，即

$$||\boldsymbol{r}_j||=\sqrt{\sum_{l\in\mathcal{I}(j,h)}r_{jl}^2}.$$

类似地，令 $||\boldsymbol{r}_h^*||$ 表示 $\boldsymbol{r}_h^*$ 的 L2 范数。Cosine 度量为

$$\mathrm{Cosine}(j,h)=\frac{\boldsymbol{r}_j\cdot\boldsymbol{r}_h^*}{||\boldsymbol{r}_j||\;||\boldsymbol{r}_h^*||},\tag{15.2}$$

其中 $\boldsymbol{r}_j \cdot \boldsymbol{r}_h^*$ 为向量 $\boldsymbol{r}_j$ 和向量 $\boldsymbol{r}_h^*$ 之间的点乘，结果为 $\sum_{l\in\mathcal{I}(j,h)} r_{jl}r_{hl}^*$。

令 $\mathcal{N}(h)$ 表示 $\mathcal{U}$ 中与 u_h^* 相似度最高的 k 位用户的集合。令 $\mathcal{N}(h,l)$ 表示这些用户中对物品 i_l 进行了评分的用户的集合。用户 u_h^* 对物品 i_l 的评分被预测为 $\mathcal{N}(h,l)$ 中的用户对 i_l 评分的平均值

$$\frac{1}{\mathcal{N}(h,l)} \sum_{u_j\in\mathcal{N}(h,l)} r_{jl},$$

或者 $\mathcal{N}(h,l)$ 中的用户对 i_l 评分按照相似度加权的平均值

$$\frac{1}{\sum_{u_j\in\mathcal{N}(h,l)} s(j,h)} \sum_{u_j\in\mathcal{N}(h,l)} s(j,h)r_{jl},$$

其中 $s(j,h)$ 表示用户 u_j 和 u_h^* 之间的相似度。

15.2 基于物品（Item-based）的协同过滤

基于物品的协同过滤根据物品与物品之间的相似度预测评分。我们首先根据 $\boldsymbol{R}$ 计算 $\mathcal{I}$ 中物品两两之间的相似度 $\tilde{s}(l,g)$。在计算时，使用对物品 l 和 g 都进行了评分的训练用户的数据，也可以类似于式 (15.1) 或式 (15.2) 计算 Pearson 度量或 Cosine 度量。

令 $\widetilde{\mathcal{N}}(l)$ 表示 $\mathcal{I}$ 中与物品 i_l 相似度最高的 k 件物品的集合，令 $\widetilde{\mathcal{N}}(l,h)$ 表示这些物品中被用户 u_h^* 评了分的物品的集合。用户 u_h^* 对物品 i_l 的评分被预测为 u_h^* 对 $\widetilde{\mathcal{N}}(l,h)$ 中的物品评分的平均值

$$\frac{1}{\widetilde{\mathcal{N}}(l,h)} \sum_{i_g\in\widetilde{\mathcal{N}}(l,h)} r_{hg}^*,$$

或者 u_h^* 对 $\widetilde{\mathcal{N}}(l,h)$ 中物品的评分按照相似度加权的平均值

$$\frac{1}{\sum_{i_g\in\widetilde{\mathcal{N}}(l,h)} \tilde{s}(l,g)} \sum_{i_g\in\widetilde{\mathcal{N}}(l,h)} \tilde{s}(l,g)r_{hg}^*.$$

15.3 基于 SVD 的协同过滤

SVD（Singular Value Decomposition，奇异值分解）是一种矩阵分解方法。如果 $\boldsymbol{R}$ 中不存在缺失值，它可以分解为

$$\boldsymbol{R} = \boldsymbol{W}\boldsymbol{D}\boldsymbol{V}^{\mathrm{T}}. \tag{15.3}$$

这里 $\boldsymbol{W}$ 和 $\boldsymbol{V}$ 分别是 $m \times m$ 和 $n \times n$ 的正交矩阵，满足 $\boldsymbol{W}^{\mathrm{T}}\boldsymbol{W} = \boldsymbol{I}_m$（$m \times m$ 的单位矩阵），$\boldsymbol{V}^{\mathrm{T}}\boldsymbol{V} = \boldsymbol{I}_n$（$n \times n$ 的单位矩阵）。在矩阵 $\boldsymbol{D}$ 中，$D_{11} \geqslant D_{22} \geqslant \cdots \geqslant D_{\min(m,n),\min(m,n)} \geqslant 0$，这些值被称为奇异值，$\boldsymbol{D}$ 中其他元素为 0。

如果只保留前 k 个非零的奇异值，令 $\boldsymbol{W}_k$ 和 $\boldsymbol{V}_k$ 分别为由 $\boldsymbol{W}$ 和 $\boldsymbol{V}$ 的前 k 列组成的矩阵，令 $\boldsymbol{D}_k$ 为对角线元素为 D_{jj}（$1 \leqslant j \leqslant k$）的对角矩阵。可以得到 $\boldsymbol{R}$ 的近似矩阵

$$\boldsymbol{R}_k = \boldsymbol{W}_k \boldsymbol{D}_k \boldsymbol{V}_k^{\mathrm{T}}. \tag{15.4}$$

这一矩阵是近似 $\boldsymbol{R}$ 的最优（均方误差最小）的秩为 k 的矩阵。$\boldsymbol{W}_k$ 中每一行可以看作是相应用户的 k 维特征，$\boldsymbol{V}_k$ 中每一行可以看作相应物品的 k 维特征。

实际上 $\boldsymbol{R}$ 中含有缺失值，无法直接进行分解。一种办法是对 $\boldsymbol{R}$ 中的缺失值进行插补，例如，对 $\boldsymbol{R}$ 的每一列使用已知评分的均值插补缺失值，然后再进行奇异值分解。另一种方法是不对缺失值进行插补，而使用 EM 算法最小化近似 $\boldsymbol{R}$ 中已知评分的均方误差 (Troyanskaya et al., 2001)，具体过程如下。首先初始化 $\boldsymbol{R}$ 中的缺失值为相应列中已知评分的均值，然后循环如下步骤直到收敛：(1) 对完整矩阵进行 SVD 分解；(2) 使用保留前 k 个非零奇异值所得的近似矩阵中的值替代 $\boldsymbol{R}$ 中的缺失值。

当 $\boldsymbol{R}$ 中不存在缺失值时，由式 (15.4) 可得：用户特征为

$$\boldsymbol{W}_k = \boldsymbol{R}_k \boldsymbol{V}_k \boldsymbol{D}_k^{-1},$$

并可近似为

$$\boldsymbol{W}_k^{\mathrm{approx}} = \boldsymbol{R}\boldsymbol{V}_k \boldsymbol{D}_k^{-1}.$$

使用 $\boldsymbol{W}_k^{\mathrm{approx}}$ 替代式 (15.4) 中的 $\boldsymbol{W}_k$，可以得到 $\boldsymbol{R}$ 的另一近似矩阵

$$\boldsymbol{R}_k^{\mathrm{approx}} = \boldsymbol{W}_k^{\mathrm{approx}} \boldsymbol{D}_k \boldsymbol{V}_k^{\mathrm{T}} = \boldsymbol{R}\boldsymbol{V}_k \boldsymbol{V}_k^{\mathrm{T}}.$$

在预测 $\boldsymbol{R}^*$ 中的未知评分时，可以用到上述结果。首先，令 $\boldsymbol{R}_0^*$ 表示将 $\boldsymbol{R}^*$ 中缺失值用 0 替代后的矩阵（因为事先对 $\boldsymbol{R}^*$ 进行了标准化，这相当于在原始评分的尺度上，将缺失值用已知评分的均值替代），然后，使用 $\boldsymbol{R}_0^*\boldsymbol{V}_k\boldsymbol{V}_k^{\mathrm{T}}$ 中的相应值预测 $\boldsymbol{R}^*$ 中的未知评分。

15.4 基于 Funk SVD 的协同过滤

Funk SVD 是 Simon Funk 在参加 2006 年 Netflix 推荐系统竞赛时发明的一种方法 (Funk, 2006)。它借用 SVD 的想法，寻找 $m \times k$ 的用户特征矩阵 $\widetilde{\boldsymbol{W}}_k$，以及

$n \times k$ 的物品特征矩阵 $\widetilde{\boldsymbol{V}}_k$，优化对 $\boldsymbol{R}$ 中已知评分进行预测的总平方和。Funk SVD 不要求 $\widetilde{\boldsymbol{W}}_k$ 或 $\widetilde{\boldsymbol{V}}_k$ 的列之间正交。

具体而言，令 O_{jl} 为指示 R_{jl} 是否已知的指示变量：如果 R_{jl} 已知，$O_{jl}=1$；否则 $O_{jl}=0$。令 $\boldsymbol{w}_j$ 表示用户 u_j 的特征向量，即 $\widetilde{\boldsymbol{W}}_k$ 的第 j 行；令 $\boldsymbol{v}_l$ 表示物品 l 的特征向量，即 $\widetilde{\boldsymbol{V}}_k$ 的第 l 行。令 $f(\boldsymbol{w},\boldsymbol{v})$ 为根据用户特征 $\boldsymbol{w}$ 和物品特征 $\boldsymbol{v}$ 预测用户对物品的评分的函数。Funk SVD 最优化如下目标函数：

$$E=\frac{1}{2}\sum_{j=1}^{m}\sum_{l=1}^{n}O_{jl}[R_{jl}-f(\boldsymbol{w}_j,\boldsymbol{v}_l)]^2+\frac{\lambda_1}{2}\sum_{j=1}^{m}||\boldsymbol{w}_j||^2+\frac{\lambda_2}{2}\sum_{l=1}^{n}||\boldsymbol{v}_l||^2. \tag{15.5}$$

这里 λ_1 和 λ_2 是调节参数。

最常用的预测函数为点乘函数 $f(\boldsymbol{w},\boldsymbol{v})=\boldsymbol{w}\cdot\boldsymbol{v}$。但是在很多应用中，评分需要限制在一个范围 $[a,b]$ 内，如 $[1,5]$ 或 $[1,10]$ 中。一种方法是截断点乘函数的结果，使其落在 $[0,b-a]$ 上，再令预测值为 a 加上截断值，即

$$f(\boldsymbol{w},\boldsymbol{v})=\begin{cases} a & \text{如果}\boldsymbol{w}\cdot\boldsymbol{v}<0 \\ a+\boldsymbol{w}\cdot\boldsymbol{v} & \text{如果}0\leqslant\boldsymbol{w}\cdot\boldsymbol{v}\leqslant b-a \\ b & \text{如果}\boldsymbol{w}\cdot\boldsymbol{v}>b-a \end{cases}$$

可以使用梯度下降（Gradient Descent）法来最优化式 (15.5)。在第 t 步，令 $\boldsymbol{w}_j^{(t)}$ 和 $\boldsymbol{v}_l^{(t)}$ 表示所得的用户特征和物品特征。在第 $t+1$ 步，令

$$\boldsymbol{w}_j^{(t+1)}=\boldsymbol{w}_j^{(t)}-\rho\left.\frac{\partial E}{\partial\boldsymbol{w}_j}\right|_{\boldsymbol{w}_j=\boldsymbol{w}_j^{(t)}},$$

$$\boldsymbol{v}_l^{(t+1)}=\boldsymbol{v}_l^{(t)}-\rho\left.\frac{\partial E}{\partial\boldsymbol{v}_l}\right|_{\boldsymbol{v}_l=\boldsymbol{v}_l^{(t)}}.$$

这里 ρ 是学习速率。

下面我们讨论如何对 $\boldsymbol{R}^*$ 中的未知评分进行预测。令 O_{hl}^* 为指示 R_{hl}^* 是否已知的指示变量。我们固定物品特征为训练模型时得到的值，寻找 $q\times k$ 的用户特征矩阵 $\widetilde{\boldsymbol{W}}_k^*$，最小化

$$E^*=\frac{1}{2}\sum_{h=1}^{q}\sum_{l=1}^{n}O_{hl}^*(R_{hl}^*-f(\boldsymbol{w}_h^*,\boldsymbol{v}_l))^2+\frac{\lambda_1}{2}\sum_{h=1}^{q}||\boldsymbol{w}_h^*||^2. \tag{15.6}$$

未知评分 R_{hl}^* 可以用 $f(\boldsymbol{w}_h^*,\boldsymbol{v}_l)$ 进行预测。

15.5　协同过滤示例：动漫片推荐

假设 E:\dma\data 目录下的 ch15_anime_ratings.csv 记录了如表 15.1 所示的一些信息 [1]。原始数据比较大，为了便于演示，我们只使用其中的一部分。

表 15.1　ch15_anime_ratigs.csv 数据集中的变量

变量名	含义
user_id	用户编号
anime_id	动漫编号
rating	用户对动漫的评分（-1 代表缺失，不缺失的评分取值为 $1, 2, \cdots, 10$）

除了上面提到的各种方法，我们还考虑两种基准方法。第一种基准方法是随机推荐，根据 $\mathcal{U}^*$ 中每个用户的已知评分的均值和标准差，随机地从正态分布中抽取该用户的未知评分。第二种基准方法是基于物品流行度进行推荐，假设 $\boldsymbol{R}^*$ 中每位用户对物品 i_l 的（标准化之后的）评分都等于 $\boldsymbol{R}$ 中用户对该物品的（标准化之后的）已知评分的均值。

协同过滤的 R 程序如下。

```
##加载程序包。
library(dplyr)
#我们将用到其中的管道函数。
library(recommenderlab)
#recommenderlab包可用来对多种推荐方法的效果进行比较。

##获得数据。
anime_ratings <- read.csv("E:/dma/data/ch15_anime_ratings.csv",header=TRUE) %>%
                 #读入数据。
                 filter(rating!=-1) %>%
                 #去掉缺失值。
                 as(.,"realRatingMatrix")
                 #转换成recommenderlab包里的realRatingMatrix格式，以便后面使用。
                 #  转换之后anime_ratings矩阵的行代表用户，列代表动漫。

##取至少有3 000位用户评分的动漫。
itemCounts <- colCounts(anime_ratings)
#使用colCounts函数计算对各部动漫（各列）评分的用户数。
anime_ratings_subset <- anime_ratings[,itemCounts>=3000]
```

1. 数据来源于 https://www.kaggle.com/igoratsberger/anime/data。

```
#取相应用户数大于或等于3 000的数据。

##取至少对这些动漫中的50部进行了评分的用户。
userCounts <- rowCounts(anime_ratings_subset)
#使用rowCounts函数计算各位用户（各行）进行评分的动漫数。
anime_ratings_subset <- anime_ratings_subset[userCounts>=50,]
#取相应动漫数大于或等于50的数据。

##取剩余数据中前1 500位用户的数据。
data <- anime_ratings_subset[1:1500,]

##查看对于格式为realRatingMatrix的数据，有哪些推荐模型可使用。
recommenderRegistry$get_entries(dataType = "realRatingMatrix")
#列出各种模型的名称、参数及其缺省值。

##设置随机种子。
set.seed(0)

##设置评估机制如下:
##  将数据进行随机划分，80%的用户的数据作为训练数据，余下20%的用户作为测试数据。
##  对于每位测试用户，随机保留5部动漫的评分作为测试数据，该用户对其他动漫片的
##     评分作为已知数据。
evaluation <- evaluationScheme(data,method="split",train=0.8,given=-5,
  goodRating=6)
#使用evaluationScheme函数设置评估机制。
#  method="split"指定随机划分数据;
#  train=0.8指定训练数据的比例为80%;
#  given=-5表示保留5部动漫的评分;
#  goodRating=6表示如果某位用户对一部动漫的评分大于等于6,
#     那么值得向该用户推荐这部动漫。

##使用训练数据建立一些推荐模型，每种模型缺省地进行标准化。
recom_random <- Recommender(getData(evaluation,"train"),"RANDOM")
#随机推荐模型。
#  getData(evaluation,"train")取出训练数据。
recom_popular <- Recommender(getData(evaluation,"train"),"POPULAR")
```

```
#基于物品流行度的推荐模型。
recom_ubcf <- Recommender(getData(evaluation,"train"),"UBCF",param=list(nn=50))
#基于用户的协同过滤，最多考虑相似度最高的前50位用户。
recom_ibcf <- Recommender(getData(evaluation,"train"),"IBCF",param=list(k=50))
#基于物品的协同过滤，最多考虑相似度最高的前50部动漫片。
recom_svd <- Recommender(getData(evaluation,"train"),"SVD",param=list(k=50))
#基于SVD的协同过滤，k的值为50。
recom_svdf <- Recommender(getData(evaluation,"train"),"SVDF",param=list(k=50))
#基于SVDF的协同过滤，k的值为50。

##使用各推荐模型预测测试用户的未知评分。
predict_random_ratings <- predict(recom_random,getData(evaluation,"known"),
  type="ratings")
#getData(evaluation,"known")取出测试用户的已知数据。
#type="ratings"指定预测评分。
predict_popular_ratings <- predict(recom_popular,getData(evaluation,"known"),
  type="ratings")
predict_ubcf_ratings <- predict(recom_ubcf,getData(evaluation,"known"),
  type="ratings")
predict_ibcf_ratings <- predict(recom_ibcf,getData(evaluation,"known"),
  type="ratings")
predict_svd_ratings <- predict(recom_svd,getData(evaluation,"known"),
  type="ratings")
predict_svdf_ratings <- predict(recom_svdf,getData(evaluation,"known"),
  type="ratings")

##根据测试用户对测试动漫片的实际评分评估模型的预测效果。
evaluation_ratings <- round(rbind(
  calcPredictionAccuracy(predict_random_ratings,getData(evaluation,"unknown")),
  #calcPredictionAccuracy函数计算一个向量，包含推荐模型的均方根误差、均方误差
  #  和平均绝对误差。
  #  getData(evaluation,"unknown"))取出测试用户对测试动漫片的真实评分数据。
  calcPredictionAccuracy(predict_popular_ratings,getData(evaluation,"unknown")),
  calcPredictionAccuracy(predict_ubcf_ratings,getData(evaluation,"unknown")),
  calcPredictionAccuracy(predict_ibcf_ratings,getData(evaluation,"unknown")),
  calcPredictionAccuracy(predict_svd_ratings,getData(evaluation,"unknown")),
  calcPredictionAccuracy(predict_svdf_ratings,getData(evaluation,"unknown"))
```

```
 ),4)
#使用rbind函数将各推荐模型关于误差的向量放在一个数据框中。
#  使用round函数保留4位小数。
rownames(evaluation_ratings) <- c("random","popular","UBCF","IBCF","SVD","SVDF")
#指定上述数据框中每行数据的名称。
```

表 15.2 展示了使用各推荐模型预测评分时的均方根误差、均方误差和平均绝对误差。可以看出，SVDF 模型（Funk SVD）的误差最小，其次是基于物品流行度的推荐模型。

表 15.2 使用各模型预测评分的效果

	RMSE（均方根误差）	MSE（均方误差）	MAE（平均绝对误差）
random	1.7564	3.0850	1.3330
popular	1.1610	1.3479	0.8703
UBCF	1.2164	1.4797	0.9225
IBCF	1.4166	2.0068	1.0585
SVD	1.1926	1.4223	0.8961
SVDF	1.1319	1.2811	0.8279

我们可以使用 SVDF 模型为在模型建立和评估过程中没有涉及的其他用户推荐动漫。

```
newpredict_svdf_ratings <- predict(recom_svdf,anime_ratings_subset[1501:1502,],
  type="ratings")
#使用模型为第1 501位和1 502位用户预测评分，这两位用户已有的评分被当作已知数据
as(newpredict_svdf_ratings,"matrix")
#将预测的评分以矩阵的格式显示，其中的NA对应于该用户已经评分的动漫。
```

我们也可以使用各推荐模型推荐预测评分最高的 5 部动漫，并评估这些模型的效果。

```
predict_random_top5 <- predict(recom_random,getData(evaluation,"known"),
  type="topNList",n=5)
#type="topNList"指定推荐预测评分高的N部动漫片，n=5指定推荐数量N为5
predict_popular_top5 <- predict(recom_popular,getData(evaluation,"known"),
  type="topNList",n=5)
predict_ubcf_top5 <- predict(recom_ubcf,getData(evaluation,"known"),
  type="topNList",n=5)
predict_ibcf_top5 <- predict(recom_ibcf,getData(evaluation,"known"),
  type="topNList",n=5)
predict_svd_top5 <- predict(recom_svd,getData(evaluation,"known"),
  type="topNList",n=5)
predict_svdf_top5 <- predict(recom_svdf,getData(evaluation,"known"),
  type="topNList",n=5)
```

```
##根据测试用户对测试动漫的实际评分评估模型的预测效果。
evaluation_top5 <- round(rbind(
  calcPredictionAccuracy(predict_random_top5,getData(evaluation,"unknown"),
    given=-5,goodRating=6),
  #使用calcPredictionAccuracy函数计算一个向量，含推荐模型的混淆矩阵以及
  #  准确率、召回率、真阳性率、伪阳性率。
  #  given=-5表示对每位测试用户有5部测试动漫;
  #  goodRating=6表示如果某位用户对某部测试动漫的评分大于等于6,
  #    那么值得向该用户推荐这部动漫。
  #在计算模型效果时，实际阳性表示已知评分大于等于6，实际阴性表示已知评分小于6;
  #  模型预测阳性表示在推荐的5部动漫中，模型预测阴性表示不在推荐的5部动漫中。
  calcPredictionAccuracy(predict_popular_top5,getData(evaluation,"unknown"),
    given=-5,goodRating=6),
  calcPredictionAccuracy(predict_ubcf_top5,getData(evaluation,"unknown"),
    given=-5,goodRating=6),
  calcPredictionAccuracy(predict_ibcf_top5,getData(evaluation,"unknown"),
    given=-5,goodRating=6),
  calcPredictionAccuracy(predict_svd_top5,getData(evaluation,"unknown"),
    given=-5,goodRating=6),
  calcPredictionAccuracy(predict_svdf_top5,getData(evaluation,"unknown"),
    given=-5,goodRating=6)
  ),4)
rownames(evaluation_top5) <- c("random","popular","UBCF","IBCF","SVD","SVDF")
```

表 15.3 展示了使用各推荐模型推荐的前 5 部动漫的效果。可以看出，SVD 模型的准确率、召回率和真阳性率都最高，其次是基于物品流行度的推荐模型。

表 15.3 使用各模型推荐的前 5 部动漫的效果

	TP（真阳性数）	FP（伪阳性数）	FN（伪阴性数）	TN（真阴性数）	precision（准确率）	recall（召回率）	TPR（真阳性率）	FPR（伪阳性率）
random	0.0400	4.9600	4.7433	555.2567	0.0080	0.0082	0.0082	0.0089
popular	0.3333	4.6667	4.4500	555.5500	0.0667	0.0716	0.0716	0.0083
UBCF	0.2567	4.7433	4.5267	555.4733	0.0513	0.0544	0.0544	0.0085
IBCF	0.0533	4.8967	4.7300	555.3200	0.0108	0.0121	0.0121	0.0087
SVD	0.3633	4.6367	4.4200	555.5800	0.0727	0.0765	0.0765	0.0083
SVDF	0.1700	4.8300	4.6133	555.3867	0.0340	0.0393	0.0393	0.0086

我们可以使用 SVD 模型为在模型建立和评估过程中没有涉及的其他用户推荐 5 部动漫。

```
newpredict_svd_top5 <- predict(recom_svd,anime_ratings_subset[1501:1502,],
```

```
  type="topNList",n=5)
#使用模型为第1 501位和1 502位用户推荐5部动漫，这两位用户已有的评分被当作已知数据。
as(newpredict_svd_top5,"list")
#将推荐的动漫片以列表的格式显示。
```

相关 R 操作教程视频请扫描以下二维码观看：

（推荐在 WIFI 环境下观看）

参考文献

易万达 (2006). 利用商务智能实现管理创新 [D]. 北京：北京大学.

维克托　迈尔　舍恩伯格 (2012). 大数据时代：生活、工作与思维的大变革 [M]. 周涛译. 杭州：浙江人民出版社.

Acharya, D. and Sidana, G. (2007). Classifying mutual funds in india: Some results from clustering [J]. *Indian Journal of Economics and Business*, 6(1): 71–79.

Aggarwal, C. C. and Yu, P. S. (1998). Mining large itemsets for association rules [J]. *IEEE Data Engineering Bulletin*, 21(1): 23–31.

Agrawal, R., Srikant, R., et al. (1994). Fast algorithms for mining association rules [J]. In *Proc. 20th int. conf. very large data bases, VLDB*, 1215: 487–499.

Berry, M. J. A. and Linoff, G. S. (2000). *Mastering data mining: The art and science of customer relationship management* [M]. New York: John Wiley & Sons.

Breiman, L. (1996). Bagging predictors [J]. *Machine learning*, 24(2): 123–140.

Breiman, L. (2001). Random forests [J]. *Machine learning*, 45: 5–32.

Breiman, L., Friedman, J., Stone, C. J., and Olshen, R. (1984). *Classification and regression trees* [M]. Londo: *Chapman and Hall, CRC.*

Caliński, T. and Harabasz, J. (1974). A dendrite method for cluster analysis [J]. *Communications in Statistics-theory and Methods*, 3(1): 1–27.

Chatterjee, S. and Hadi, A. S. (2006). *Regression Analysis by Example* [M]. New York: John Wiley & Sons, Inc.

Chawla, N. V., Bowyer, K. W., Hall, L. O., and Kegelmeyer, W. P. (2002). SMOTE: Synthetic Minority Over-sampling Technique [J]. *Journal of Artificial Intelligence Research*, 16: 321–357.

Cook, S., Conrad, C., Fowlkes, A. L., and Mohebbi, M. H. (2011). Assessing google u trends performance in the United States during the 2009 in uenza virus A (H1N1) pandemic [J]. *PLoS One*, 6(8): e23610.

Corinna, C. and Vapnik, V. N. (1995). Support-vector networks [J]. *Machine Learning*, 20(3): 273–297.

Dyurgerov, M., Meier, M., and Armstrong, R. L. (2002). *Glacier mass balance and regime: data of measurements and analysis* [R]. Institute of Arctic and Alpine Research, University of Colorado Boulder, USA.

Florez, G. (2002). Analyzing system call sequences with adaboost. In Proceedings of the 2002 International Conference on Artificial Intelligence and Applications (AIA), Malaga, Spain.

Freund, Y., Schapire, R. E., et al. (1996). Experiments with a new boosting algorithm [J]. *In Icml*, 96: 148–156.

Friedman, J., Hastie, T., and Tibshirani, R. (2000). Additive logistic regression: A statistical view of boosting [J]. *The Annals of Statistics*, 28(2): 337–407.

Friedman, J., Hastie, T., and Tibshirani, R. (2008). Regularization paths for generalized linear models via coordinate descent [J]. *Journal of Statistical Software*, 33(1): 1–22.

Friedman, J. H. (2001). Greedy function approximation: A gradient boosting machine [J]. *Annals of Statistics*: 1 189–1 232.

Friedman, J. H. (2002). Stochastic gradient boosting [J]. *Computational Statistics & Data Analysis*, 38(4): 367–378.

Funk, S. (2006). Net ix update: Try this at home[EB/OL]. http://sifter.org/simon/journal/20061211.html

Gill, J. (2001). *Generalized linear models: a unified approach* [M]. Los Angeles: Sage Publications, Inc.

Ginsberg, J., Mohebbi, M. H., Patel, R. S., Brammer, L., Smolinski, M. S., and Brilliant, L. (2009). Detecting in uenza epidemics using search engine query data [J]. *Nature*, 457: 1 012–1 015.

Gower, J. C. (1971). A general coefficient of similarity and some of its properties [J]. *Biometrics*: 857–871.

Hartford, T. (2014). Big data: are we making a big mistake [J]. *Significance*: 14–19. Republished from Financial Times.

Hassibi, B., Stork, D. G., and Wolff, G. J. (1993). Optimal brain surgeon and general network pruning [J]. *In Neural Networks, 1993, IEEE International Conference on*, pages 293–299. IEEE.

Hinton, G. E., Osindero, S., and Teh, Y. A. (2006). A fast learning algorithm for deep belief nets [J]. *Neural Computation*, 18: 1 527–1 554.

Kiel, G. C. and Layton, R. A. (1981). Dimensions of consumer information seeking behavior [J]. *Journal of Marketing Research*: 233–239.

Kosinski, M. and Wang, Y. (2017). Deep neural networks are more accurate than humans at detecting sexual orientation from facial images [J]. *Journal of Personality and Social Psychology*. In press.

Krizhevsky, A., Sutskever, I., and Hinton, G. E. (2012). Imagenet classification with deep convolutional neural networks [J]. *Advances in Neural Information Processing Systems 25* (NIPS 2012).

Kudyba, S. (2004). *Managing data mining: Advice from experts* [M]. Hershey IGI Global.

Labib, K. and Vemuri, V. R. (2006). An application of principal component analysis to the detection and visualization of computer network attacks [J]. In *Annales des télécommunications*, 61: 218–234. Springer.

Lecun, Y., Boser, B., Denker, J. S., and Henderson, D. (1989). Backpropagation applied to handwritten zip code recognition [J]. *Neural Computation*, 1(4): 541–551. https://doi.org/10.1162/neco.1989.1.4.541

LeCun, Y., Denker, J. S., Solla, S. A., Howard, R. E., and Jackel, L. D. (1989). Optimal brain damage [J]. *In NIPs*, 2: 598–605.

Leshem, G. and Ritov, Y. (2007). Traffic ow prediction using adaboost algorithm with random forests as a weak learner [J]. *In Proceedings of World Academy of Science, Engineering and Technology*, 19: 193–198. Citeseer.

Little, R. J. and Rubin, D. B. (2002). *Statistical analysis with missing data* [M], New York: John Wiley & Sons.

Mar-Molinero, C. and Serrano-Cinca, C. (2001). Bank failure: A multidimensional scaling approach [J]. *The European Journal of Finance*, 7(2): 165–183.

McCullagh, P. and Nelder, J. A. (1989). *Generalized linear models, 2nd edition* [M]. London: Chapman and Hall, CRC.

OECD Economic Survey (2005). Economic survey of the netherlands 2005: Factor analysis to identify inter-related EIS innovation indicators [R]. Excerpt of the OECD Economic Survey of The Netherlands, from the section on factor analysis in chapter 5, annex 5. A1.

Park, M. Y. and Hastie, T. (2007). L_1-regularization path algorithm for generalized linear models [J]. *Journal of the Royal Statistical Society,* Series B, 66(4): 659–677.

Pyle, D. (1999). *Data preparation for data mining*, volume 1 [M]. San Francisco: Morgan Kaufmann.

Rubin, D. B. (1976). Inference and missing data [J]. *Biometrika*, 63(3): 581–592.

Rubin, D. B. (1987). *Multiple imputation for nonresponse in surveys*, volume 81 [M]. New York: John Wiley & Sons.

Schafer, J. L. (1997). *The analysis of incomplete multivariate data* [M]. London: Chapman & Hall.

Schapire, R. and Freund, Y. (1997). A decision-theoretic generalization of on-line learning and an application to boosting [J]. *Jour. Comp. and Syst. Sc*, 55: 119–139.

Simonyan, K. and Zisserman, A. (2014). Very deep convolutional networks for large-scale image recognition [J]. *arXiv 1409.1556.*

Srivastava, N., Hinton, G., Krizhevsky, A., Sutskever, I., and Salakhutdinov, R. (2014). Dropout: A simple way to prevent neural networks from overfitting [J]. *Journal of Machine Learning Research*, 15: 1 929–1 958.

Tibshirani, R. (1996). Regression shrinkage and selection via the lasso [J]. *Journal of the Royal Statistical Society*, Series B, 58: 267–288.

Troyanskaya, O., Cantor, M., Sherlock, G., Brown, P., Hastie, T., Tibshirani, R., Botstein, D., and Altma, R. B. (2001). Missing value estimation methods for dna microarrays [J]. *Bioinformatics*, 17(6): 520–525.

van Buuren, S. (2007). Multiple imputation of discrete and continuous data by fully conditional specification [J]. *Statistical Methods in Medical Research*, 16: 219–242.

van Buuren, S. and Groothuis-Oudshoorn, K. (2011). Multivariate imputation by chained equations in R [J]. *Journal of Statistical Software*, 45(3): 1–67.

Williams, D. A. (1987). Generalized linear model diagnostics using the deviance and single case deletions [J]. *Applied Statistics*, 36(2): 181–191.

Yang, S., Santillana, M., and Kou, S. C. (2015). Accurate estimation of in uenza epidemics using Google search data via ARGO [J]. *Proceedings of the National Academy of Sciences of the United States of America*, 112(47): 14 473–14 478.

Zou, H. and Hastie, T. (2005). Regularization and variable selection via the elastic net [J]. *Journal of the Royal Statistical Society*, Series B, 67: 301–320.

教师反馈及教辅申请表

北京大学出版社本着“教材优先、学术为本”的出版宗旨，竭诚为广大高等院校师生服务。为更有针对性地提供服务，请您按照以下步骤在微信后台提交教辅申请，我们会在1~2个工作日内将配套教辅资料，发送到您的邮箱。

◎手机扫描下方二维码，或直接微信搜索公众号“北京大学经管书苑”，进行关注；

◎点击菜单栏“在线申请”—“教辅申请”，出现如右下界面：

◎将表格上的信息填写准确、完整后，点击提交；

◎信息核对无误后，教辅资源会及时发送给您；如果填写有问题，工作人员会同您联系。

温馨提示：如果您不使用微信，您可以通过下方的联系方式（任选其一），将您的姓名、院校、邮箱及教材使用信息反馈给我们，工作人员会同您进一步联系。

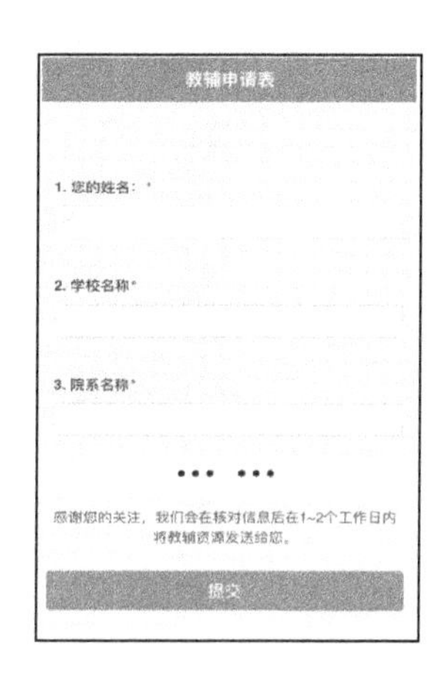

我们的联系方式：

通信地址：北京大学出版社经济与管理图书事业部北京市海淀区成府路205号，100871
联 系 人：周莹
电　　话：010-62767312 /62757146
电子邮件：em@pup.cn
Q Q：5520 63295（推荐使用）
微信：北京大学经管书苑（pupembook）
网址：www.pup.cn

下载书中 SAS 及 R 程序数据、代码，请扫描二维码。